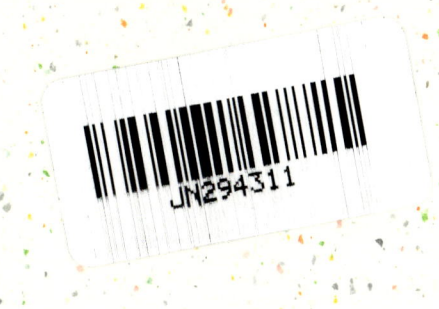

ペットのための鍼灸マッサージマニュアル

石野 孝　小林 初穂　澤村 めぐみ　春木 英子　相澤 まな

医道の日本社

序文
嘘かと思われる話

中医学の根底を流れる思想は、「天人合一」である。人と自然は究極において合一するものであり、自然との調和、あるいは自然と一体の生き方を理想とした、人と自然との究極のかかわりを説いたものである。

現代医学は緻密な科学的基礎の上に成り立っているが、中医学は古代からその国の中で引き継がれてきた「伝統的医学」である。そこには「大自然の中で生かされる」人間の知恵と経験が凝縮されている。

現代医学では、流感に罹って寒気がして熱を出し、頭や節々が痛ければ、インフルエンザウイルスに感染したからだという。ウイルスを叩くには抗ウイルス薬が効く。病原を叩き出す、病原を殺す。しかもそれに対する薬は、高度な理論と分析実験によって作られた化学合成薬品である。

一方、中医学では、弁証論治を行う。弁証というのは西洋医学の診察・診断に当たるもので、論治とは弁証で得られた結果に対してどのような治法を行うか。そしてその結果はどうであったかを確認する手法である。

悪寒発熱、頭痛、咳、鼻水、体重節痛、脈浮、舌苔白は、大自然の気象条件（風、暑、寒、湿、燥、熱）である風と寒の邪（病因）に外感したからである。その場合の主症状は発熱である。発熱は正邪抗争（正気という抵抗力と風の邪気が闘っている）の結果である。

悪寒は風寒の邪が体表から侵入したため、体表を守っている気（衛気）がそこに閉じ込められたために生じたものである。頭痛、体重節痛は風寒の邪気が体表部の経絡に滞り、気血の運行を妨げるからである。鼻水、咳が出るのは風寒の邪気は体表面の皮毛を侵す。皮毛をコントロールしているのは肺である。肺は鼻を通じて外部とつながっている。だから邪気が体表を侵すと肺の機能が失調し、鼻水、咳が出るのである。

脈浮は体表を守っている気（衛気）と風寒の邪気が肌の表面で抗争しているのである。「外感風寒証」、これが上記の症状の弁証の結果得られた証候名である。診断名あるいは病名に当たるものである。

これに対する治法は「清熱解表」。熱を冷まし、体表から侵入し、留まっている風寒の邪を解きほぐすことにより治癒に導く。あとは、薬方あるいは鍼灸の処方ということになるが、何百種類もある薬剤や経穴の中からどの薬剤がどの経穴が清熱解表の作用をもつのか考えて選別処方する。その患者の状態に合わせて薬量や刺激の加減をするのは、医者の腕次第ということになる。

現代医学はものごとを科学的に処理する理論と明快さがある。検査の結果、病気の原因となるものがウイルスだとわかれば、それを壊滅させれば病気は治る。結果として個々の症状は消滅する。すなわち、全体が把握できれば個々は全体の一部にしかすぎないのである。

中医学は、大自然とその中で生を営む人間は同じルールで行動するものと考える。自然現象は、常に協調、対立、消長、転化を一定のルールのもとで繰り返す。この考えは陰陽五行論として哲学的に体系づけられている。そしてこの理論はあらゆる分野に活かされている。医学もその例外ではない。「哲学で病気が治るか」。それは科学的な常識を身につけた現代人にとっては、にわかには信じ難いことである。

中医学の基本は陰陽のバランスが崩れた状態がすなわち病気だとする考えである。治療は陰陽のバランスの是正であり調和である。

「弁証論」は極めて分析的に診断を行い、極めて論理的に病態を考えながら治療方法を構築していく。このプロセスは中医学の根幹をなすものである。身体を構成している部分系、例えば五臓六腑などの異常が身体全体のバランスの障害となる。部分系の異常を起こしている原因はどんな難病といわれるものでも、それは問題とならない。例えば癌であれ、腫瘍であれ、出血であってもかまわない。つまり、部分系の異常によって起こる機能障害の中医学的な性質が問題になるのである。「部分から全体を知る」、「個々の部分が理解できれば、全体が理解できる」。この論理が、“弁証論治”をして、どのような難病といわれるものであっても、診断・治療を可能にしているのである。

このことは医者と患者の双方にかなり大きなインパクトを与える。「万事休す」で医者から見放された患者、病状が一線を超えてしまい手に負えなくなってしまった医者。彼らにとってどのような難病であっても、とにかく治療を続けられるという理論は、限りない希望を与えずにはおかない魅力的なものである。

嘘かと思われるような話だが、哲学でも病気を治せる論拠はここにある。

2012年5月

かまくら・げんき動物病院
院長　石野　孝

Contents

第1章

鍼の基礎知識と刺鍼のしかた

小林《こばやし》　初穂《はつほ》

鍼治療《はりちりょう》は中国で生み出された、4000年もの歴史をもつ「東洋医学（中医学）」の治療法の一つです。鍼で経穴《けいけつ》（ツボ）を刺激し、病気を予防したり治療したりするものです。この治療法は中国の黄河領域で、尖った石（砭石《へんせき》）を使って体を刺激したことが起源とされています。また、戦いで弓や矢によって負傷した馬たちが、以前より元気になったことから発展したという説もあり、私たち獣医師にとってはそちらのほうが身近な説かもしれません。

鍼

鍼にはさまざまな種類がありますが、最も一般的なものは「毫鍼《ごうしん》」といわれるものです。毫鍼とは毫毛《ごうもう》（細い毛のこと）のように細い鍼であることから名付けられました。鍼灸治療で「鍼」といえば、通常はこの「毫鍼」のことをさします。

鍼の刺入方法には、鍼（毫鍼）を鍼管《しんかん》に入れて切皮[1]、刺入する管鍼法と、鍼管を用いない撚鍼《ねんしん》法があります。小動物臨床では、ステンレス製の滅菌済みディスポーザブル鍼（毫鍼）にプラスティックの鍼管がいっしょにセットされているものを使った管鍼法が主に行われています（図1、図2）。

1）切皮：鍼尖が皮膚表面を破って皮下組織に侵入すること。

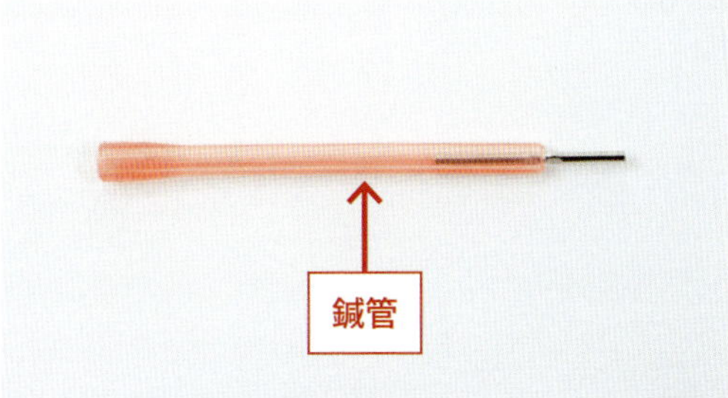

図1　小動物臨床でよく使われるディスポーザブル鍼

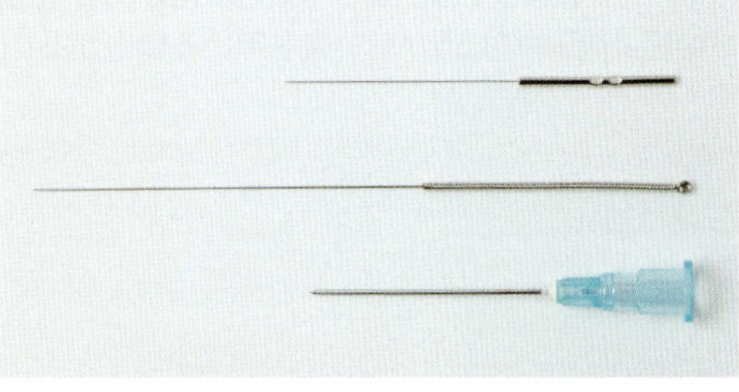

図2　上から鍼（毫鍼）：日本鍼　1寸1番、鍼（毫鍼）：中国鍼　1寸6分31号（直径0.3mm）、注射針（23G×1 1/4″）

鍼の各部の名称は以下のようになっています（図3）。鍼柄《しんぺい》は鍼を刺したり抜いたりする時に指で持つ部分です。さまざまな形状、材質があり、鍼体《しんたい》の太さによって色分けされているものもあります。鍼体は体に刺《し》入《にゅう》される部分です。この鍼体の長さと太さが鍼の長さと太さとなります。

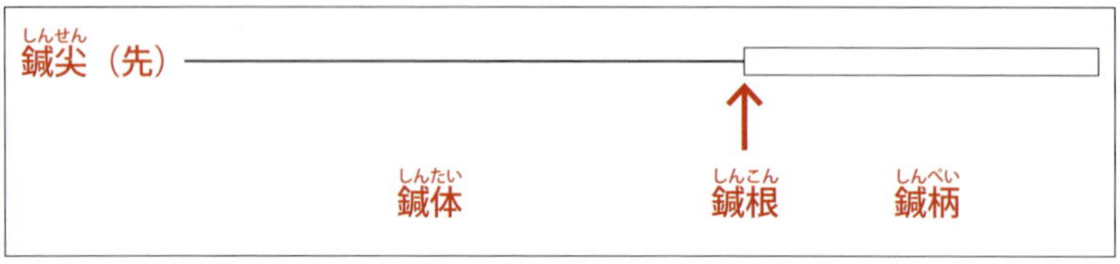

図3　鍼の各部の名称

鍼の長さと太さについては、国際的な規格の統一が行われていないため､各国で異なります。日本においては､鍼の太さはその直径によって「号数」が規格化されています。しかし､この「号数」とは別に「番数」という単位も存在し、臨床現場ではむしろ「番数」のほうがよく使われています。また鍼の長さは寸尺法で表されるのが一般的です。

表1に小動物臨床でよく用いられる鍼の長さと太さをまとめました。鍼の長さと太さは「○寸○番」と表記されることが多いです。

表1　鍼の長さと太さ

鍼の長さ（鍼体長）		鍼の太さ（鍼体径）			
長さ（寸分）	長さ（mm）	番数（日本）	直径	号数（日本）	号数（中国）
0.5寸（5分）	15mm	01番	0.14mm	14号	—
1寸	30mm	1番	0.16mm	16号	—
1寸3分	40mm	2番	0.18mm	18号	—
1寸6分	50mm	3番	0.20mm	20号	—
2寸	60mm	4番	0.22mm	22号	35号
3寸	90mm	5番	0.24mm	24号	34号

※メーカーによっては、長さ・太さに差がある場合があります。
※中国より日本のほうが細い鍼を用いる傾向があります。

日本鍼と中国鍼

日本鍼は患者が痛みを感じにくいように作られています（シリコンオイルでコーティングされているものもあります）。しかし、その反面、動物が体を振ったり動いたりすると簡単に抜けてしまうことがあります。それに比べて中国鍼は刺す時の痛みは若干大きいようですが、比較的抜けにくいようです。

これには、中国では鍼治療は痛ければ痛いほど効果があると思われていますが、日本では痛いと2度と来院しないという国民性の違いが背景にあるようです。

刺激の量と感受性

鍼治療では、鍼の選び方や刺し方、刺《し》鍼《しん》時間などで、刺激の量を変えることができます（表2）。また同じ刺激の量であっても個体によって感受性が異なるため、その効果に差が出ることもあります（表3）。最も大事なことは、その動物に適した刺激量をしっかりと見極めて与えることです。

表2　鍼の刺激量

刺激量 弱		刺激量 強
短い	**鍼の長さ**	長い
細い	**鍼の太さ**	太い
遅い	**鍼を刺す・抜く時の速度**	速い
短い	**刺鍼時間**	長い
鍼をあまり動かさない	**刺している鍼に対する手技**	鍼を大きく動かす

表3　個体の感受性

感受性 低		感受性 高
成犬（成猫）	**年齢**	幼犬（幼猫）・老犬（老猫）
雄	**性別**	雌
強壮、頑健	**体質**	虚弱、病弱
神経質ではない	**性格**	神経質
肥満、筋肉質	**体格**	痩せ
良好	**栄養状態**	不良
経験あり	**鍼治療の経験**	経験なし
腰、背など	**刺鍼部位**	顔、四肢など

個体の感受性に関しては一般的に表3のようにいわれていますが、筆者の個人的な意見としては、それほど大きな差異はないように感じます。刺鍼部位については感受性の違いもありますが、爪切りに対するトラウマのため、四肢末端の刺激に対して過敏な反応を示す犬が多いような気がします。

虚《きょ》実《じつ》と補《ほ》瀉《しゃ》

(1) 虚証《きょしょう》と実証《じっしょう》

「虚証《きょしょう》」と「実証《じっしょう》」とは東洋医学的な考え方で、病気に対する抵抗力（正気《せいき》）と病気（邪気《じゃき》）の力関係を表すのに使われます（表4）。

表4　虚証と実証

虚証《きょしょう》		実証《じっしょう》
抵抗力（正気《せいき》）のほうが弱い		病気（邪気《じゃき》）のほうが強い

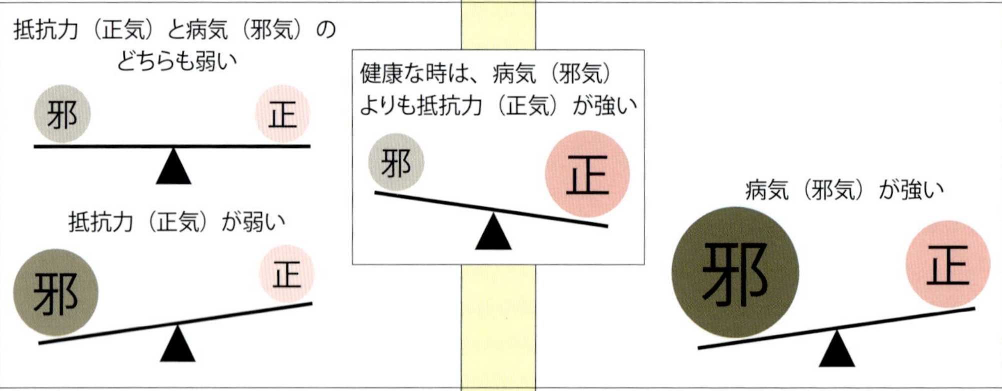

抵抗力が不足しているために、些細なことで症状があらわれる。生まれつきの虚弱や病中病後、過労、老齢の動物たちでよく見られる。	状態	病気に対して、体が激しく抵抗している状態（病邪と正気が戦っている状態）。そのため症状は激しく現れることが多い。
・症状は慢性で長期にわたることが多い。 ・虚弱、貧血、運動不耐性、浅い呼吸、下痢、疲労などがみられる。 ・マッサージを好む。 ・舌は青白く、脈は弱い。	症状	・症状は急性で短期間のことが多い。 ・高熱、痛み、炎症、感染、便秘、食滞などがみられる。 ・マッサージを嫌がる。 ・舌の色は赤から紫で、脈は強い。
体のエネルギー（気）を補う［補法《ほほう》］	処置	病気（邪気）を取り除く［瀉法《しゃほう》］

(2) 補法《ほほう》と瀉法《しゃほう》

「補法」と「瀉法」とは、「虚証」と「実証」に対して行われる治療法のことです。「補法」は補い、「瀉法」は取り除くことで、生体バランスを整え、本来の正常な状態に戻していきます。

「補法」は「虚証」に対して行い、体のエネルギーや抵抗力（正気）など、不足しているものを補うことが目的です。それに対して、「瀉法」は「実証」に対して行い、体の中の余分なものや害となるもの（邪気）を取り除くために行います。

鍼治療では、手技によって補法と瀉法のどちらも行うことができます。流派や時代によって解釈が異なるものもありますが、代表的なものを表5にまとめました。「補法は少ない刺激を長時間与える」、「瀉法は大きい刺激を短時間与える」と考えるとわかりやすいかもしれません。

表5　補法と瀉法

補法		瀉法
虚証	**対象**	実証
不足を補う	**目的**	余分なものを取り除く
短く細い	**鍼**	長く太い
ゆっくりと刺し入れて、速く抜く	**刺鍼・抜鍼の速度**	速く刺し入れて、ゆっくり抜く
浅く刺す（邪気が入るのを防ぐ）	**鍼の刺入の深さ**	深く刺す（邪気を出す）
経絡の流れに沿って刺す	**鍼の刺入の方向**	経絡の流れに逆らって刺す
ゆっくり、やさしく、 あまり振動させないように操作する 時計回りに捻転する	**鍼の操作方法**	速く、力強く、鍼を振動させる 反時計回りに捻転する
比較的長い	**刺激時間**	比較的短い
抜いた後、すぐに揉む （気が逃げないように、 鍼孔を閉じる）	**抜鍼後の処置**	抜いた後、揉まない （邪気が逃げやすいように、 鍼孔をあけておく）
呼気時に刺入、吸気時に抜鍼	**動物の呼吸**	吸気時に刺入、呼気時に抜鍼

しかし実際の臨床では、このような補瀉を厳密に行うことが困難な場合もあります。その場合は、補法と瀉法の中間をとって行うことで、虚証であっても実証であっても、その本人にとってちょうどいい生体バランスに整えると考えます。

得気《とっき》（ひびき、鍼感《しんかん》、鍼響《しんきょう》）

得気とは、鍼を刺した時に生体に生じる特有の反応のことです。鍼による切皮時の痛みとは異なるもので、鍼を刺入することで起こる生体反応です。一般的に、だるい感じ、重く押されるような感じ、しびれる感じ、腫れぼったい感じとされています（表6）。ぜひ、自分自身の体で体験してみてください（P53参照）。

表6　得気

動物が感じる得気	刺鍼している人が感じる得気
・筋肉がピクピク動く ・耳・口唇・尾が動く ・鍼を刺した部位や施術者を見る ・震える ・排尿や排便がみられる	・鍼の刺入を重たく感じたり、抵抗が生じてくるのを感じたりする ・刺鍼部位が緊張するのを感じる ・押手《おしで》（P16参照）の下の筋肉がピクピク動く ・鍼をひっぱっても抜けにくい

中国では特にこの得気を重視し、得気が大きいものは治療効果が高く、得気が小さいものは効果が低いと考えられています。

しかし、動物によっては得気の反応が弱く、得気を得ることができないものもいます。虚証でエネルギー（気）が不足している動物や神経性疾患の動物では得気の反応が弱くわかりづらいです。また、経穴によっても得気の反応はさまざまです。得気が得やすい経穴や得にくい経穴というものがあります。

つまり、得気を得ることは重要ですが、得気が得られなかったからといって、まったく効果がないというわけではないということです。得気を軽んじてはいけませんが、得気にこだわりすぎて何度も刺鍼しなおしたり、必要以上に強い刺激を与えたりしては本末転倒となってしまいます。

鍼の選び方

小動物では、長さは１寸～１寸６分、太さは１～３番の鍼が最もよく使われています。長く太い鍼は刺激が強く、短く細い鍼は刺激が弱いので、与えたい刺激によって鍼を選択します。初めて鍼治療を行う動物には、弱い刺激からスタートさせるのが安全です。

筆者は、基本的に最初はどんな動物でも１寸１番の鍼を使っています。刺激が少なく、かつ入手しやすいためです。そのまま１寸１番の鍼を使い続けることが多いのですが、実証や筋肉の硬い動物では２番や３番の太い鍼も使用しています。また外飼いの動物や猫の皮膚は硬く（個体によっては室内犬でも）鍼が刺さりにくいので、太めの鍼を使用します。

性格がきつい犬やあまり触らせてくれない猫など、ゆっくりと鍼管を使用することができないような場合は、鍼管を使わずに刺鍼することもあります（図4）。その場合は経穴の位置の見当をつけてから、鍼を刺しつつ飛びのくのですが、鍼管がないため、細い鍼ではたわんで深く刺さらないことがあります。そのような時は最初から３番以上の太い鍼を使います。しかしそのような犬猫でも、いったん鍼を刺してしまえば落ち着いてじっとしていてくれることがほとんどですし、回数を重ねるうちに徐々に鍼を受け入れてくれるようになることも多いです（図5、図6）。

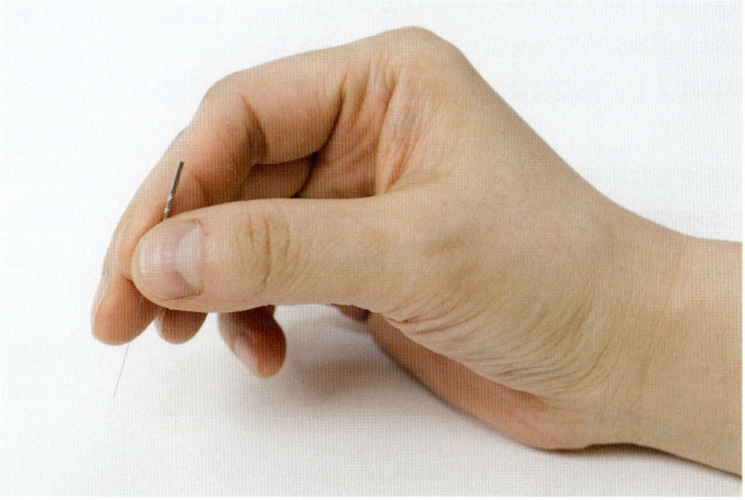

図4　鍼管を使わずに刺鍼（撚鍼法）

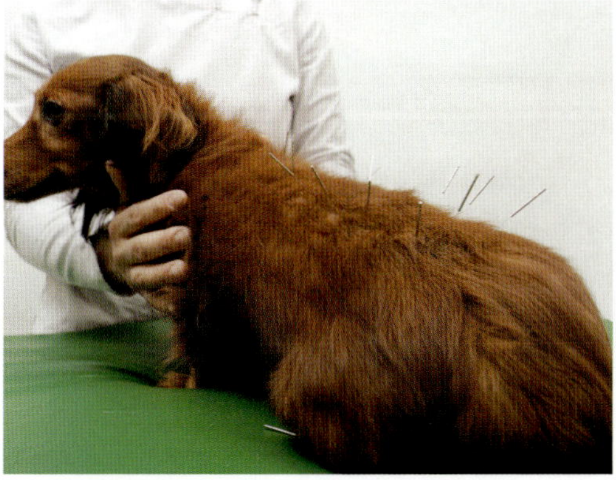

図5　刺鍼するとたいていの犬はじっとしている

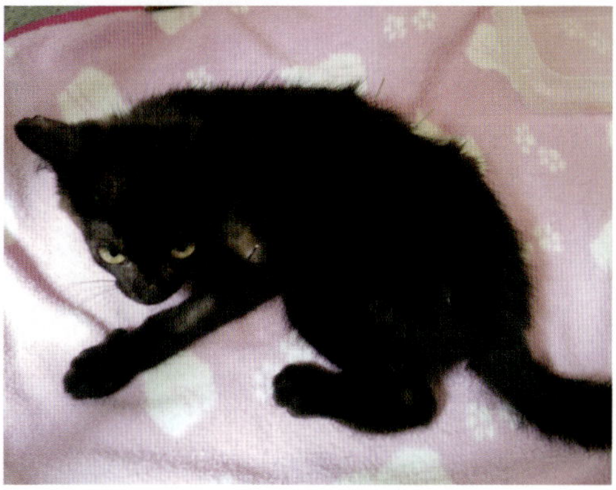

図6　あまり触らせてくれない猫でも刺鍼するとじっとしている

鍼の長さは、１寸（30mm）で十分だと思いますが、超大型犬などでは得気をとるために、１寸３分から１寸６分程度の長い鍼を用いたほうがよい時もあります。

顔や頭、四肢末端などや起立した状態で動物の体の側面に刺鍼する時は、１寸以下の短い鍼のほうが使いやすいです。鍼体や鍼柄がブラブラしないので抜けにくく、動物自身も気にせずにいてくれます。

長毛の動物では、長い鍼のほうが見失うことが少なく便利ではありますが、鍼が自重で倒れて動物が痛みを感じることがあります。必要以上に長い鍼を使用することは避けたほうがよいでしょう。

その他の鍼－低周波パルス治療器

臨床では毫鍼が主に使われますが、その他に低周波パルス治療器（図7）もよく使われます。これはいわゆる電気鍼といわれるものです。刺鍼した鍼に電極を取り付け、低周波の電流を流し、生体に刺激を与えます。鍼そのものの効果に加えて、低周波電流の効果で相乗効果が期待されます。

鍼治療では、刺鍼中にさまざまな手技で鍼を操作し生体に刺激を与える必要がありますが、この低周波パルス治療器を使用することで誰でも簡単に一定の刺激を与えることができます。しかし、鍼だけよりも刺激が大きくなるので十分な注意が必要です。詳しくは専門書をご覧ください。

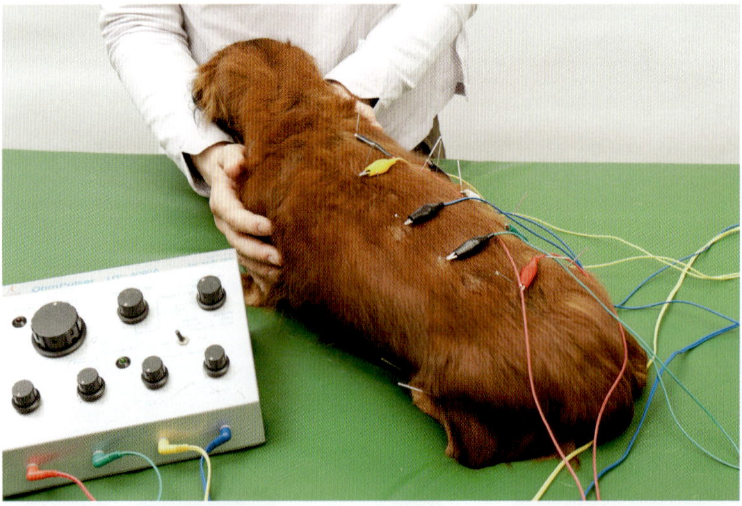

図7　低周波パルス治療器

鍼の取り扱い

ディスポーザブルのステンレス鍼は滅菌や研磨の必要もなく、手軽に使用できます。

鍼治療を終えた後は、必ず使用した鍼の数を確認します。動物が体を振った際に飛び散った鍼が診察室内はもちろん、飼い主の衣服に刺さっていることもあります。必ず確認しましょう。

使用済みの鍼は医療廃棄物として適切に処理します。

適応症

鍼治療とは、鍼によって体の表面に一定の刺激を与えることで、病気の予防や治療に応用しようとするものです。その効果は鍼で刺激をした部位だけではなく、中枢神経系を介して遠隔部にも現れます。そのため、多くの疾患が適応症に含まれます。

世界保健機関（WHO）によるヒトの鍼治療の適応症は、神経系疾患、運動器系疾患、循環器系疾患、呼吸器系疾患、消化器系疾患、代謝内分泌系疾患、生殖・泌尿器疾患、婦人科疾患、耳鼻咽喉科疾患、眼科疾患、小児科疾患とされています。

小動物臨床においては、その中でも次の疾患でよく使われています。

- **神経系疾患（神経痛、神経麻痺など）**
- **運動器系疾患（関節炎、椎間板ヘルニア、外傷の後遺症など）**
- **消化器系疾患（胃腸炎、下痢、便秘、食欲不振など）**
- **生殖・泌尿器疾患（膀胱炎、尿閉など）**

また、これ以外の疾患でも、全身状態の改善などを目的として鍼治療を行うことはよくあります。

禁忌

（1）禁忌の部位

新生児の大泉門、外生殖器、臍部、乳頭、眼球、急性炎症の患部、腫瘍への刺鍼は行いません。また、肺、胸膜、心臓、肝臓、脾臓、腎臓、脊髄・延髄などの中枢神経系、大血管などは、鍼を刺すことで障害が起こると重篤な問題になりやすいので、これらの臓器付近への刺鍼には特に注意が必要です。

(2) 禁忌の場合

安静が必要な場合や効果が期待できない場合、また悪化の可能性がある場合は行いません。救急事態もしくは手術が必要な場合、出血性疾患、悪性腫瘍などがこれにあてはまります。妊娠動物については、陣痛や流産を誘発する可能性があるのでお薦めできません。しかしこのような状態であっても、患者（患畜）の生活の質を高めることを目的に、疼痛やその他の症状の緩和、化学療法の副作用の軽減、他の医療の補助として鍼治療を行う可能性はあります。

免疫性疾患の場合は、鍼を刺した部位への感染のリスクがあるので注意して行いましょう。高齢の動物や糖尿病、腫瘍、手術後では免疫力が低下している場合が多いので、全身状態をしっかり評価した上で施術することが必要です。

「シャンプーやワクチンと同時に刺鍼を行っていいか」と質問されますが、状態がよければ問題はないと思われます。ただし、興奮状態、極度の緊張状態、食事の前後は避けたほうがよいでしょう。

また、西洋医学のほうが有効と思われる場合はそれを優先すべきだと考えます。西洋医学と東洋医学のどちらを選択するかは獣医師の裁量に任されていますが、東洋医学にこだわるあまり動物に苦痛を与えるようなことがあってはなりません。

過誤・事故・副作用

(1) 折鍼《せっしん》

鍼が体内で折れてしまうことです。

原因

鍼の問題：腐食や損傷がある鍼を用いると起こります。一般に市販されているステンレス製ディスポーザブル鍼ではあまり問題にはなりませんが、銀製の鍼は折れやすいとされています。またオートクレーブ滅菌による反復使用は鍼を損傷させて折鍼事故につながります。

動物の問題：動物が激しく動いたり姿勢を変えたりすることで、鍼が折れたり曲がったりすることがあります。また、太い神経を刺激することで起こる強い筋収縮が原因となることもあります。

施術者の問題：鍼を激しく操作したり、曲がった鍼を無理矢理抜こうとしたりすることで鍼が折れることがあります。

予防

- ディスポーザブル鍼を使用します（使用は1回のみ）。
- 鍼を刺鍼前に点検します。
- 施術中に動かないように、動物をしっかりと保定します。
- 鍼が抜けない時は無理に抜こうとしないで、しばらく放置してから抜きます。動物の姿勢を変えると抜けることもあるので、ゆっくりと体を動かします。
- 刺鍼の時には鍼が曲がらないように過度の力を加えないように注意します。
- 鍼が曲がった時はすみやかに抜いて交換しましょう。

処置

- まずは自分自身を落ち着かせます。刺鍼部位に折れた鍼の断片が残っていないかを確認し、確認できればピンセットなどを用いて取り除きます。刺鍼部位の周辺の皮膚をやさしく押さえると、折れた鍼が確認できることがあります。
- 最終的には外科的処置で取り除きます。

(2) 抜鍼困難（渋《しぶり》鍼《ばり》・滞《たい》鍼《しん》）

刺鍼後、鍼が抜けなくなることです。

原因

- 動物が動いたり、痛みを感じたりすることで、筋肉が収縮し鍼が抜けなくなります。また、鍼を激しくねじったり、一方向に過度にねじったりすることで、筋組織が鍼に巻きつき抜けなくなります。

予防

- 刺鍼はやさしく行いましょう。
- 動物が急に動かないようにしっかりと保定します。

処置

- 無理に抜こうとしないで、しばらく放置して、筋肉が十分に弛緩した後で抜きます。鍼が曲がっている可能性があるので、折鍼を防ぐためにも慎重に行いましょう。
- 動物が緊張している場合は、リラックスさせたり、姿勢を変えたりします。
- 原因が一方向へのねじり過ぎならば、反対方向にねじります。
- 抜けなくなった鍼の周囲に鍼（迎え鍼）を刺入して、筋肉を弛緩させてから抜き取ります。

(3) 鍼の誤飲

原因

- 鍼の刺激を嫌がったり、金属製のものに興味があったりなど原因は明らかではありませんが、動物が鍼をくわえたり飲み込んでしまったりすることがあります。

予防

- 刺鍼時には動物が鍼を誤飲しないように注意します。
- 誤飲癖があるか、金属製のものに興味があるかなど、飼い主からしっかりと聞き取りをしておきます。
- 顔へ刺鍼する時は、鍼を舌で舐めとられることがあるので注意します。
- 刺鍼前後に鍼の数を確認します。

処置

- 落ち着いて口を開けさせて口腔内を精査します。たいていは口腔内にあることが多いので、速やかに取り出します。
- 飲み込んでしまった場合は、西洋医学的処置で取り出します。

(4) 鍼あたり

刺鍼直後から翌日にかけて、元気消失、食欲不振、微熱、寝てばかりの状態になることです。しかしそのような状態は半日から1日の間に消失することがほとんどです。

原因

- 作用機序は不明とされていますが、刺鍼刺激に対する生体の過剰反応と考えられています。また、刺激が強すぎることも原因の一つとされています。

予防

- 初診時や緊張状態にある時は、鍼の本数や刺激量を少なくします。その後、必要に応じて、段階的に増やしていきます。
- 動物はやさしく扱い、刺鍼はやさしく行います。
- 刺鍼前に、飼い主に対して十分なインフォームド・コンセントを行います。
- 鍼治療の後は、動物を静かに休ませるように指導します。

(5) 出血、内出血、皮膚反応(発赤・膨疹・皮膚膨隆)

鍼を刺すことで出血や内出血を起こしたり、抜鍼後の皮膚に発赤、膨疹、皮膚膨隆のような皮膚反応が生じたりすることです。

原因

- 刺鍼によって毛細血管を傷つけることで、出血や内出血が起こります。内出血の場合は青紫色のあざができますが、数日から1週間で消失します。
- 刺鍼で組織を損傷すると、局所の炎症反応の結果としてさまざまな皮膚反応が生じます。また、アレルギー反応によって生じることもあります。皮膚反応も数日内に消失することがほとんどです。

予防

- 刺鍼はやさしく行い、抜鍼後は刺鍼部位をやさしく揉みます。
- 細い鍼を使用します。
- 刺鍼前に、飼い主に対して十分なインフォームド・コンセントを行います。
- 出血性疾患の可能性があるので、西洋医学的な診断も同時に行います。

処置

- 出血部位は圧迫止血を行います。

（6）気胸

原因

- 胸部や肩背部へ鍼を深く刺すことで起こります。

予防

- 胸部と肩背部は深く刺さないように注意します。

（7）脳貧血（脳虚血）

刺鍼の刺激により反射的に脳小動脈の収縮を引き起こし、脳循環血液量が減少することで、脳貧血が起こることです。暈鍼《うんしん》ともいわれます。

原因

- 全身状態がよくない動物（空腹・疲労など）や、緊張状態にある動物に対して刺鍼を行った場合に起こります。また刺激が強すぎることも原因の一つと考えられています。

予防

- 初診時や緊張状態にある時は鍼の本数や刺激量を少なくします。その後必要に応じて、段階的に増やしていきます。
- 動物はやさしく扱い、刺鍼はやさしく行います。
- 動物の様子をよく観察しながら、施術します。

処置

- 頭を低くして寝かせ、安静にします。意識が回復したら、十分な休息を取らせます。
- 四肢の末端に近い部位の経穴（合谷《ごうこく》・足三《あしさん》里《り》など）に刺鍼する方法もあります（返し鍼）。
- 必要があれば西洋医学的処置を行います。

（8）感染

原因

- 不適切な消毒や鍼の不適切な使用などが原因です。

予防

- 消毒の徹底、治療器具の正しい使用を徹底します。

鍼の刺し方　管鍼法《かんしんほう》

「管鍼法《かんしんほう》」は日本鍼特有の方法です。この方法は、江戸時代、杉山《すぎやま》和一《わいち》という人物が考案したものです。石につまずいて倒れた際、松葉の入った竹の筒を拾ったことから考案されたもので、鍼を鍼管といわれる筒の中に入れて用います。鍼管を皮膚に押し当てながら、上部に出た鍼のあたま（鍼柄《しんぺい》）を押して鍼を皮膚に刺し入れます。この時、鍼管が皮膚を押しているので、鍼の切皮時の痛みを感じにくくなります。鍼管はプラスティック製で、鍼よりも少し短く、鍼といっしょにセットされているものが一般的です。

1）施術者の手指の消毒、刺鍼部位の特定（取穴《しゅけつ》）、刺鍼部位の消毒

手指を消毒した後、動物の刺鍼部位を特定、消毒します。

被毛が長い場合は、ピンやゴムを使ってあらかじめ留めておくこともできますが、筆者は行っていません。留めている間に動物が飽きてしまったり、体を動かした時に留めた部位を不快に感じたりするからです。

取穴時に毛を軽くなでつけるようにして、刺鍼部位を露出させて消毒、刺鍼します（図8）。刺鍼中に毛がかぶさってしまい鍼を見失うこともありますが、使用した経穴を確認しておけば問題ありません。また、鍼柄がプラスチック製でカラフルに色分けされている鍼もあるので、そのような鍼を使用するのもいいかもしれません。

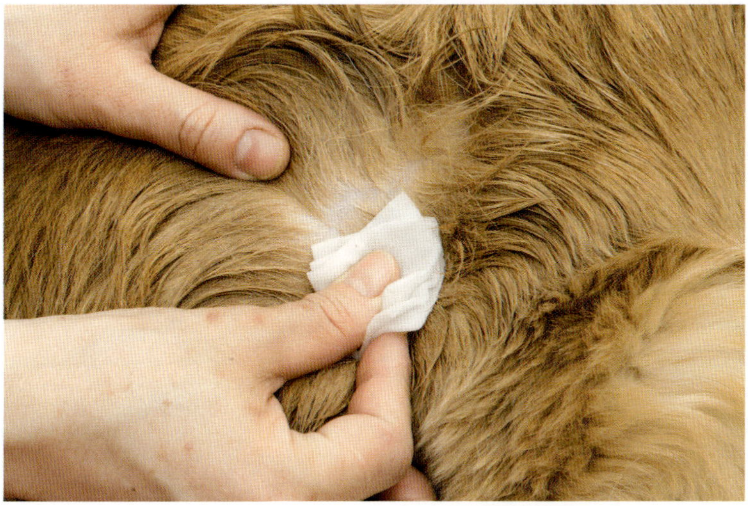

図8　被毛をかきわけて取穴、消毒

2）刺鍼部位を揉む：前揉法《ぜんじゅうほう》（図9）

刺鍼する部位を、鍼を持っていないほうの手（押手《おしで》）で揉みます。皮膚をこすったりつまんだりするというより、やさしく押しながら回すように行うことで、動物に今から刺鍼することを知らせます。また、刺鍼部位の皮膚や筋肉の緊張をやわらげて刺激に慣らしていく意味もあります。この時の皮膚や筋肉の硬さで、鍼を刺し入れする力を加減します。

臨床では、消毒と同時に行ってしまうことが多いです。

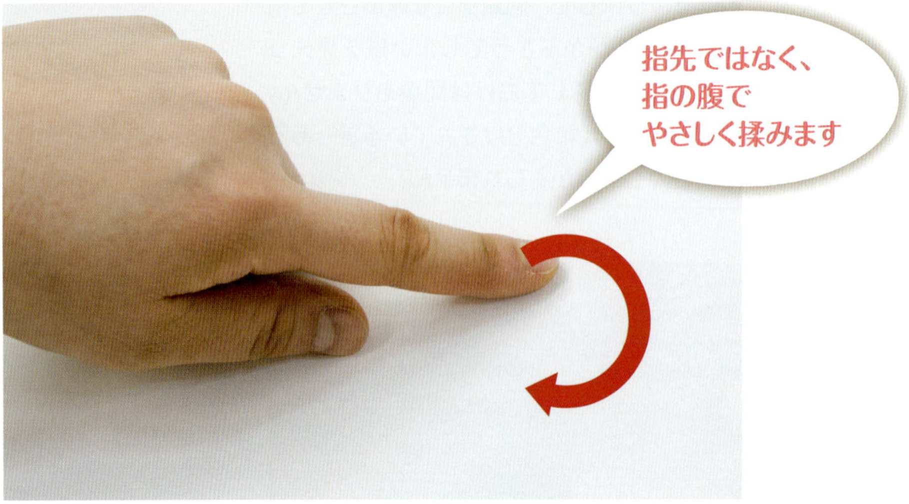
指先ではなく、
指の腹で
やさしく揉みます

図9　前揉法

3）押手《おしで》と刺手《さしで》（図10-1）

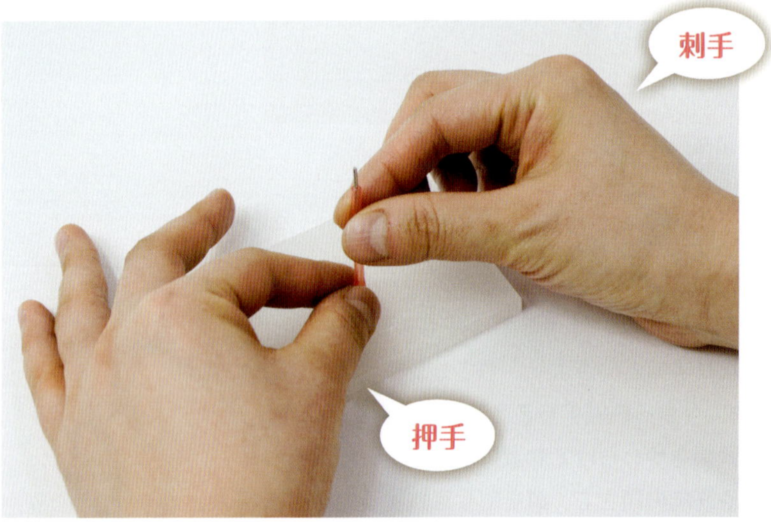
刺手
押手

図10-1　押手と刺手（右利き）

押手とは、鍼を持っていないほうの手で、刺鍼時に刺鍼部位の皮膚を押さえ、鍼を支えます。押手の形には満月の押手（図10-2）、半月の押手（図10-3）がありますが、押手は刺鍼をしやすくするためのものなので、刺鍼しやすい形態をとることが大事です。いっぽう、鍼を持って、刺したり抜いたりするのは刺手（図10-4）といいます。右利きの人は、左手が押手、右手が刺手となります。

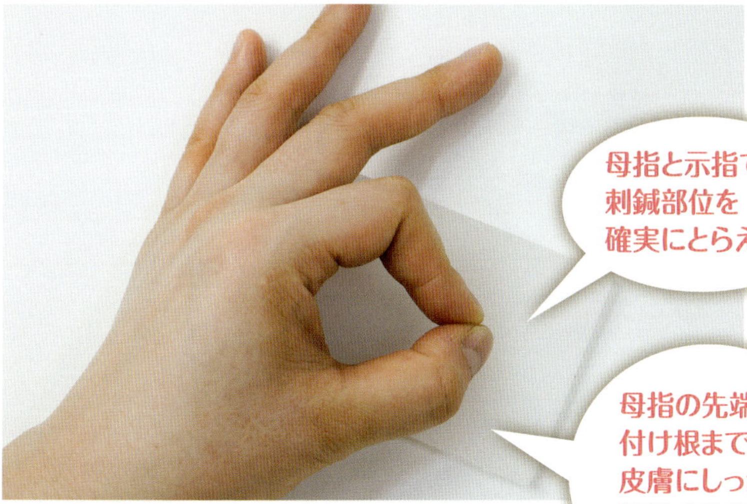
母指と示指で
刺鍼部位を
確実にとらえます
母指の先端から
付け根までが
皮膚にしっかりと
接触することで
安定します

図10-2　満月の押手

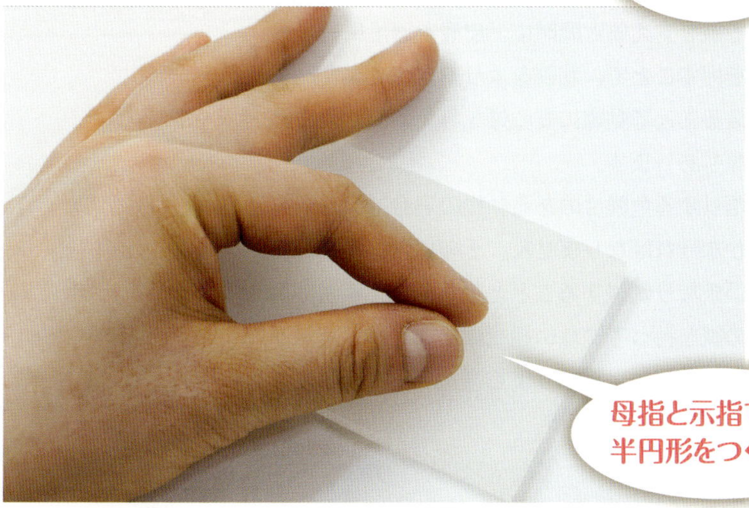
母指と示指で
半円形をつくります

図10-3　半月の押手

図10-4　刺手

押手では、母指と示指で鍼を支えると同時に、皮膚を適度に押さえます。押手全体でも皮膚を押すことで、刺鍼をより安定させます。また、適切な一定の力を加えることで動物に安心感を与えつつ、急に動かないように保定する意味もあります。

しかし、暴れたり咬んだりする危険性のある動物の場合は、首や肩をしっかりと保定しておかなければなりません。その場合は押手をすることができないので、いきなり刺鍼することとなります。筆者は押手をする代わりに、刺手の鍼を持っていない指（環指など）で刺鍼部位を揉んで、すぐに刺鍼することがよくあります（図10-5）。

図10-5　鍼を持っていない指で揉む（押手を使わない場合）

4）切皮《せっぴ》

切皮とは、鍼先が皮膚表面を破って皮下組織に侵入することです。いかに痛みを感じさせずに切皮を行うかが、小動物臨床ではとても重要です。鍼管を使って鍼を刺す「管鍼法」のほうが痛みを感じにくいとされ、初心者にはお薦めです。

❶鍼があらかじめ鍼管に挿管された状態のものを用意します（図11-1）。

図11-1

❷ロックを外します（ロックの方法はメーカーによってさまざまです）。
❸鍼が鍼管から抜け落ちないように注意しながら（図11-2）、刺手で鍼管を刺鍼部位に立てます（図11-3）。筆者は鍼を鍼管に押し当てて保持しています。

図11-2　鍼を保持する

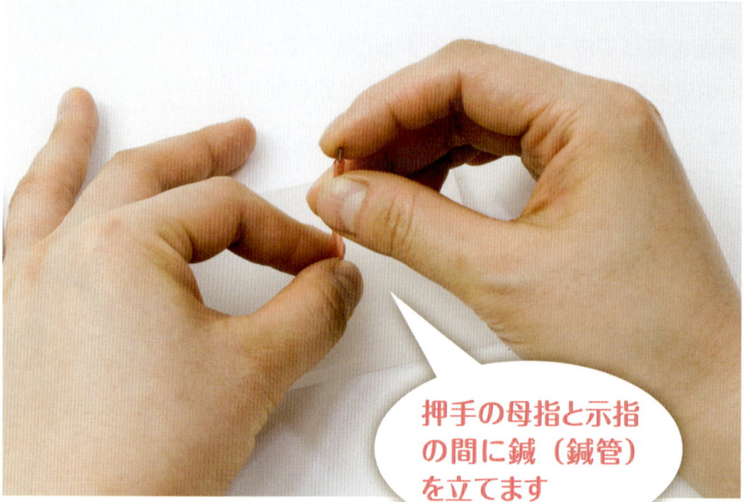

図11-3　刺手で鍼管を刺鍼部位に立てる

経穴の下に重要な臓器があるなどの理由で、鍼を斜めに刺し入れたい場合は、この時点で傾きをつけておきます（図11-4）。

図11-4　鍼を斜めから刺入する場合はこの時点で傾きをつける

❹押手で鍼管を保持して刺手を離すと（図11-5-A)、鍼管内の鍼は鍼尖（先）が皮膚面に触れて止まり、鍼管の上部に鍼柄が飛び出します。押手を使わない場合は、刺手の母指と中指で鍼管を保持し、立たせます（図11-5-B)。

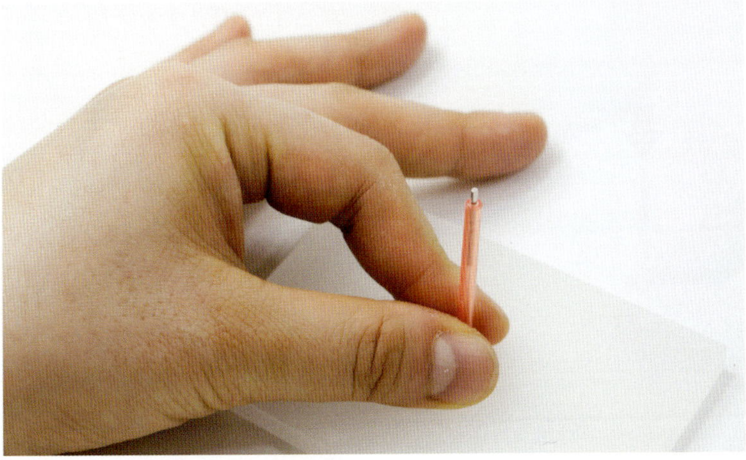

図11-5-A　押手を使う場合

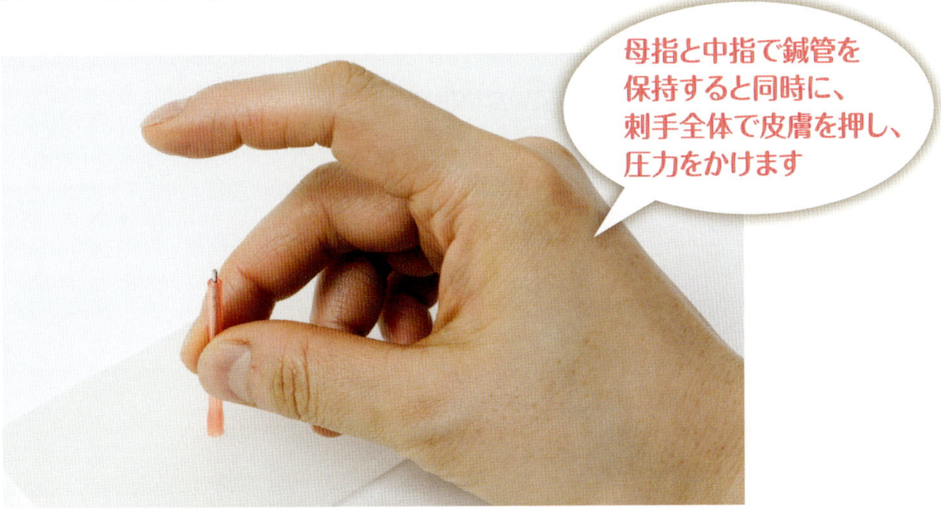
母指と中指で鍼管を
保持すると同時に、
刺手全体で皮膚を押し、
圧力をかけます

図11-5-B　押手を使わない場合

❺上に飛び出している鍼柄の部分を垂直方向に叩くことで、鍼が切皮します（図11-6-A）。管鍼法で刺入時、鍼管から出ている鍼柄を叩いて刺入させることを専門的には「弾入」といいます。

手首のスナップを
効かせて
軽く叩きます

図11-6-A　押手を使う場合

押手を使わない場合は、刺手の鍼を持っていない指（示指）で叩いて切皮します（図11-6-B）。

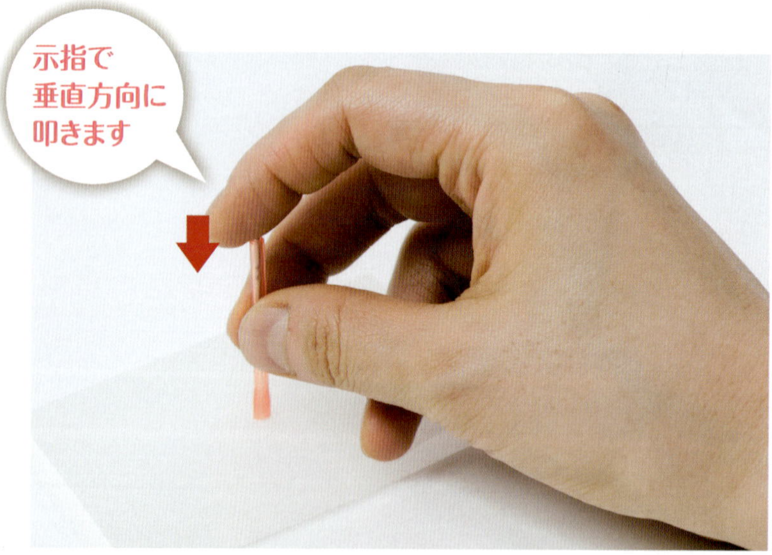
示指で
垂直方向に
叩きます

図11-6-B　押手を使わない場合

叩く時は手首を柔軟にして、スナップを効かせながら軽く叩きます。叩く力は鍼の太さや刺鍼部位などによって変わってきますが、強すぎても弱すぎても痛みが生じます。なかには切皮に非常に敏感な動物もいます。その場合、筆者は全く別の場所を軽く叩き意識をひきつけておいてから、鍼柄を叩いて切皮します。人間の気持ちに敏感な動物は鍼を刺すことを察してしまうので、あまり力まずに平常心で素早く打つことがコツといえるかもしれません。

❻鍼管を取り除きます。鍼の向きに逆らわないように素早く取り除きます（図11-7、図11-8）。

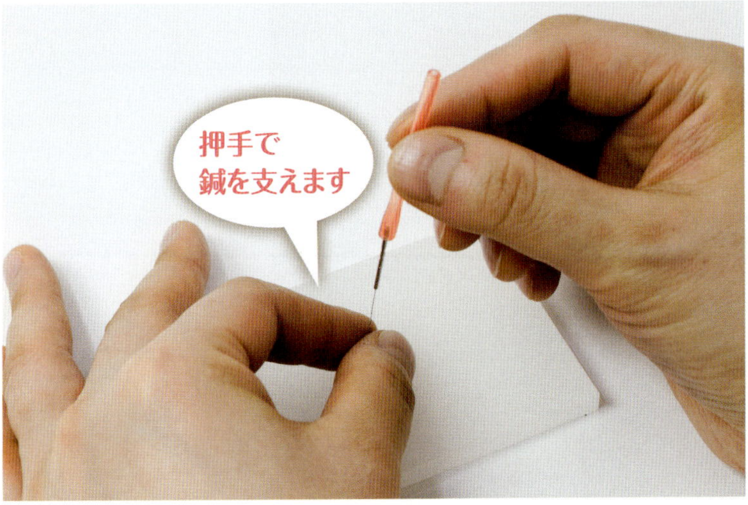

図11-7　鍼管を取り除く

図11-8　鍼の向きに逆らわないように素早く取り除く

5）刺《し》入《にゅう》

　刺手の母指と示指で鍼柄を持ち、左右に半回転させながら刺し入れていきます（旋《せん》撚《ねん》刺《し》法《ほう》）（図12　写真では押手を省いています）。また、刺手の母指と示指で鍼体を持ち、手の重みで沈めるように鍼を送り込んでいく方法（送り込み刺法）もお薦めです。

　刺入する時は、精神を集中させ鍼尖（先）の感覚を読みとるように心がけます。また、刺入している間も動物の様子を観察し、異常があれば刺入をやめる、または抜鍼します。

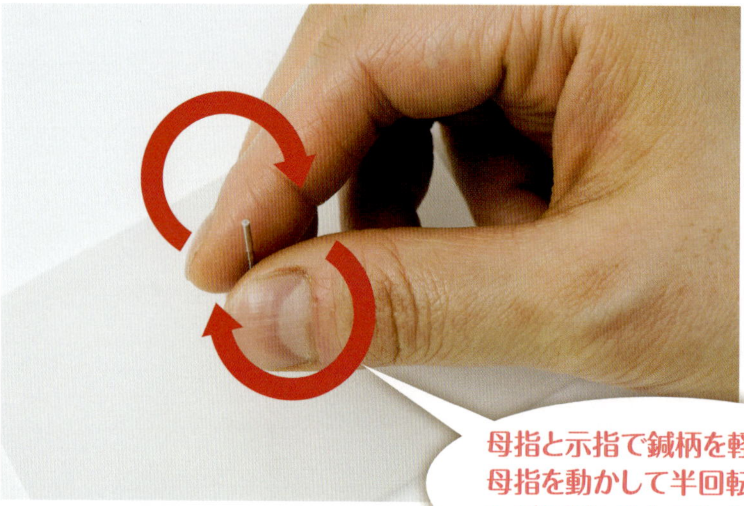

図12　刺入（旋撚刺法）

6）刺鍼中の手技（鍼の手技）

　刺鍼中の手技とは、鍼を刺入する時や刺入した後に、さまざまな方法で生体に刺激を与えることです。鍼を抜いたり刺したり揺らしたり、あるいは刺入方向を変えるなど、多くの方法がありますが、その中のいくつかをご紹介します。

❶単刺術

　鍼を目的の深さまで刺し入れて、そのまますぐに抜鍼する方法です。

❷振《しん》せん術

　目的の深さまで刺し入れた鍼の鍼柄を指ではじいて鍼を左右に振動させます（図13-1、図13-2）。鍼体、または鍼柄を刺手でつまんで鍼を上下に振動させる方法もあります（図14）。

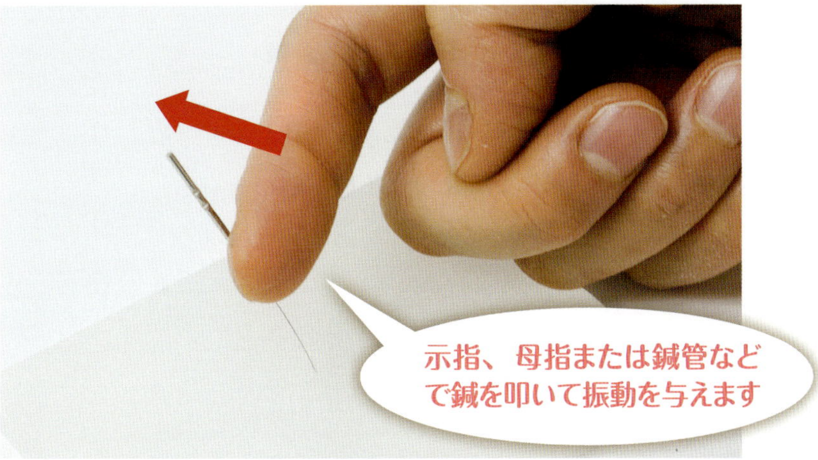
示指、母指または鍼管など
で鍼を叩いて振動を与えます

図13-1　鍼柄を指ではじいて振動させる

あまり激しく振動させる
と痛みが生じるので
注意が必要です

図13-2　鍼を左右に振動させる

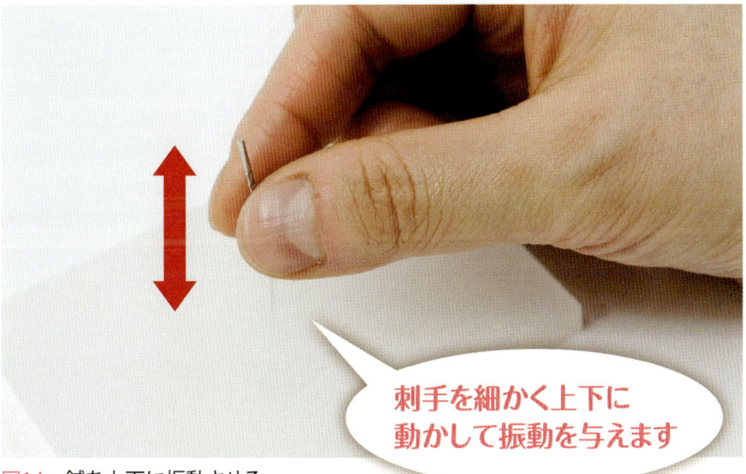
刺手を細かく上下に
動かして振動を与えます

図14　鍼を上下に振動させる

❸置鍼術

1本～数本の鍼を目的の深さまで刺し入れた後、しばらくの間、鍼を留置しておく方法です（図15）。留置しておく時間は、与えたい刺激の量と動物の感受性によって異なりますが、筆者は10 ～ 20分程度、置鍼することが多いです。しかし、場合によっては30分以上留置しておくこともあります。

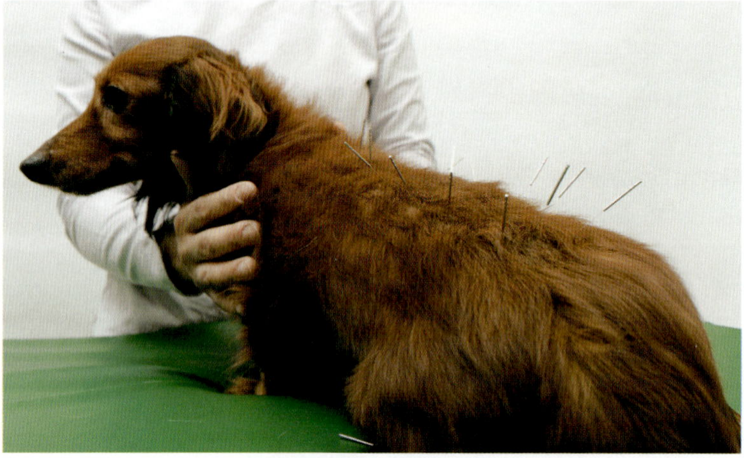
図15　置鍼風景

7）抜鍼

鍼を抜く時は、刺す時と同様、刺手と押手を構えて徐々に抜きさるとされていますが、小動物臨床では素早く抜いてしまうことが多いです（図16）。

刺手だけで
素早く抜鍼した後、
押手で刺鍼部位を
揉みます
図16　抜鍼・後揉法

抜鍼は刺入している鍼の方向に沿って行います。無理な力で抜こうとすると、折鍼などの事故につながる危険性があるので注意が必要です。

8）刺鍼部位を揉む：後揉法《こうじゅうほう》

抜鍼後、刺鍼した部位を前揉法と同様の方法で揉みます（図16）。揉むことで刺鍼による刺激感を和らげ､組織の損傷の再生を促します。また刺鍼部位を刺鍼前と比較することで、刺鍼の効果を確認することもできます。

第2章

お灸の基礎知識と施灸のしかた

澤村《さわむら》　めぐみ

灸法について

鍼治療と同様に動物にお灸も有効です。経絡上で気血が滞り、その反応の現れている経穴自体に施灸します。またお灸は温める作用が強いので、冷え性の子や寒い時期には特に有用です（図1）。

お灸に用いるもぐさはヨモギから作られます。その製造の過程によって、品質の差異があり、大きくは2つに分かれますが、いくつかの段階に分けられ市販されています（表1）。通常、良質のもぐさは透熱灸や知熱灸に、下級品は灸頭鍼、棒灸、台座灸に用いられます。

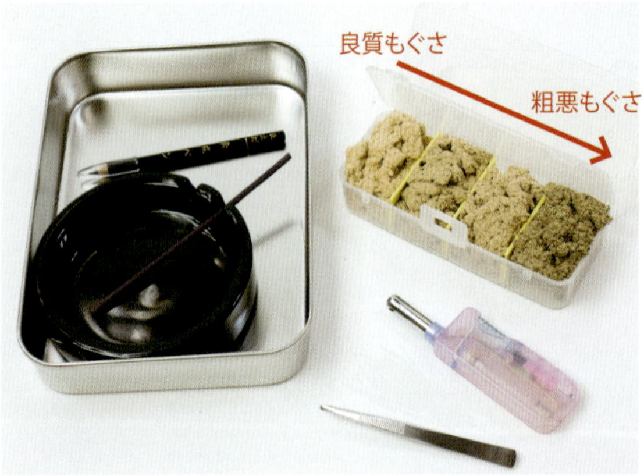

図1　お灸道具（灸点ペン、もぐさ、線香、ピンセット、ライター、燃えかすを入れる容器）

表1　もぐさの品質

良質もぐさ(散《ちり》もぐさ)	粗悪もぐさ(荒《あら》もぐさ)
芳香高い	青臭い
手触りがよい	手触りが悪い
柔らかい	固い
淡黄白色	黒褐色
繊維細かく密	繊維荒く粗
不純物が少ない	不純物が多い
点火しやすい	点火しにくい
途中で消えにくい	途中で消えやすい
熱感が緩和	熱感が強い
煙・灰が少ない	煙・灰が多い

灸法の種類

灸法は大きく分けて、①直接据えるが灸痕を残すことを目的としない、または直接は据えない「無痕灸」と、②皮膚の上に直接据えて灸痕を残す「有痕灸」、③「その他の灸法」の３つの方法に分けられます。

動物では、その他の灸法のうちの「棒灸」と「台座灸」が最も簡易で安全な方法でしょう。しかし、ヒトと同様に直接お灸を据えるほうが効果は高いと思われますので、以下に一通りの方法を記します。

(1) 無痕灸

ヒトでは最も一般的なやり方ですが、動物では被毛が邪魔にならない、もしくは剃毛された状態で、お灸に慣れている子やじっとしていられる子が適応です。知熱灸と隔物灸があります。

1) 知熱灸

米粒大や半米粒大を焼き切らずに８分（80%）で消す八分灸や大きめの艾炷《がいしゅ》（もぐさをひねったもの）を作り、熱を感じたら取る方法があります（図2）。

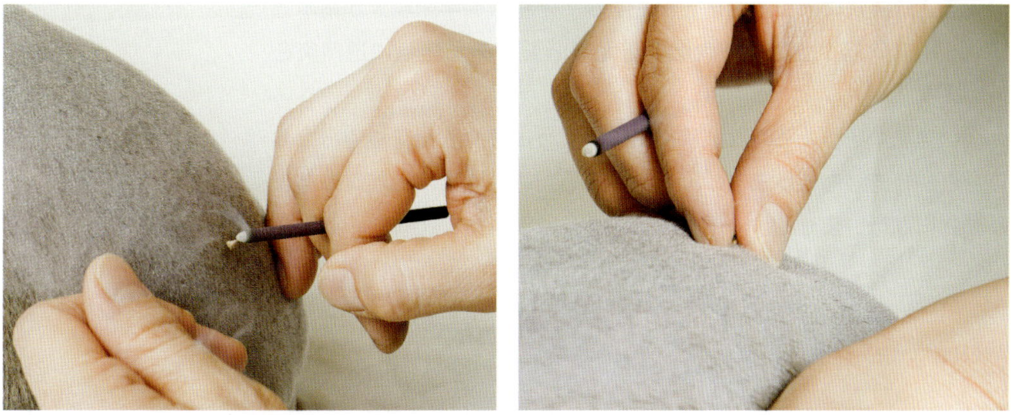

図2　知熱灸（写真左：線香で点火する　写真右：もぐさを80%焼いたところで消火）

2) 隔物灸

もぐさの下にしょうがやにんにく、ビワの葉、味噌、塩などを置いて点火します。下に置く物の薬効成分と温熱刺激を目的とした灸法です（図3）。動物に対してはあまり用いません。

図3　隔物灸（左から塩灸、しょうが灸、にんにく灸）

(2) 有痕灸

1) 透熱灸

　皮膚の上に直接艾炷を立てて線香で火をつけて焼き切ります。艾炷の大きさは灸法によってさまざまですが、米粒大や半米粒大が基本です（図4）。実証や強い温熱刺激を与える必要がある場合に透熱灸を行います。

　弱い熱刺激を与える時は糸状灸（糸のように細くした艾炷で行うお灸）という方法もありますが、被毛があるため、通常、透熱灸もあまり動物には行いません。

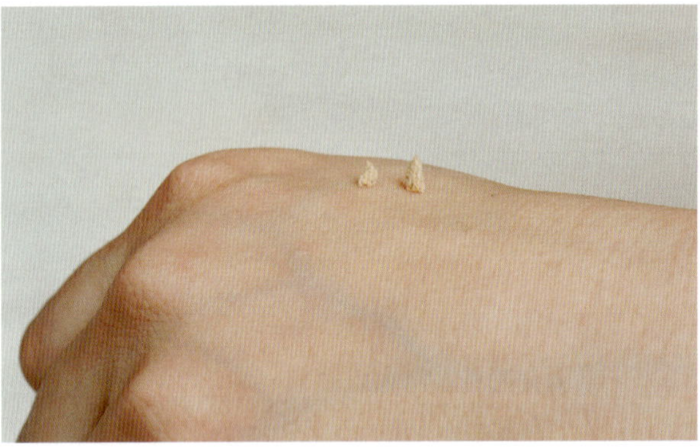

図4　半米粒大、米粒大

(3) その他の灸法

1) 棒灸

　棒状の灸をそのまま近づける、または専用の器具を使って近づけます。輻射熱で温める灸です。中国で主流の灸法で、最も簡易で安全な方法です（図5）。冷え性、腰痛、下痢、歩行障害などセルフケアに最適です。飼い主さんにも棒灸セット（インターネットで購入可能）を購入いただき、自宅でも行っていただくことができます。

図5　棒灸

2）灸頭鍼

皮膚に鍼を刺鍼してその鍼柄《しんぺい》に丸めたもぐさをつけて火をつけます。鍼の刺激と灸の輻射熱を同時に与えることができます（図6）。鍼と灸の両方の効果を期待したものです。また中国では「温鍼」と呼ばれ、日本のようにもぐさを固めたものを鍼柄に固定させるのではなく、鍼にもぐさを長細く巻き付けて行います。冷え性、不妊、歩行障害、下痢の子に最適です。

図6　灸頭鍼

3）台座灸（温筒灸、円筒灸）

既製の台座または筒状の空間を作り、台座とする隔物灸の一種です。せんねん灸オフ（せんねん灸）やカマヤミニ（釜屋もぐさ本舗）、長生灸（山正）などの商品名で市販されているものもこれに含まれます（図7）。台座灸は被毛が長くても可能です。

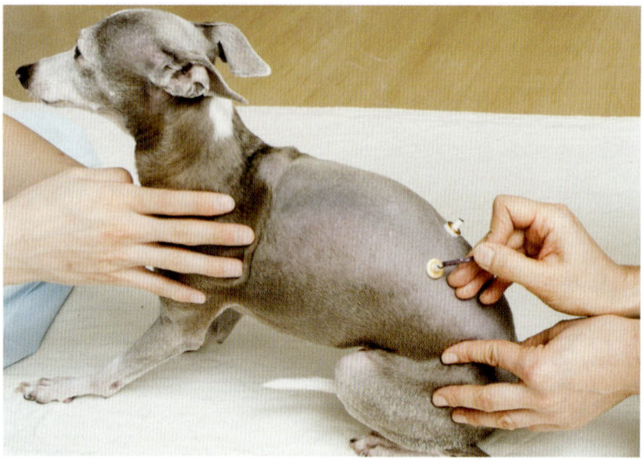

図7　台座灸

施灸の直接法と間接法

施灸は疾病の状態により、患部に施灸する直接法と遠隔部に施灸する間接法があります。さらに間接法には誘導法と反射法があります。

（1）直接法

患部およびその近隣に直接施灸します。浮腫や知覚異常、疼痛、痙攣および麻痺等を直接治癒させる目的で使用する方法です。

（2）間接法

1）誘導法

患部の充血や炎症等を起こしたものに対して遠隔部に施灸し、その部の血管、神経を刺激することで患部の血液を他へ誘導し、循環の改善、神経の変調を調節する目的で使用します。

2）反射法

内臓諸器官およびその他の深在性病変に対して、直接施灸することが不可能な場合、その部に関係のある神経幹や神経枝にある要穴に施灸します。

刺激量（ドーゼ）と感受性

灸治療では、艾炷の大きさやもぐさのひねりの硬軟、壮数などで、刺激の量を変えることができます（表2）。また同じ刺激の量であっても、個体によって感受性が異なるため、その効果に差が出ることもあります（表3）。

刺激の目安は経穴の周囲が発赤する（フレアー現象）まで、あるいは動物の反応を見ながら施灸します。初めての時は軟らかいひねりのものを2、3壮（1つの艾炷が燃えた後、同じ場所に火炷を重ねていく時、1壮、2壮と表現していく）くらいから行うと安全でしょう。また急性疾患と実証には刺激を強く、壮数を多めに、慢性疾患と虚証には逆に刺激を弱く、壮数を少なめに行います。

また、「陽先陰後」といい陽経を先に陰経を後に、また「上先下後」といって「頭を上、後肢端を下として上から下への順に」という施灸ルールがあります。

表2　灸の刺激量

刺激量 弱		刺激量 強
小さい	**艾炷の大小**	大きい
軟らかい	**ひねりの硬軟**	硬い
少ない	**壮数**	多い
短い	**灸時間**	長い
灸をあまり動かさない	**灸に対する手技**	灸を大きく動かす

表3　個体の感受性

感受性 低		感受性 高
成犬（成猫）	**年齢**	幼犬（幼猫）・老犬（老猫）
雄	**性別**	雌
強壮、頑健	**体質**	虚弱、病弱
神経質ではない	**性格**	神経質
肥満、筋肉質	**体格**	痩せ
良好	**栄養状態**	不良
経験あり	**灸治療の経験**	経験なし
腰背など	**刺鍼・灸部位**	四肢

お灸の禁忌部位と禁忌症

顔面部、前頸部、化膿を起こしやすい部位、浅層に大血管がある部位、皮膚病の患部、妊娠動物の下腹部などへの直接灸は禁忌です。

禁忌症は寄生虫病、多くの感染症、高熱疾患、重篤な心疾患、疲労時、空腹時、精神の高度の緊張時、衰弱、高血圧・低血圧時などで、鍼の禁忌症とほぼ同様です。

お灸の効用

お灸は、動物の疾病状態が機能亢進による疼痛や痙攣を伴う時には鎮静方向に作用し、機能減弱による衰弱や麻痺の症状に対しては機能を促進させる方向に作用して、体の変調を調整しバランスが取れるように働きます。また、熱刺激により生体に与える本来の特徴と、疾病により機能亢進状態で充血している場合に、他の部位へ血液を誘導して消炎鎮痛させて調節する作用があります。具体的には、以下の作用が期待できます。

- 増血作用：赤血球を増やし、血流を良くする。
- 止血作用：血小板を増やし、治癒の促進を促す。
- 免疫作用：白血球を増やし、免疫系を活性化する。
- その他　：関節炎に抗炎症効果や予防効果が期待できる。

継続的な施灸により、体の免疫系を高めて活性酸素を抑制し、病気の予防につなげ、健康増進に有用と考えられます。

お灸の適応症

お灸の適応症は鍼の適応症とほとんど同じで、特に慢性疾患に功を奏します。よって神経疾患、運動器疾患、消化器疾患、呼吸器疾患、泌尿器疾患、生殖器疾患、感覚器疾患と多種多彩に渡ります。

施灸の手順

（1）知熱灸

❶道具を用意したら、術者の手指をクロルヘキシジン等で消毒します。

❷経穴を決めたら施灸箇所を被毛に逆らってアルコールやクロルヘキシジン等で消毒します（図8）。

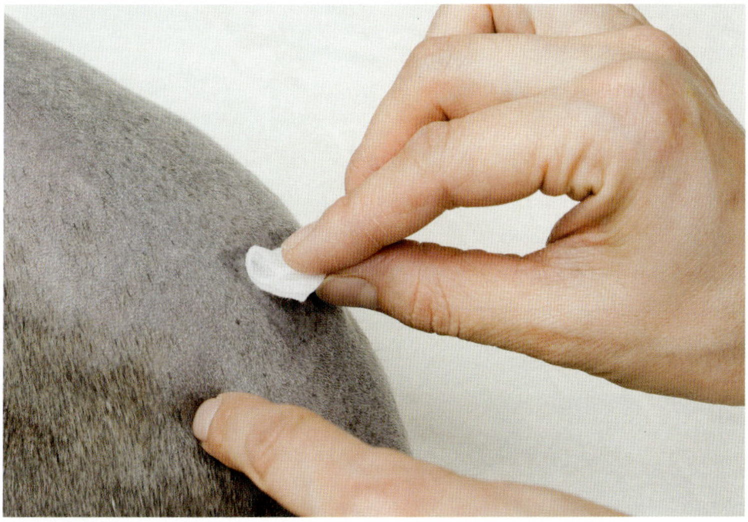

図8　消毒

❸施灸箇所の被毛を掻き分けて灸点ペンで印を付けます（図9）。

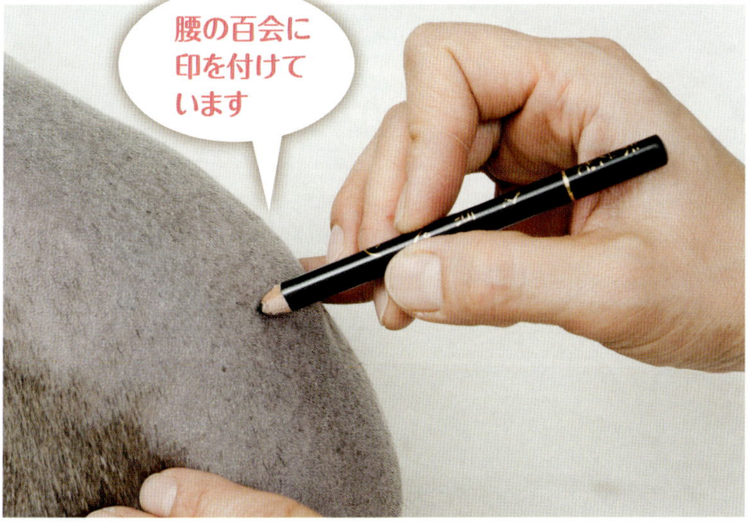

図9　灸点ペン

❹艾炷を作ります（図10）。

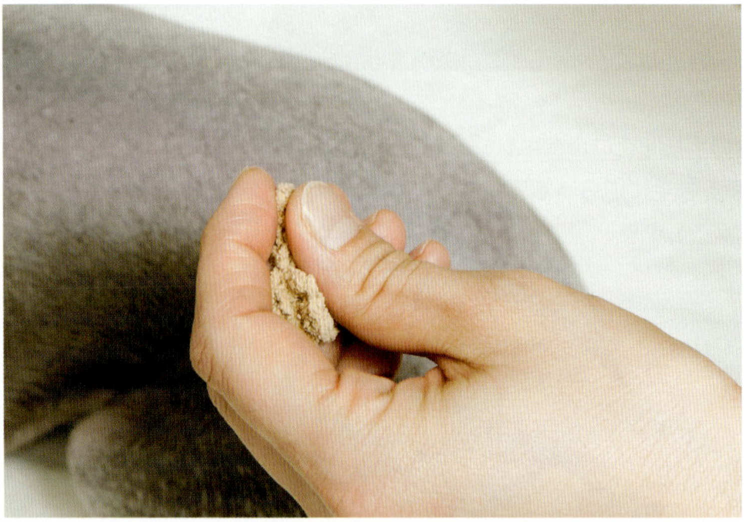

図10　初めは米粒大の艾炷が均一な大きさ、硬さ、形で作れるように練習する

❺もぐさをのせて、線香で点火します（図11）。

図11　点火

⑥艾炷をのせたほうの母指と示指で艾炷の周りの皮膚をおさえて熱さを緩和させます（図12）。

図12　腰の百会に施灸中

⑦艾炷が80％くらい燃えたところで⑥の母指と示指でつまんで消火します（図13）。この時100％燃やすことを“焼き切り”といい、刺激が強く瀉法になります。

図13　消火

⑧補法は灰の上に次の艾炷をのせて施灸します。瀉法は灰を取り除いてから次の艾炷を施灸します。

⑨フレアー現象（お灸をした周辺の皮膚が温められて赤くなる状態）が見えたら、あるいは動物の反応をみながら止めます。

（2）台座灸

❶経穴を決めます。

❷台座灸（図14-1）のシールを剥がしたものを被毛を掻き分けて皮膚に貼りつけます（図14-2）。

図14-1　台座灸

被毛で台座灸が
浮かないように
なるべく皮膚に
貼ります

図14-2　被毛を掻き分けて皮膚に貼る

❸線香で点火します（図15）。

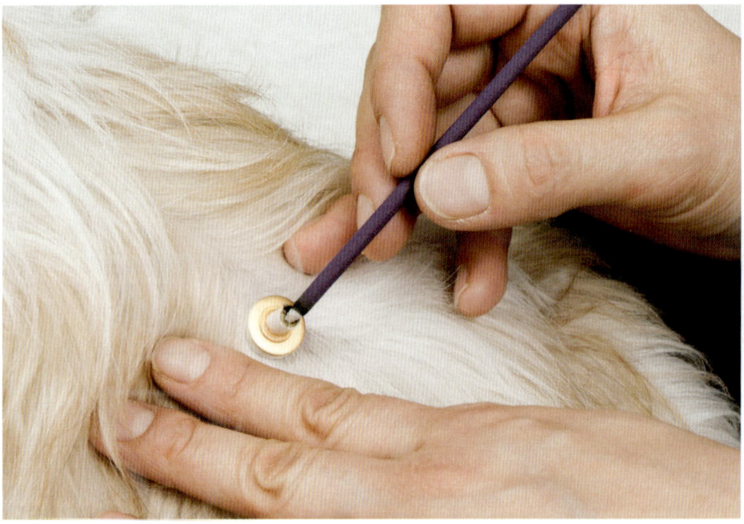

図15　腎兪にせんねん灸を点火

❹もぐさが焼き切り自然に消火し、台座の熱が冷めてきたら皮膚から剥がします。

❺フレアー現象が見られるまで、あるいは皮膚が黒い子などフレアーがわかりにくいので、動物の反応をみながら１～３壮くらい繰り返します。

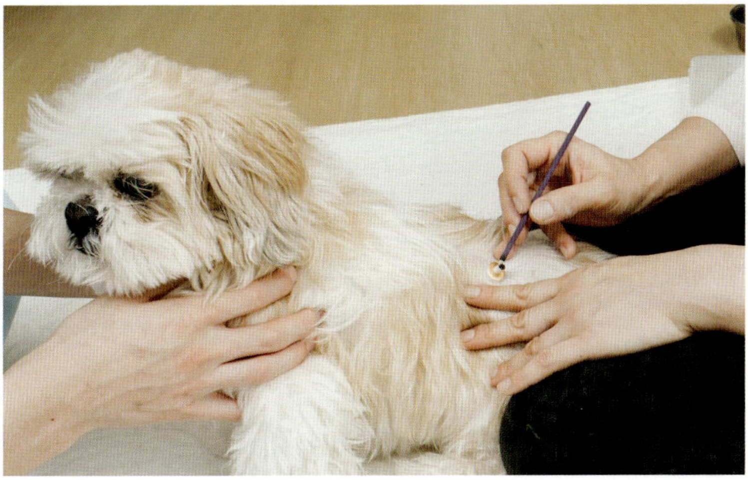

図16

(3) 棒灸

❶ホルダーに棒灸をセットします（図17、図18）。ペット用の棒灸セットは通信販売で手に入れることができます。

図17　右から、ビワの葉エキス、ホルダー、ガーゼ、中国の棒灸、ビワの葉温灸もぐさ、火消し壷、ライター、消煙筒

図18　セットされた棒灸

❷ガーゼにビワの葉エキスを十分にスプレーします（図19）。

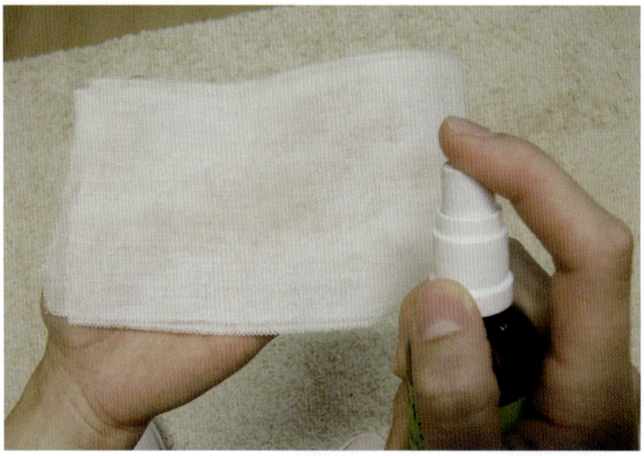

図19　ビワの葉エキスをスプレーする

❸ビワの葉エキスをスプレーしたガーゼを目的の部位に当てます（図20）。 ガーゼを当てることで、万が一灰が落ちてもやけどの心配がありません。

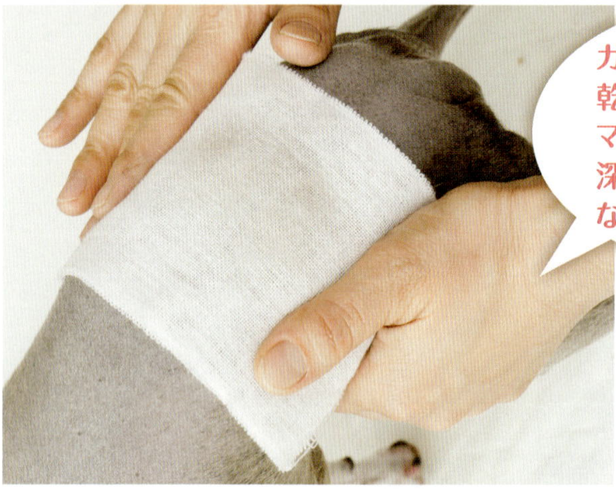

ガーゼを当てることで
乾熱から湿熱になるため、
マイルドな湿った熱が
深く浸透しやすく
なります。

図20　ガーゼを目的の部位に当てる

❹棒灸にしっかり点火します（図21）。

図21　棒灸に点火する。点火した後は火が動物に直接つかないように筒の中まで引っ込める

⑤③の上から棒灸ホルダーを当てて、熱刺激を加えます。弱い刺激を与えたい時は皮膚と棒灸の距離を離すなど、刺激量は棒灸と皮膚との距離で調整し、また動物の状態に合わせて調整します。一般的には5 ～ 15分くらいが適当です（図22-1、図22-2）。

図22-1　腎兪に棒灸中

図22-2　百会に棒灸中

⑥施灸後は棒灸の先端を火消し壷に入れて、こするように押しつけて消火します（図23）。

図23　火消し壷に入れて消火

❼さらに棒灸を消煙筒に入れて完全に消火します（図24）。

図24　消煙筒に入れて消火

（4）灸頭鍼

❶水を入れた容器を用意します（図25）。

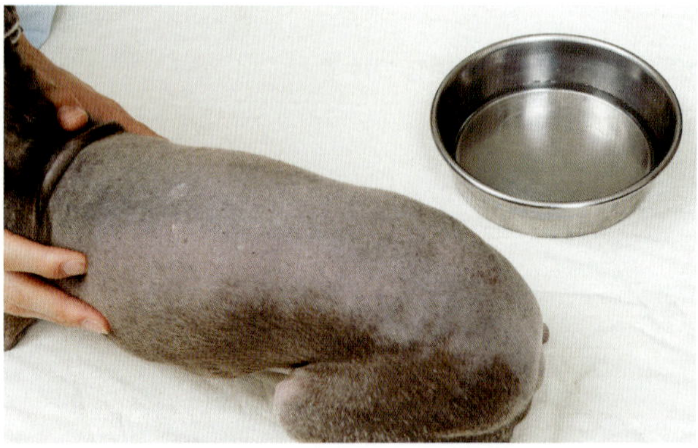

図25

❷灸頭鍼用もぐさを自分で作る場合は、両手の母指と示指でもぐさを三角錐状に固めます（図26-1）。市販の灸頭鍼用切りもぐさを使用してもよいです（図26-2）。

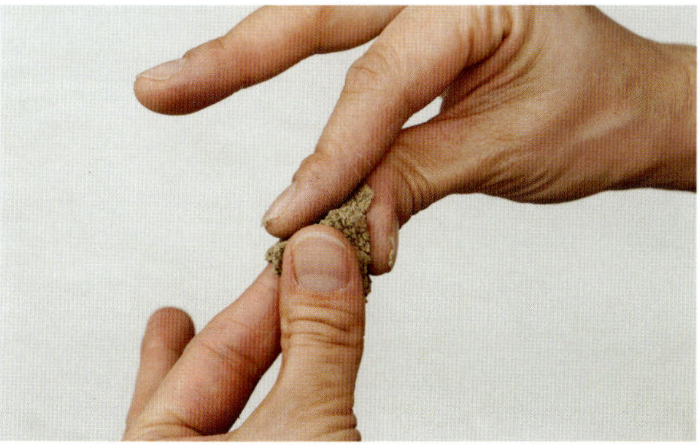

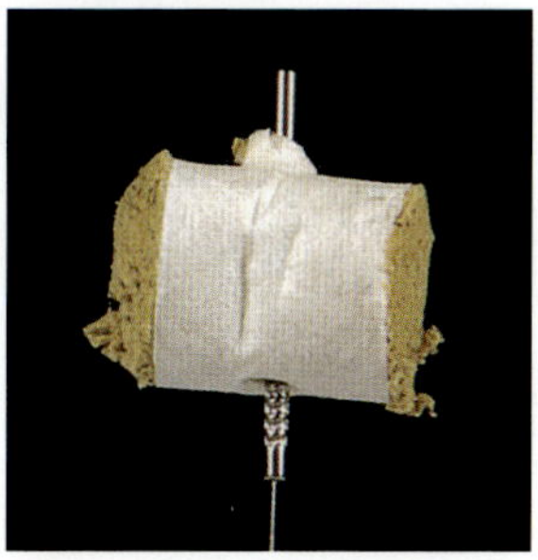

図26-2　市販の灸頭鍼用切りもぐさ

図26-1　三角錐状にもぐさを固める

❸経穴を決めたら消毒し、刺鍼（直刺）します（図27）。

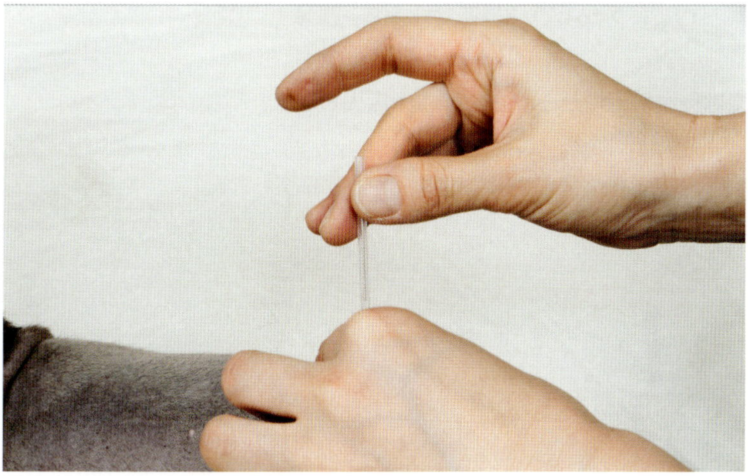

図27　腎兪に刺鍼（直刺）

❹❷を❸の鍼の上部に三角錐の頂点を上にして皮膚から2～3cm 離れた鍼柄に刺してつけます（図28）

図28　灸頭鍼用の切りもぐさの場合はすでにつけられている誘導の穴に鍼柄を通します

❺❹の三角錐の頂点もしくは灸頭鍼用切りもぐさに線香で点火します（図29）。

図29　灸頭鍼に点火

❻焼き切ったらピンセットで灰を取り除き、新たに灸頭鍼用のもぐさを鍼につけて点火するか（１壮から3壮）、終わりにする場合は鍼ごといっしょに取り除きます（図30）、動物が熱がるようでしたら焼き切らずに取り除いてもよいです。※鍼は熱くなっているので直接手で触ると火傷の危険があります。必ずピンセットで取り除きましょう）。

図30　灸頭鍼の抜鍼

お灸の副作用と灸あたり

適量はフレアー現象が見られたらもう十分です。皮膚の黒い子やわかりにくい場合は動物の反応をみながら施灸します。刺激量が過剰になると副作用として灸あたりを起こすことがあります。症状は、全身倦怠、熱感、のぼせ、食欲不振などです。

直ちに休憩させ、次回からは刺激量（施灸回数や頻度等）を減らしましょう。初心者は無理をせずに、弱刺激（１～３壮くらい）から始めて経験を積みましょう。

第3章

刺鍼の練習をしよう

小林《こばやし》　初穂《はつほ》

準備運動

鍼治療はただ鍼を刺すだけではなく、鍼を用いてさまざまな手技を行う治療法です。そのため、自分のイメージした通りに動く手と体が必要です。

また動物に対する鍼治療では、いつでも施術者の希望通りの体位で行えるわけではありません。だからといって強引に動物の体位を変えたり、無理に保定したりせず、あくまでも動物を中心に考えて行うべきです。そのためにも、どのような場所でも、どのような体位でも臨機応変に対応し、いつでも変わらず刺鍼できるように、日頃からの訓練が必要となります。

（1）肩、肘、腕、手首の運動

肩、肘、腕、手首の関節が柔軟に動くことが必要です。回旋運動や屈伸運動などを行って柔軟性を高めます。

（2）指の筋力をつけるための運動

実際に鍼を持って、硬いものへの刺鍼練習を繰り返します。ただ刺すだけではなく、母指と示指を前後に動かして捻転の練習も行います。捻転の角度が一定で、鍼体が左右にぶれないように注意します。

また、鍼を持ち、空中で上下、左右、前後の方向に刺鍼動作を繰り返し、あらゆる方向に鍼を刺す練習をします。これは指の筋力だけでなく、手首の柔軟性も高めます。

筆者は、指の筋力アップのために、音楽を演奏する人のためのハンドトレーニングツール（図1）を利用しています。特に利き手と反対の手の力が弱いので、それを強化する目的で使用しています。対象が動物の場合、いつも施術者の希望通りの体位になってくれるとは限りません。また、咬む危険性のある動物の場合、利き手で首や肩などを保定することもあります。その場合、利き手ではない手で刺鍼しなくてはならず、筋力強化の必要性を感じたからです。

図1　ハンドトレーニングツール

(3) 太極拳、ヨガ、気功

鍼灸治療を行う獣医師や鍼灸師の先生の中には、太極拳やヨガ、気功などの運動を推奨している方が多くいらっしゃいます。鍼治療は「気」を扱う治療法であるため、施術者の心身の健康が治療に大きく影響を及ぼすと考えられているからです。また集中力を養うという点でも、このような運動をやってみるのもいいかもしれません。

(4) 取穴《しゅけつ》の練習法

鍼灸治療を行うにあたって、最初に行うことは取穴《しゅけつ》です。経穴（ツボ）の位置は図や説明などであらわされていますが、実際は個体によって少しずつ異なります。人と比べて形態（体の大きさや外観）に差がある動物では、経穴の図や説明は目安の一つにしかならないことがあります。そのため、経穴の図や説明を参考にしながら、自分の目や指先の感覚で経穴の位置を探していくことが必要です。

また、経穴は治療を行う刺激点であるだけではなく、体の変調が現れる反応点でもあります。特に背中にある臓器の名前がついた経穴（背部兪穴《はいぶゆけつ》）は反応が出やすく、診断の大きな手助けとなります。ただ単に取穴するだけでなく、経穴の反応をも読み取ることで、体の声を聞くこともできるのです。

経穴の反応としては、代表的なもので、以下のようなものがあります。実際には単独ではなく、混在していることもあります。

1. 圧痛（軽く押した時に痛みを感じる）

2．硬結（皮膚の下にコリコリとしたしこりが感じられる）
3．緊張（皮膚や筋肉が板状に張っている）
4．隆起（盛り上がっているように感じられる）
5．陥下《かんか》（くぼんでいるように感じられる）
6．弛緩・萎縮（押しても反発力が感じられない）
7．熱感
8．冷感
9．発汗
10．変色
11．皮膚の変化（触った時の感触がその周囲の場所よりもカサカサ・ザラザラしているなど）

まずは視診から行います。皮膚に色素沈着や斑点などがないか観察します。次に触診を行います。触診では皮膚に軽く触れて、指先に意識を集中させます。示指や中指が一般的ですが、母指や指の腹全体を使って取穴することもあります。取穴する指を決めておくことで、その指の感覚をより研ぎ澄ますことができます。同じ個体でも、その時の体調や日によって反応が異なることもあります。意識して視ること、触ることが重要です。

動物の場合は被毛があるので、取穴が困難な時もあります。最初は短毛、長毛の場合は短くカットした状態で行うと練習しやすいです。また肥満している動物では、ランドマークとなる骨格などが触知しにくいので取穴が難しいかもしれません。

鍼の練習法

鍼の練習を始めるにあたって最初から生体へ刺鍼《ししん》するのではなく、順を追ってステップアップしていきましょう。また私たち獣医師が人間に対して施術行為を行うことは違法行為であるということを、決して忘れてはなりません。

（1）鍼の取り扱いに慣れる

まずは鍼を用意します。最近では動物医療品メーカーでも鍼灸製品を取り扱っていますし、インターネットでも購入できます。

鍼のサイズは太さが1、2、3番、長さは1寸がお薦めです。あまりにも長い鍼だと鍼体《しんたい》がたわんでしまって刺しにくいので、最初は短い方が扱いやすいと思います。太さは、物で練習する時は太い鍼（3番）

から、自分や動物で練習する時は細い鍼（1番）から始めるとよいでしょう。

鍼と鍼管のロックをスムーズに解除して、保持できるようになるまで練習します（ロックの方法はメーカーによって異なります）。

（2）物に刺してみる

鍼の練習用には、専用の刺鍼練習器（台）（図2）というものが市販されていますが、それ以外でも身近なもので練習することができます。パソコン用のアームレスト（図3）やトイレットペーパー（巻き）（図4）、発泡スチロール（図5）、大根などの野菜やリンゴなどの果物、段ボールなどは手に入りやすくお薦めです。柔らかいものから始め、慣れてきたら徐々に硬いもので練習していきます。

最初は3番ぐらいの太めの鍼を使用して、切皮《せっぴ》、刺入《しにゅう》、抜鍼《ばっしん》の練習を行い、慣れてきたらより細い鍼へと変えていきます。

また、自分が刺し入れたい場所に鍼がきちんと刺せているかを確認するため、発泡スチロールなどにマジックで点を書き（図5）、その点を目標に刺鍼の練習を行います。

図2　刺鍼練習台（ユニコ刺鍼練習台V型）

図3　アームレスト

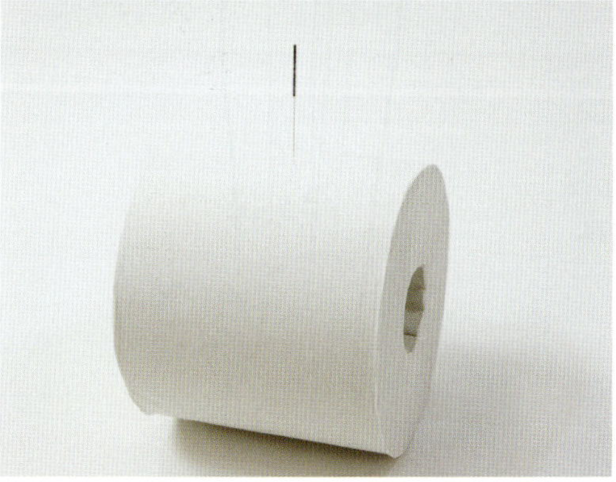

図4　トイレットペーパー

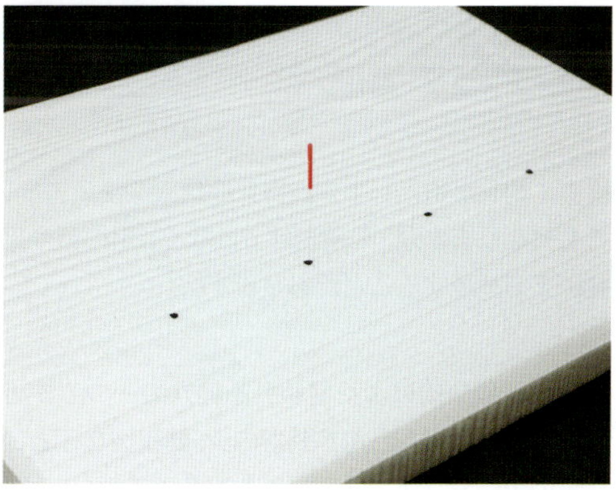

図5　発泡スチロール

(3) 自分自身に刺してみる

自分自身の体で鍼の練習を行います。鍼を刺すのと同時に、得気《とっき》を感じてみてください（P.53）。自分で刺した鍼によってどのような反応が起きるかを自ら体験することで、負担の少ない刺し方の訓練にもなります。

練習する経穴は、ある程度筋肉が厚く、比較的危険度が少ない部位を選択します。初めのうちは顔面（出血しやすい）、手足の末端（刺激に敏感）、胸・腹部（経穴の下に重要な臓器がある）は使わないようにしましょう。また刺鍼は、使用する経穴の位置によっても異なりますが、脳貧血の予防のためにも座った状態で行います。

最も大事なことは、落ち着いてリラックスした精神状態で行うことです。疲れていたり、極度の緊張状態であったりすると、得気を感じることができないばかりか、痛みを感じることとなります。あまり怖がらずに思い切りよくやることも必要です。しかし、たとえ練習とはいえ、自分が練習したい経穴や手技でむやみに刺鍼を行うと、副作用がでる可能性があるので注意しましょう。最初は少ない経穴を細い鍼で短時間刺激するところから始めます。

使用する経穴は、足三里《あしさんり》、合谷《ごうこく》、曲池《きょくち》です。とくに、足三里と合谷は四総穴《しそうけつ》といわれる経穴で、臨床上とても重要です。また、得気も得やすいので、ぜひ試してみてください。

1）足三里《あしさんり》（図6）

【位置】

脛骨前縁を指で押し上げて止まるところ（脛骨粗面の隆起部の下縁）の高さで、脛骨前縁と腓骨頭を結んだ線上で、脛骨前縁から1/3~1/2（押してよく響くところです）。

【効用】

消化器疾患、婦人科疾患、高血圧、慢性疲労、坐骨神経痛、片麻痺、膝・下腿障害

【体位】

座位。床に座り、膝を立てます。

【刺鍼】

垂直に約1cm刺入します。得気は刺入深度・方向によっても異なりますが、局所だけではなく、足の甲や足の裏、膝にまで放散することがあります。

【その他】

足三里は臨床的によく使われる経穴の一つです。また、足三里の灸は昔から無病長寿の灸、健康灸などといわれ、病気の予防や健康増進の面でも有名です。

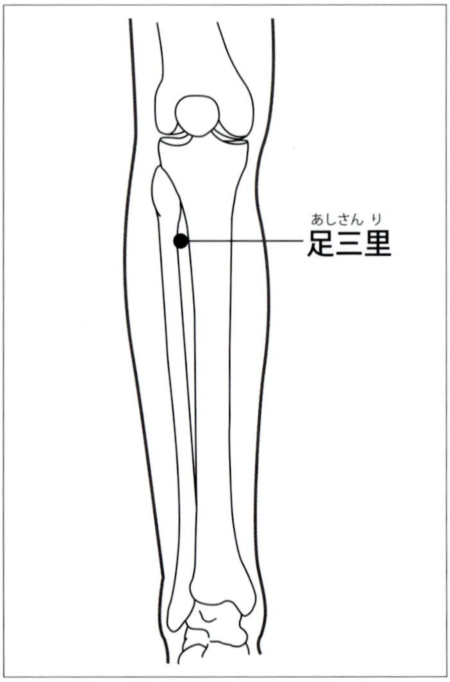

図6　足三里

2）合谷《ごうこく》（図7）

【禁忌】

妊娠中は禁忌となっています。

【位置】

第1、第2中手骨の間の陥凹部（やや第2中手骨寄り）

【効用】

顔面の知覚・運動器疾患、咽頭炎、片麻痺、高血圧、蕁麻疹、発熱、橈骨神経障害

【体位】

座位。手の甲を上にして軽く拳を握ります。

【刺鍼】

垂直に約1cm刺入します。得気は刺入深度・方向によっても異なりますが、通常、刺鍼部位周辺に放散する感覚が得られます。敏感な人では肘関節を超えて上腕部、時には体幹や顔面にまで達することがあります。

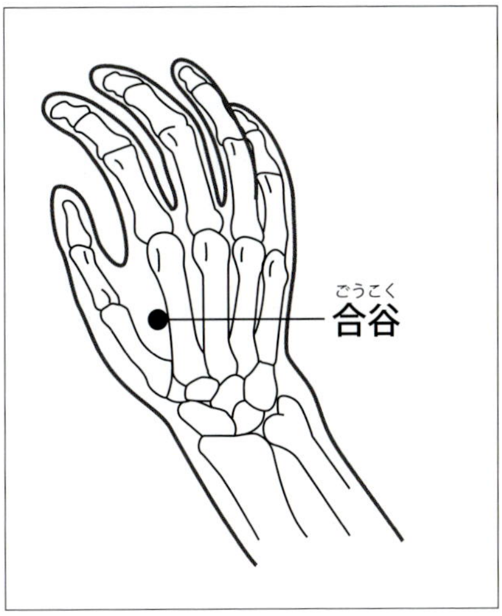

図7　合谷

【その他】

合谷は抗炎症・鎮痛・降圧作用があり、幅広い症状に活用されるので、使用頻度が高い経穴の一つです。

3）曲池《きょくち》（図8）

【位置】

肘を曲げてできるしわ（肘窩横紋）の外端と、上腕骨外側上顆との間（やや上腕骨外側上顆寄り）。

【効用】

頸・腕・肘の関節障害、橈骨神経障害、高血圧、生理痛、咽頭炎、片麻痺、蕁麻疹、発熱

【体位】

座位。肘を曲げて手掌を胸に当てます。

【刺鍼】

垂直に約1～1.5cm刺入します。あまり深く刺すと橈骨神経の近くに鍼尖（先）が到達するので2cm以上刺さないように注意します。得気は刺鍼部位を中心に放散しますが、敏感な人では手指や上腕部にまで到達することがあります。

【その他】

肘を曲げた時にできる陥凹が池に似ていることから、曲池という名前が付けられました。

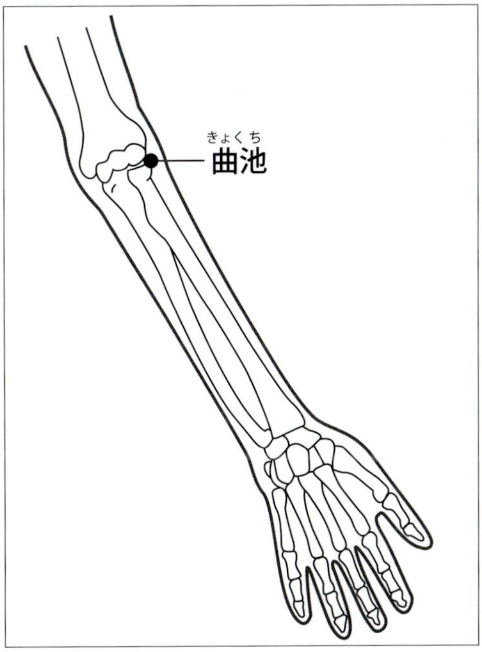

図8　曲池

(4) 動物に刺してみる

自分の飼っている動物だけでなく、周囲の人にお願いして、いろいろなタイプの動物で刺鍼させてもらいましょう。

最初は、比較的鍼治療を受け入れてくれる動物を選びます。鍼は刺してみないとわからないところがありますが、一般的には猫よりも犬のほうが鍼治療に寛容です。犬種はレトリバー種などが、比較的喜んでやらせてくれるようです（図9）。あまりにも若いと活発に動いてしまうことが多く、練習には不向きです。高齢犬はあまり動かず、刺鍼はしやすいのですが、鍼の刺激が強すぎると副作用が出てしまう可能性もあるので注意が必要です。痩せている動物は骨格や経穴がわかりやすく、取穴はしやすいのですが、臓器や血管、神経などを傷つける危険性が高いので気をつけましょう。

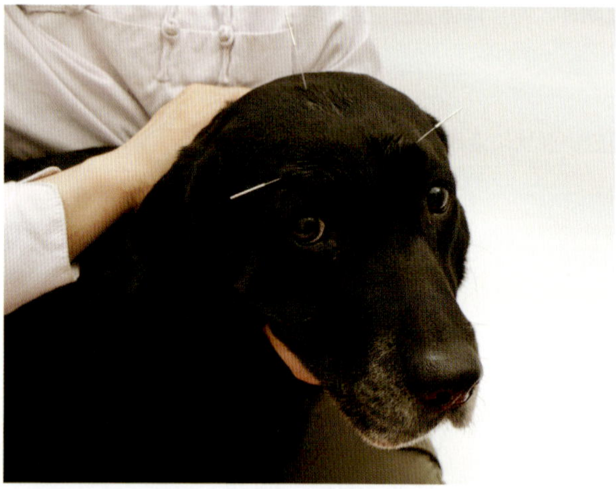

図9　温和なレトリバー種は鍼治療に寛容

動物が落ち着かないようであれば、マッサージ（P67 第5章参照）を行うなど、落ち着かせてから刺鍼します。動物は人間以上に施術者の気持ちや行動を察します。刺すことを意識し過ぎないように心がけます。

特に施術者が緊張して呼吸が止まってしまうと、刺される側も緊張が伝わります。まずは自分がリラックスして刺鍼することを心がけます。また、緊張のあまり手首や腕に力が入ってしまうと、切皮や刺入に痛みを生じがちです。体、肩、肘、手首の順に力を抜いてから刺鍼します。

使用する経穴は、腎《じん》兪《ゆ》など背《はい》部《ぶ》兪《ゆ》穴《けつ》といわれる経穴がお薦めです。背部の筋肉が厚い場所なので危険性も比較的低く、動物にも受け入れてもらいやすいと思います。慣れてきたら、足三里や曲池なども刺鍼します。合谷は四肢末端なので、嫌がられることが多いです。

得気《とっき》（ひびき、鍼感《しんかん》、鍼響《しんきょう》）を得るために

得気とは、鍼を刺した時に生体に生じる特有の反応のことです。この得気には「(1) 刺鍼された人（動物）が感じる得気」と「(2) 刺鍼している人が感じる得気」があります。

(1) 刺鍼された人（動物）が感じる得気

昔からいわれている「だるい感じ（酸）、重く押されるような感じ（重）、しびれる感じ（麻）、腫れぼったい感じ（脹）」以外にも、熱くなる感じ（熱感）、痛いが気持ちいい（快痛）などがあります。また、その感覚は鍼の刺入部分の周辺だけではなく、離れた場所で感じることもあります。

稲妻が走るような電撃性な感覚は、鍼が神経線維を直接刺激した時にみられるもので、これは得気ではありません。抜鍼後もズキズキとして不快な感じが継続することがあり、むしろ過誤としてとらえるべきです。

(2) 刺鍼している人が感じる得気

刺手《さしで》では、鍼尖（先）に抵抗感を感じます。その抵抗感は、「鍼が重くなった感じ」「鍼が締めつけられるような感じ」「鍼が押し上げられる感じ」「溶けたキャラメルのようなねっとりした感じ」などさまざまな表現で表されます。また、このような時は鍼を軽く引っ張っても抜けにくく感じます。

押手《おしで》では、「刺鍼部位の緊張、弛緩、熱感、冷感」「押手の下の筋肉がピクピク・サワサワと動く感覚」などが感じられます。

得気が得られない時には、以下のような方法を試します。

- その位置に鍼を留めて、しばらく置鍼してから、上下に抜き刺しします。
- その位置に鍼を留めて、しばらく置鍼してから、回旋させます。（回旋する方向は、補法ならば時計回り、瀉法ならば反時計回りとされていますが、この場合は往復に回旋させます。回旋角度は45度以下から180度以上までさまざまですが、あまりにも大きく速くねじると、鍼に筋組織が巻きついて痛みを生じるので要注意です）。
- 指で鍼柄を軽くはじきます。
- いったん皮下まで鍼を引き上げてから、刺鍼方向を変えて再び刺入します。
- 抜鍼して、あらためて取穴し刺鍼します。

このような方法を試しても、虚証でエネルギー（気）が不足していたり、麻痺していたりすると、得気を得られないことがあります。その場合は強い手技は用いずにそのまま置鍼しておくだけで十分です。

第4章

鍼灸治療の流れと施術を行う際の注意点

春《はる》木《き》　英《えい》子《こ》

治療の流れ

（1）飼い主に鍼灸治療を提案する。

一般的な動物病院であれば、骨関節疾患や神経疾患に対して鍼灸治療を行うことがほとんどだと思います。鍼灸治療は発症してからできるだけ早期に、補完医療として西洋医学的な治療と同時に始めるのが理想的です。発症時から時間が経過すればするほど、または慢性化するほど、鍼灸治療の効果の発現にも時間がかかることになってしまいます。また、飼い主の中には、骨関節疾患や神経疾患以外には鍼灸治療が適応だと思っていない方も多く見られます。例えば、フードの量を少し多く食べただけで下痢をする、特に理由もなく嘔吐することがよくある、冬になると膀胱炎を発症しやすいなど、西洋医学的治療で一時的な改善がみられるものの、同じ症状を再発しやすいような動物には鍼灸治療が効果を上げることが多いのですが、こちらから飼い主に対して東洋医学的な治療の提案を行わない限り、飼い主はそのような選択肢を思いつかないでしょう。

東洋医学は根本的な体質改善を目的にして治療をしますので、同じような症状を起こしやすかった動物が鍼灸治療で体のバランスをとることにより症状をめったに出さなくなった、というケースはよくみられます。飼い主に対して体質改善のための鍼灸治療をこちらから提案することによって、「体質と思い諦めていた」不快な症状を軽減することができるのです。

参考までに人間の鍼灸の適応として、公益社団法人日本鍼灸師会のホームページに以下のような記述があります。

NIH（米国国立衛生研究所）の見解として、鍼灸療法の各種の病気に対する効果とその科学的根拠、西洋医学の代替治療としての効果について有効であると発表しました。
WHO（世界保健機関）で鍼灸療法の有効性を認めた病気には、次のものを挙げています。

神経系疾患	◎神経痛・神経麻痺・痙攣・脳卒中後遺症・自律神経失調症・頭痛・めまい・不眠・神経症・ノイローゼ・ヒステリー
運動器系疾患	関節炎・◎リウマチ・◎頸肩腕症候群・◎頸椎捻挫後遺症・◎五十肩・腱鞘炎・◎腰痛・外傷の後遺症（骨折、打撲、むちうち、捻挫）
循環器系疾患	心臓神経症・動脈硬化症・高血圧低血圧症・動悸・息切れ
呼吸器系疾患	気管支炎・喘息・風邪および予防
消化器系疾患	胃腸病（胃炎、消化不良、胃下垂、胃酸過多、下痢、便秘）・胆嚢炎・肝機能障害・肝炎・胃十二指腸潰瘍・痔疾
代謝内分泌系疾患	バセドウ氏病・糖尿病・痛風・脚気・貧血
生殖、泌尿器系疾患	膀胱炎・尿道炎・性機能障害・尿閉・腎炎・前立腺肥大・陰萎
婦人科系疾患	更年期障害・乳腺炎・白帯下・生理痛・月経不順・冷え性・血の道・不妊
耳鼻咽喉科系疾患	中耳炎・耳鳴・難聴・メニエル氏病・鼻出血・鼻炎・ちくのう・咽喉頭炎・へんとう炎
眼科系疾患	眼精疲労・仮性近視・結膜炎・疲れ目・かすみ目・ものもらい
小児科疾患	小児神経症（夜泣き、かんむし、夜驚、消化不良、偏食、食欲不振、不眠）・小児喘息・アレルギー性湿疹・耳下腺炎・夜尿症・虚弱体質の改善

※◎は健康保険適応が認められている疾患（公益社団法人日本鍼灸師会のホームページより抜粋）

　東洋医学は『未病』の状態にも対処することができるといわれます。未病とは、「病気の一歩手前」の状態のことで、体の異常（アンバランス）があっても検査結果では異常がみられない（疾患の診断名がつかない）状態にもかかわらず、動物が不調を感じている、もしくは何らかの症状を呈している状態です。飼い主が普段とは違う様子に気づき来院したものの、「異常はありませんので特に処置はありません」と獣医師に言われてしまうと、飼い主は釈然としない気持ちを抱えることになってしまいます。また、診断名がついている“病気”の状態でも、現代医学ではこれ以上治療ができない、打つ手がない、という場合でも、東洋医学的な診断を行い、体のバランスの異常に気づけば何らかの東洋医学的な治療を行うことができ、飼い主の満足度を上げることも可能です。

　ただ、飼い主の希望と獣医師の治療目標が食い違うことを避けるため、治療の目的（またはゴール）をどこに設定するのか（後述）をよく話し合っておくことはとても重要です。

（2）治療の実際

実際に鍼灸治療を行うことが決まれば、治療時間を確保し予約を入れます。私の場合は１回の鍼灸治療に、１頭当たり約１時間かけて行っています。初診時は鍼灸治療のインフォームド・コンセントと問診にさらに時間がかかるので１時間30分〜２時間必要です。病院での様子（行動）と家での様子（行動）が全く違うこともよくあるので、家での様子や普段の性格、行動傾向について細かくお話を伺うことが、東洋医学的な診断の重要なヒントになります。

通常の診療時間に１頭の患者に対してこれだけの時間をとるのが困難な場合は、診療時間外（お昼休みなど）に予約制でいらしていただくほうが落ち着いて治療を行うことができます。また、動物がじっとしていられない場合は保定をするスタッフも同じ時間確保する必要があります（飼い主が保定を行う場合は必要ありません）。

以下に私が行っている診察の流れをご紹介します。

1　問診票の記入（初診時のみ）

【項目】

❶飼い主の氏名、住所、連絡先などの情報
❷動物の名前、年齢、性別、去勢避妊の有無またその時期
❸食事内容（間食を含む）、種類、量、食欲など
❹散歩や運動の時間や頻度、睡眠時間などの生活習慣
❺生まれてから今までの病歴、かかりやすい病気や症状などをできるだけ詳しく
❻主訴、発症時期、経過、投薬状況などをできるだけ詳しく
❼その他、普段の生活で気になっていることや改善したいこと
❽家での様子：好む場所（暖かさや涼しさ）、運動や食事への興味、飲水の様子、睡眠の様子、人や動物に対する態度、性格などの細かいチェック項目（図１）

質問票２

次のうち、ワンちゃんにあてはまると思う項目の欄にチェックをしてください。
（どちらでもない、わからない時はつけなくて結構です）

ちゃん　　記入日　　年　　月　　日

	暖かい場所（日なた、暖房器具の近くなど）を好む
	涼しい場所（クーラーの近くなど）を好む
	食べることが好き、与えるものは何でもよく食べる
	食べることにあまり興味がない
	食べ物の選り好みが激しい
	水をたくさん飲む
	水をあまり飲まない
	昼間でも寝ていることが多い
	あまり熟睡せず、睡眠時間が少ないように感じる
	いつも活発に動き回っていて、じっとしている事があまりない
	散歩や運動時の持久力がなく、疲れやすい
	便秘をすることが多い
	下痢や軟便をすることが多い
	食餌は変えていないのに、便や尿が臭くなってきたような気がする
	大きい声でよく吠える
	あまり吠えない、または声が小さい
	家族以外の人や動物に対して、うなるなど威嚇をする（または咬みつこうとする）
	家族の中で、ワンちゃんが一番えらい（上位にいる、威張っている）感じがする
	触られると嫌な場所があり、怒ったり咬んだりすることもある
	家族以外の人や動物に対して友好的で、喜んで飛びついていくような事がよくある
	ボールやフリスビーなどで遊ぶ事が好き
	興奮しやすい
	大げさに騒いだり痛がったりする
	集中力があり、一つの事に熱中しやすい
	集中力がなくボーッとしている事が多い
	甘えんぼうで、家族のそばから離れたがらない
	性格が穏やかで家族以外の人や動物に対しておっとりと対応する
	家族以外の人や動物にあまり興味がないように思える
	物覚えがよく、いいつけをきちんと守る
	散歩の時間や食餌の時間などをわかっていて、催促する事がある
	家族以外の人や動物に対して警戒心が強い
	来客が来ると隠れたり、おびえて吠えたり震えたりする
	頑固で、嫌なものは絶対嫌だ、と譲らない
	家族から離れて行って、一人でいることがよくある
	散歩に行くのがあまり好きではなく、外に出たがらない

Earth Holistic Animal Care

図1

2 診察室に入ってくる動物の様子（歩様、元気など）を観察

↓

3 問診（前回の治療から今日までの様子と気になる点、かかりつけ院への通院状況などを飼い主と話す）

↓

4 切診（脈診、全身の冷えや熱感、敏感な部位、疼痛の有無などを触診で確認）

↓

5 望診（舌診、姿勢などを見る）

↓

6 聞診（体臭や口臭、声の調子を聞くなど）

↓

7 証（東洋医学の診断）に基づいてその日に使う経穴を決める

↓

8 緊張していたり落ち着かない動物にはリラックスを促すマッサージを行う

↓

9 鍼治療（必要であれば低周波パルス治療や灸治療を併用する）

↓

10 置鍼（症例により15 ~ 30分程度）の間、鍼を入れていない部位で凝っている筋肉や冷えている場所など気になる部位があれば部分的にマッサージや指圧を行う

特に、前肢に不調がある場合は後肢に、後肢に不調がある場合は前肢に、右肢に不調がある場合は左肢に……というように、調子が悪いほうと反対側の筋肉には過度の負担がかかっているため、悪いほうよりも凝っていることが多いので注意して観察をし、局所的に鍼治療やマッサージ、指圧をするようにしています。

↓

11 飼い主がマッサージや指圧、手作り食などのホームケアをしている場合はその状況を聞いて家で行うことを総合的にアドバイスする

↓

12 抜鍼後、全身マッサージやストレッチを行って終了

鍼治療の間は飼い主についていてもらう場合もあれば、動物をお預かりして治療後にお迎えに来てもらうこともあります。お迎えの時に治療中・治療後の様子をお話したり写真を撮ってお見せするようにしています。飼い主がホームケアにも積極的な場合、ご家庭でできる効果的なマッサージや指圧、ストレッチ、食事管理などをお伝えして次回の治療まで行ってもらうこともあります。

飼い主への説明

東洋医学に初めて触れる飼い主にとってはわからないことばかりのはずですので、できるだけ詳しく治療内容や効果について話をしていきます。自身が鍼灸治療や漢方治療を受けた経験がある飼い主の場合は東洋医学についての理解は早いでしょう。

1）東洋医学について

鍼灸治療はそれ自体が直接病気を治すわけではなく、治療することで体のバランスを整えて患者の自然治癒力を高め、自分自身で回復していくのを助ける治療であることを伝えます。

2）西洋医学と東洋医学の違いと併用について

西洋医学とは違う角度からアプローチしていく治療であり、西洋医学との併用を行ったほうがよいことを伝えます。

3）治療の目的（またはゴール）をどこに設定し、いつまで続ければいいのか

どの程度の改善を目標にするか、また、それが達成されたら次はどうするのか。効果がみられなかった場合はいつまで続けるのかなどをよく話し合い、治療頻度（間隔）や回数を説明します（P63「経過観察」を参照）。

4）動物が鍼治療を拒絶する場合はすぐに治療を開始できない可能性があること

東洋医学では、ストレスも体の不調を引き起こすと考えますので、暴れる動物を無理に押さえつけてという治療は行いません。マッサージなどを行いリラックスさせて細い鍼から始めます（P61「刺鍼する際のコツ」を参照）。

5）副作用について

鍼治療を行った後に何かしらの症状がみられると、鍼治療を行ったから悪化したのではないかと思われることがあります。適切な診断と治療方法のもとに鍼治療が行われた場合、副作用はほとんど起こり得ません。副作用といわれるもののほとんどが医療過誤によるものです。そのように飼い主に説明をしておくと安心して鍼治療を受けていただけるでしょう。また、以下のような副作用が起きないように十分注意して治療を行いましょう。

気胸

胸部、肩背部の経穴に、胸腔に達するほど深く刺入してしまった場合➡胸部や肩背部の経穴に刺入する際は深度や角度に十分気をつけましょう！

折鍼

同じ鍼を何度も滅菌して使用すると鍼体の損傷から折鍼することがあるので、ディスポーザブル鍼を使用しましょう。また動物が治療中に動いてしまい、鍼が曲がったり抜きにくくなった時は無理に抜こうとせず、角度を変えたり回したりしながらそっと抜きとりましょう。

出血、内出血

鍼が刺入部位の毛細血管を損傷すると出血や内出血がみられる場合があります。出血部位を清潔なガーゼなどで止血しましょう。

感染

不潔な鍼を使用した場合は感染を起こし化膿することもあります。滅菌済みのディスポーザブル鍼を使用し、手指や刺入部を清潔にしてから治療を行いましょう。

金属アレルギー

ディスポーザブルの鍼は主にステンレスですが、万が一ステンレスにアレルギーがある場合は刺入部位に発赤、痒みなどがでることがあります。

異感覚

人間の鍼灸治療書によると、刺入時だけではなく抜鍼後にも治療部位に痛みや違和感を感じる場合があるそうです。動物も同様と思われますので、治療後に全身のマッサージを行い、痛みや違和感を軽減することが勧められます。

瞑眩、灸あたり

治療後に、全身倦怠感、脱力感などにより一時的にぐったりすることがありますが、体のバランスが改善していく過程だといわれています。通常は数時間～１日くらいで元に戻ります。

このほか、証（東洋医学の診断名）に対する治療法が間違っていた場合は体調が悪化することもありますので、証に基づいた治療（弁証論治）をするよう心がけましょう。また、特に動物では、例えば関節疾患があり後肢の動きが悪い症例に鍼灸治療を行い、鎮痛効果のため一時的に痛みの症状が改善して動物の動きがよくなり、疾患自体は治癒していないのに無理な運動をしてしまったため却って状態が悪化してしまった、というケースもあります。西洋医学の治療と同じように運動制限や環境の整備などは飼い主にしっかりと伝えておく必要があります。

高齢犬や衰弱した動物に初めて鍼灸治療を行う場合、たくさんの鍼を使用したり置鍼の時間が長すぎると、刺激が強すぎて動物を疲労させてしまうことがありますので、初回の治療では鍼は10本前後、置鍼も10分前後だけにして、その後の様子をよく観察しましょう。次回の治療時には治療後の家での様子を聞いてから鍼の数や置鍼時間を調整するようにします。

6）治療時間や頻度など今後の治療計画、治療料金について

P63「経過観察」を参照。

刺鍼する際のコツ

- 動物に対して鍼灸治療を行う時、特に置鍼や電気鍼を行う際は、一定時間動物をじっとさせておく必要があります。
  殊に猫では置鍼時に背部の皮膚を動かしてしまうことにより鍼の角度が変わってしまい、チクチクした痛みを感じて怒ったり暴れたりすることがあります。置鍼時はきちんと保定しておきましょう。

- 治療中に動物が動いてしまうと鍼の位置がずれたり鍼が外れてしまうことがあります。また、動物が身震いをした時などに鍼が飛び散ってしまうこともあるので注意が必要です。

- 置鍼時、刺入の違和感から動物が口で鍼を取ろうとしてしまうこともあります。誤嚥事故防止のため、置鍼中は動物の様子をずっと観察しておくことが必要です。

- 保定者がいなくても動物が動かないで鍼灸治療が行える道具として、超音波診断などで使用する保定器具（図2）も有効です。この器具を使うと保定にも役立つ上、立位や座位ではアプローチしづらい四肢の内側や腹側の経穴も治療しやすいというメリットがあります。

図2　超音波検査時の保定用として市販されているものもありますが、枠にロープなどを張ったものを手作りされている先生もいます

●飼い主が動物をうまく保定することができれば、飼い主の近くで動物はよりリラックスして治療を受けることができ、スムーズに施術が行えます。

●他人に触れられることに対して極端にナーバスになっている場合、無理やり押さえつけて鍼治療を行うのはよくありません。次回の治療時にもっと相手を緊張させ、余計に治療が困難になるでしょう。東洋医学的な考えからいうと、恐怖の感情は腎の気、怒りの感情は肝の気と強い関わりがありますので、それぞれの感情に長時間さらされた場合、腎気や肝気を損なって体のバランスが余計に崩れてしまうこともありえます。

　また筋肉が緊張していると刺入時の痛みが増して感じられてしまうので、リラックスさせることから始めましょう。このような場合、初回の治療で鍼治療を行えなくても構いません。リラックスマッサージ（P67「第5章マッサージをしてあげよう」の項参照）を行い、多少なりとも動物との信頼関係が築けた上で、筋肉の緊張が取れて体を触らせてくれるようになってから治療を行います。

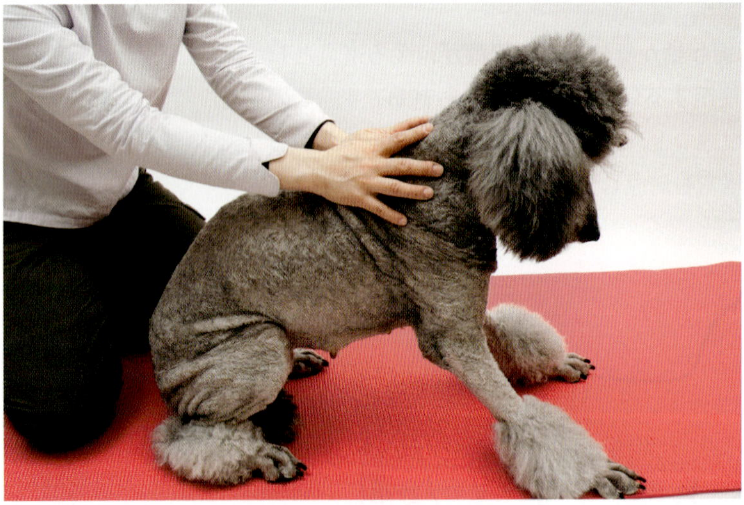

●施術者の緊張や不安感は同室にいる飼い主やスタッフ、動物にも伝わりますので、治療の前には施術者もできるだけ心身ともにリラックスすることが求められます。また施術者が極度に疲労している時や、ネガティブな気持ちの時に治療を行うと、思ったような結果がでないこともしばしばあります。治療前には深呼吸や気功などを行い、自身の気も高めてからポジティブな気持ちで行うことが薦めら

れます。

- 手足の経穴は特に痛みや刺激を感じやすいため、治療に慣れてから行ったほうがよいでしょう。鍼治療に慣れていないうちは膀胱経（背中）の経穴から始めると、痛みを感じさせることは比較的少ないように思います。また押手で皮膚をきつめに張っておくと刺入時の痛みを多少は軽減できるようです。

- 獣医師（白衣）に対して警戒心がある動物に対しては白衣よりもスクラブシャツなどの衣服を着用したほうがよいでしょう。また特に犬の場合は好きなおやつやおもちゃ、特別なご褒美で気を引いている間に治療を行うこともあります。

- どうしても鍼の刺激を嫌がって行えない時は、代わりに経穴の指圧や経絡マッサージを行うのも効果的です。飼い主にやり方を教えて、家で行ってもらうのもよいでしょう。鍼治療を行っている場合も、次回の治療までの間に指圧や経絡マッサージを家で行ってもらうと治療効果を高め、長持ちさせることができます。続けていけば、徐々に鍼治療を受け入れてくれる場合が多いです。

経過観察

（1）治療頻度

症状や年齢、体質などにもよりますが、最初の３～４回は、できれば１週間に１度治療に来てもらいます。急性疾患の場合は、改善がみられるまで毎日もしくは１～２日おきに行うこともあります。経過を観察しながら、改善がみられて調子のよい状態を継続するようであれば、徐々に治療間隔をあけていきます。

例えば、鍼治療翌日から調子がよくなり３日持続した後、また調子が落ちていく、という場合は次回治療を３日目に、１週間調子がいいという場合は次回治療を１週間後に、というように、調子が落ちる前もしくは調子が落ちてすぐに次の治療を入れると治療効果が高いように思います。

症状がみられなくなったり、経過観察、健康維持のために治療を行う場合は１カ月～２カ月に１度程度の治療を行います。

（2）治療回数（何回続ければいいのか）と治療のゴール

私は、「少なくとも４回（週に１度の場合は１カ月程度）は治療を行いましょう」とお伝えしています。４回の間に少しでも改善の兆しやよい変化が認められた場合は鍼灸治療を継続する価値があると考えています。逆に、４回行ったところで全く以前と変化がみられなかったり、逆に病が進行しているような場合は、飼い主に続けるかどうかを選んでいただきます。４回の治療で効果がみられなかったとしても、しばらく治療を継続するうちに効果が出てくる場合ももちろんありますが、出口の見えない治療は飼い主にとっても獣医師にとっても辛いものです。金銭面や精神面、また通院の難度に応じて治療をあきらめる方や中断される方もいらっしゃいます。

一般的に高齢動物の場合、また発症してからの経過時間が長い場合ほど鍼灸治療の効果が出るのに時間がかかるといわれています。そのような場合は４回に限らず、しばらく治療を継続することをお薦めしています。個々の体質や年齢、アンバランスの具合によって効果が出るまでの期間はさまざまで、何回治療を行えばここまでよくなるということはいえませんので、飼い主が納得いくまで治療に通っていただいています。目安として、効果が出るまでに発症してから現在までの期間（慢性になってからの期間）の１／３程度はかかるようです。

「治療をいつまで続けるのか」については、治療の成果が出たか出ないかに関わらず、治療のゴールを設定し、飼い主とその認識を共有することがとても重要です。

人間の鍼治療については、「冷えが軽くなった」、「胸のつかえが取れた」など、外見に改善が見受けられなくても自覚症状に変化が現れた場合は「治療を続けよう」という気持ちになります。しかし動物における東洋医学治療の困難な点は、飼い主が動物の微細な変化に気づけない場合が多く、治療をしていても外見上全く改善されていないように見える＝治療の効果が出ていないのではないか、と思われてしまい、治療をやめてしまうことがある、というところです。自覚症状でしかわからないような微細な改善があるということはその後も治療を継続すれば目に見える改善に繋がっていく可能性が高いですが、飼い主にそれが伝わらなければせっかくの治療が途中で終わってしまうことになります。ですから私はできるだけ飼い主への問診を細かく行い、舌診や脈診の変化など体質の改善をでき

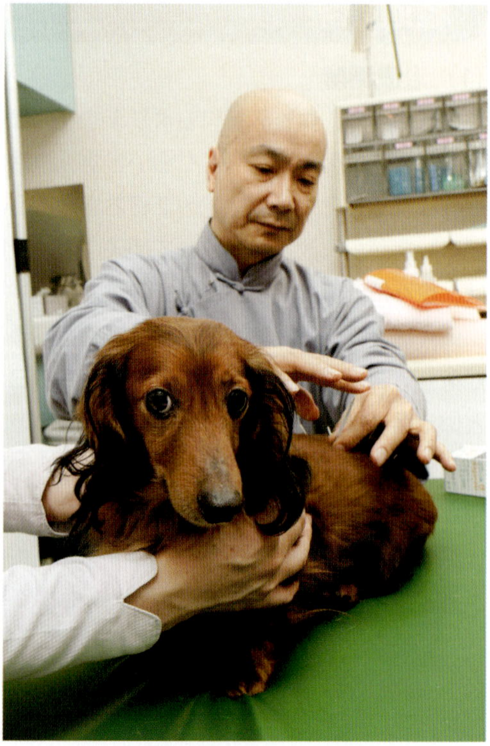

るだけ伝え、治療へのモチベーションを継続してもらうように心がけています。

また、治療中に動物がとても気持ちよさそうな顔をしていたり、リラックスして寝てしまったりする場合は、目に見える改善がなくても「この子が喜んでいるから」と治療を継続していただけることが多いです。

飼い主と獣医師の目指すゴールが「完全に元の状態に戻る」ことではなく、今よりはましな「ある程度」まで改善する、例えば「ふらつきながらでも立って歩けるようになること」のような時、その目的を達した時にそこで満足して治療をやめてしまうと、体質、気候、食事など何かのきっかけでまた体のバランスを同じように崩し、症状が再発することもあり得ます。症状が改善したように見えても体のバランスを整えるメンテナンスとして、１カ月に１回程度の間隔で治療を続けるとよいでしょう。できれば、また調子が崩れてきたと飼い主が気づく前に施術を行えば、安定した状態を維持していくことができます。特に季節の変わり目やその動物にとって弱い季節には、こまめに診察・治療をすることが薦められます。

東洋医学では、年齢を重ねるごとに「気」の量が減っていくと考えられていますので、理想的には症状が改善してからも一生にわたり、体調維持のための治療を続けることが薦められます。

飼い主と獣医師の目指すゴールが異なっていたり、獣医師の目指すゴールが飼い主にうまく伝わっていなかった場合は、いつまで同じ治療を続ければいいのか飼い主を悩ませてしまうことになります。鍼治療を開始する時点でよく話し合い、どの程度の回復を目指すのか、またはここまでよくなるのが第１のゴール、そこまで行けたら治療の間隔を延ばして次のゴールを目指す、というような「小さいゴール」をいくつか設定しておくのもよいでしょう。

飼い主にもマッサージ、指圧、灸などの方法を伝え、次回の治療日までに自宅で行ってもらうようにすると治療効果も高まりますし、治療に参加しているという満足度を高めることができます。神経系、運動器系の疾患や、老齢動物にはリハビリテーションも併用するとさらに効果的です。日ごとに回復が見られるような症例ではなおのこと、動物を支える家族の喜びも大きくなるでしょう。

西洋医学との併用

鍼灸やマッサージの治療は通常、西洋医学と併用しても問題はありません。むしろ東洋医学だけに頼らずに、必ず西洋医学と併用するようにと私は強くお薦めしています。

西洋医学の治療と東洋医学の治療を行う獣医師がそれぞれ別の場合は、西洋医学の診断名や投薬状況、検査結果などを、鍼治療を行う獣医師は十分に把握しておくことが重要です。

動物の診察をした時に西洋医学の治療が必要であると判断した部分に関しては、かかりつけ獣医師に診察をしてもらうよう促し、次回診察時にその報告をしてもらうようにします。また西洋医学の診断・治療をする獣医師も、その動物が鍼灸治療を併用しているということは知っておくべきです。飼い主を通じてでもいいので、お互いの意思疎通ができていれば、より病態の把握や症状の改善に役立つはずです。そのため、どちらの獣医師も行っている治療内容をお互いに直接情報交換するか、飼い主にきちんと伝えて（必要であれば書面で渡して）把握してもらい、動物に関わるすべての医療者と家族が意識を共有し、協力し合って治療にあたるのが理想的です。

まれに、かかりつけ獣医師に不信感を持っていたり、かかりつけ病院が遠いなどの理由から「西洋医学の動物病院には行かないで東洋医学だけで治してほしい」という飼い主もおられますが、その場合には、「まずは西洋医学の動物病院で診断を受け、できればかかりつけ獣医師の許可を取ってから東洋医学の治療を始めましょう」とお伝えしています。

どんな状態でもそれに応じた治療ができるのは東洋医学のよい点ですが、やはり急性疾患や手術が必要になる疾患では西洋医学の治療を優先するべきですし、骨折やヘルニアなど、器質的な異常がある場合は東洋医学では完治させることができません。

一方、慢性疾患や病後の回復期、終末期医療などにおいて、東洋医学の治療を併用することによって動物の自然治癒力を高め、西洋医学の治療の後押しをし、ＱＯＬの向上に繋げることができます。

今後、動物にとっても飼い主にとっても、東洋医学と西洋医学の得意な分野を補いあって治療する『統合医療』が理想的であると私は考えます。

第5章

マッサージをしてあげよう！

相澤《あいざわ》　まな

動物にマッサージを施術した経験はありますか。動物を落ち着かせるのに腰部をさすったり、背中をなでたりしたことはありますよね。動物の反応はどうでしょうか。いい表情をしてくれることが多いと思います。

動物マッサージは特別な設備や道具を必要とせず施術することができ、血行を促進し、鎮静、鎮痛、筋肉の緊張、硬結を緩め、関節の動きをよくする効果が期待できます。また鍼灸施術の前にマッサージを行うことにより筋肉が張っている部位や触って嫌がる部位があるか確認することができるとともに、動物の緊張を和らげる効果も期待できます。

マッサージの歴史

マッサージの語源は、ギリシャ語のマッシー（揉む）もしくは、アラビア語のマス（揉み込む）に、フランス語のアジ（操作する）が融合した造語と言われ、“体を揉む”という意味を持ちます。マッサージの歴史は古く、古代ギリシアのヒポクラテスの時代からマッサージは研究されていました。16世紀にフランスでマッサージ技法が注目され、18世紀から医療分野として研究が盛んになり、マッサージ法として確立されました。日本には古来からの按摩《あんま》がありましたが、明治20年ごろに西欧から、理論的に裏付けされた治療法としてマッサージが紹介されました。一方、中国では鍼灸、中薬、推拿、食養生、気功の５つの伝統医療の柱があり、推拿はその一部でマッサージに相当する部門といえます。ただし推拿と西洋式マッサージでは手技手法や歴史的背景が異なります。本編では推拿と西洋式マッサージに着目しています。ヒトのマッサージ、推拿手技をそのまま動物に応用することは難しいので両者の手技を動物マッサージとして簡単にわかりやすく、どなたでもできるよう記載していきます。

動物の自然なマッサージ

ヒトは、どちらかというと強い刺激のマッサージを好みますが、それは感覚の問題で、「強い刺激＝よい効果」、というわけではありません。実際、動物の自然界でのマッサージの例を挙げますと、母牛が仔牛を出産後、仔牛の体をなめる“リッキング”という行為があります。草食動物が自然界での生存競争を生き残るため、母牛は仔牛をすぐに自立させようと仔牛の体をなめます。このことにより仔牛の免疫グロブリンの吸収率が上がり、丈夫な仔牛に育ちます。“リッキング”の有無で抗体価に差が出るとの報告があります。つまり、母牛のなめるくらいの刺激で、免疫は活性化されるという事実があり、必ずしも強い刺激が必要というわけではありません。このことは“リッキング効果”と呼ばれています。もし、母牛が仔牛をなめなかったら、その時は人が同様の仕草のようにマッサージをしたほうがよいといわれています。

犬猫のマッサージ

（1）施術環境の準備

特別な施術台は必要ありませんが、マッサージを行える環境作りをしてください。床もしくは診察台にヨガマットや厚手のタオルをひいて動物にとって安全で苦痛のない状態にしてください。動物の種類や大きさによってやりやすい姿勢にして、動物が落ち着ける空間作りを心がけましょう（図1、図2）。

図1　マットやヨガマットや厚手のタオルを利用する

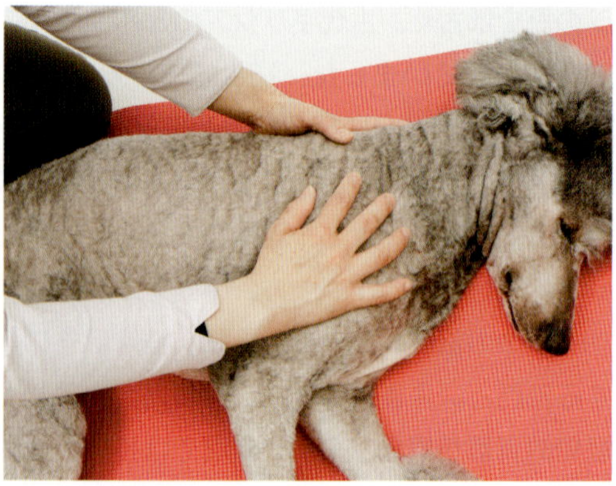

図2　リラックスできる環境を作る

（2）マッサージの適応症

鍼灸治療と同じで適応症はさまざまです。麻痺、不全麻痺、老化防止、運動前後、疼痛管理、消化器疾患、認知症、リハビリテーションとして、などがマッサージの適応となります。

（3）マッサージの注意点、禁忌

マッサージの禁忌事項としては、外傷、骨折部位、術後、衰弱時、妊娠時、出血時などが挙げられます。また外傷や手術直後は控えましょう。衰弱時、妊娠時は強すぎる刺激は適当ではありません。感染症罹患時も避けましょう。

（4）基本マッサージテクニック

1）力加減

ヒトは痛みを感じる強さが好まれますが、動物には不適でしょう。弱い力から始め、急な刺激は避け様子をみながら行います。筋肉の張り具合によっては力を入れる所もありますが、最初は弱い力から始めます。いきなり強い力で刺激を加えて動物を驚かしてはいけません。

2）力加減の練習法

低反発枕や秤などを利用して力加減を学びましょう（図3、図4）。

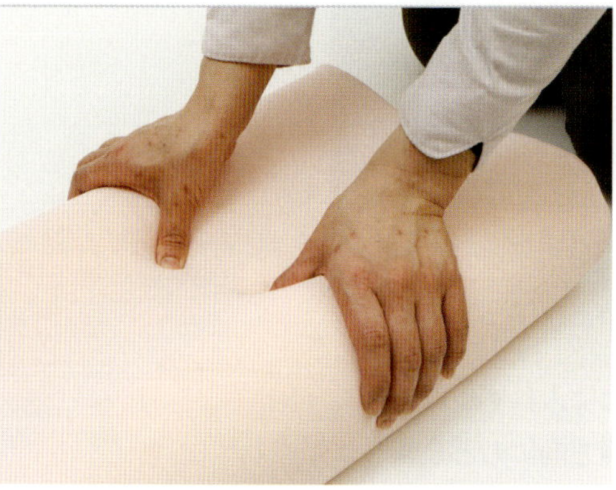

図3　低反発枕を使って、圧をかける練習風景

図4　秤を用いて圧力の重さを確認する

3）マッサージ基本手技

動物に施術しやすい方法をご紹介します。

マッサージには「遠位端から近位端（心臓）に向かって施術」という原則があります。ただし最初から遠位端からの刺激は動物を驚かせてしまいますので最終的に心臓へ血流をもどすというイメージで行ってください。

❶コーミング（指先で軽くなでる）

指先をコーム（櫛）にみたてて指先だけで毛並みに沿ってなでてください。マッサージを始める時にまず行うとよいでしょう。動物にやさしい力加減のコーミングでマッサージに興味をもってもらいましょう（図5）。

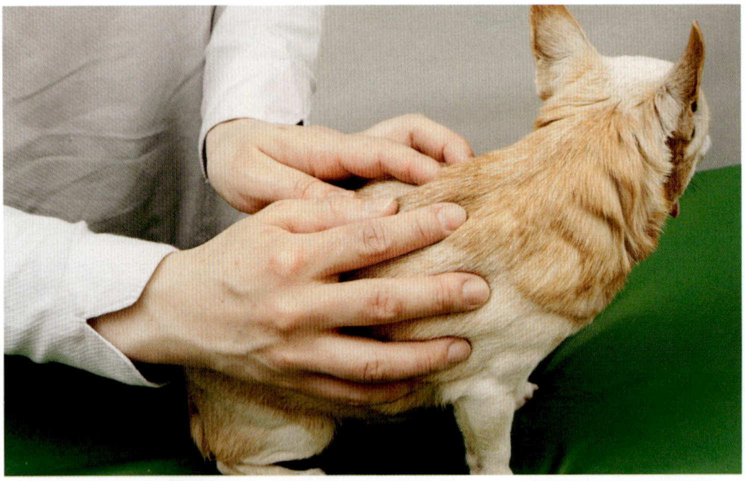

図5　コーミングー指先をコームにみたてて毛並みに沿ってなでる

❷ストローク（手のひら全体でなでる）

手のひらで動物の皮膚表面をなでます。強い力は入れず皮膚に軽く触れ、そのまま毛並みに沿ってなで、最後に心臓方向にもどしましょう。慣れて来たら少し力を加え、さらにリズミカルに行いましょう。患部をこするようにすると温める効果もあります（図6）。

❸ニーディング（円を描くように捏《こ》ねる、揉む）

母指の腹、母指の付け根を皮膚にあて、円を描くように捏ねます（図7-1）。または筋肉を5本の指の腹もしくは手のひら全体で保持し揉みます（図7-2）。マッサージでよく使われる手法です。動物の大きさ、患部により使い分けをしてください。

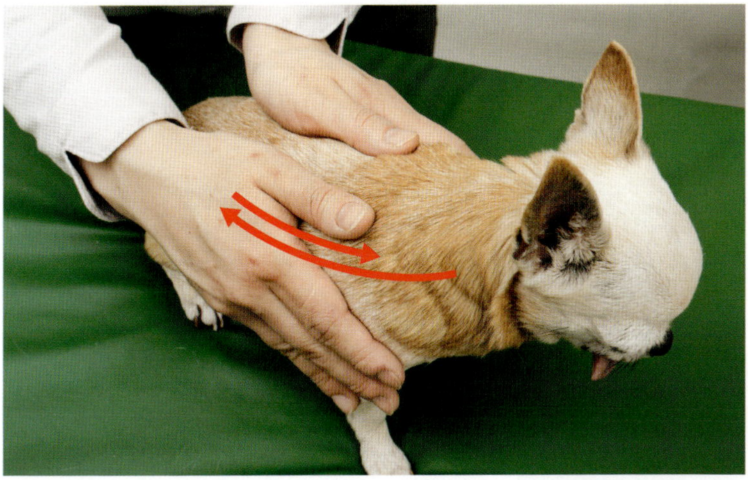

図6　ストローク－手のひら全体でなでる

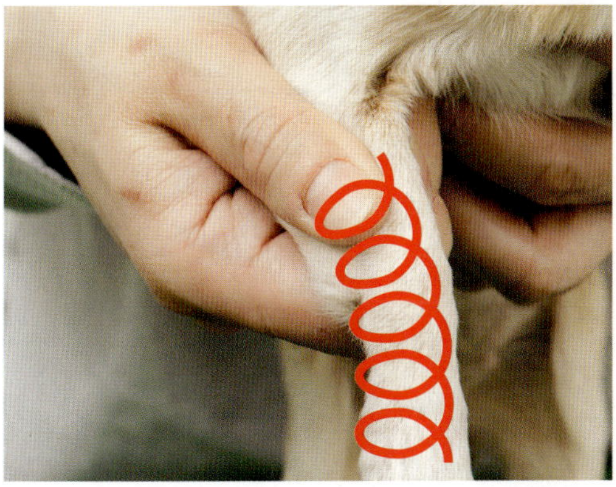

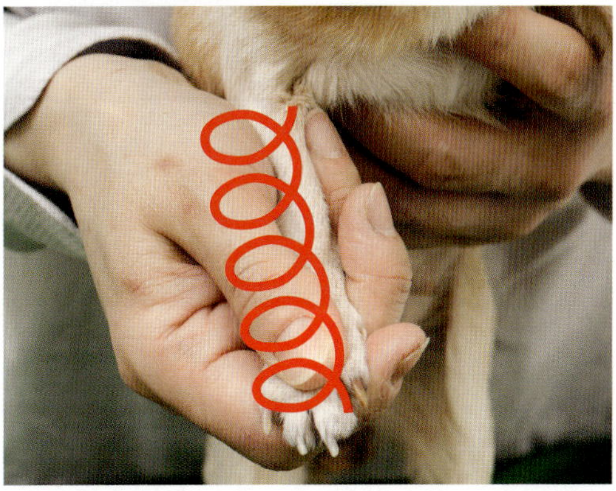

図7-1、図7-2　ニーディング－母指とその他の指の間に挟むようにし、母指の腹を皮膚に当て、円を描くように捏ねる

❹指圧

治療のための経穴や押して反応のある部位（阿《あ》是《ぜ》穴《けつ》）を指の腹で指圧します（図8）。一対になっている経穴には母指および示指で行うと施術しやすいです（図9）。

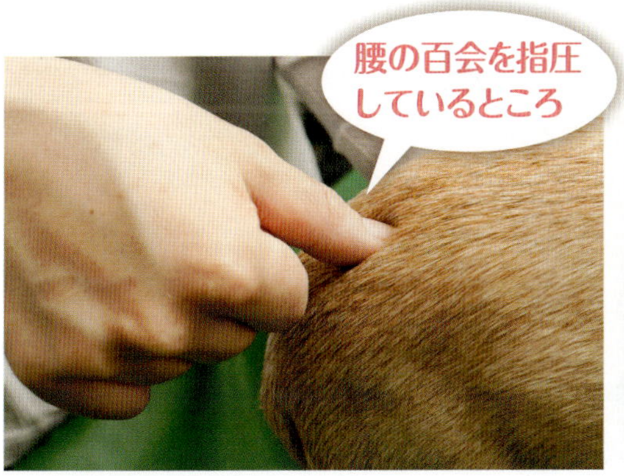
腰の百会を指圧
しているところ

図8　指の腹での指圧

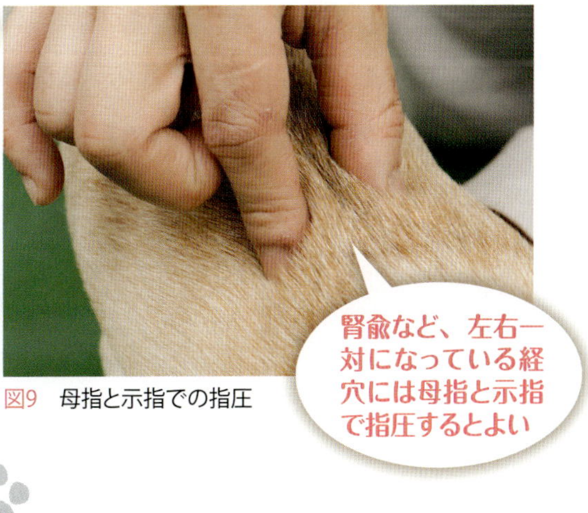
腎兪など、左右一
対になっている経
穴には母指と示指
で指圧するとよい

図9　母指と示指での指圧

経穴への刺激は力を1、2、3と徐々に入れ、そのまま3秒保持し3、2、1と力を緩めます。動物の大きさや部位によっては綿棒の先を使うこともできます（図10）。

会陰穴を綿棒の先で指圧しているところ

図10　綿棒の先で指圧

❺ピックアップ（皮膚引っ張りマッサージ）

皮膚をつまみ上げます。患部を押さなくても引っ張ることで経穴、経絡を刺激することができます（図11）。またピックアップした皮膚をねじる刺激（ツイスト）も効果的です（図12）。動物の皮膚、皮下はヒトより発達しており、容易に引っ張り上げることができます。

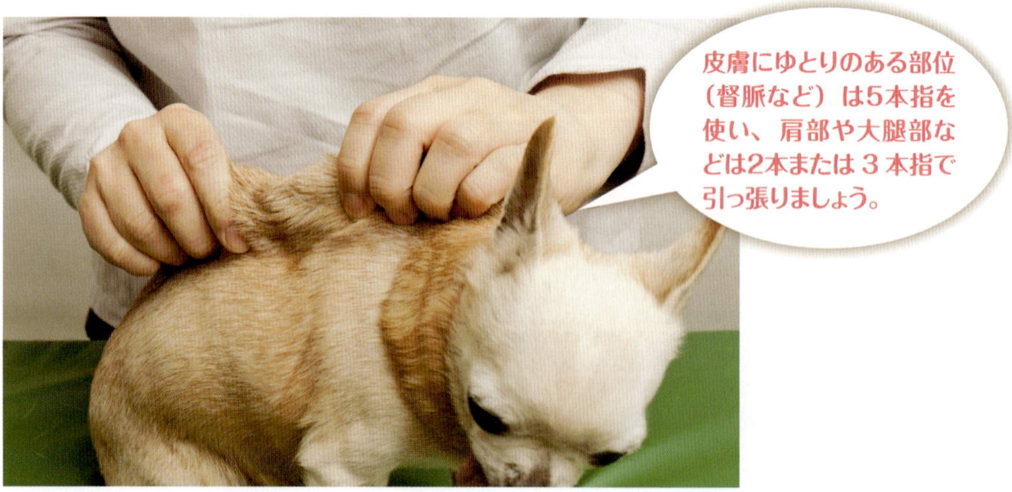
皮膚にゆとりのある部位（督脈など）は5本指を使い、肩部や大腿部などは2本または３本指で引っ張りましょう。

図11　皮膚をつまみ上げる（ピックアップ）

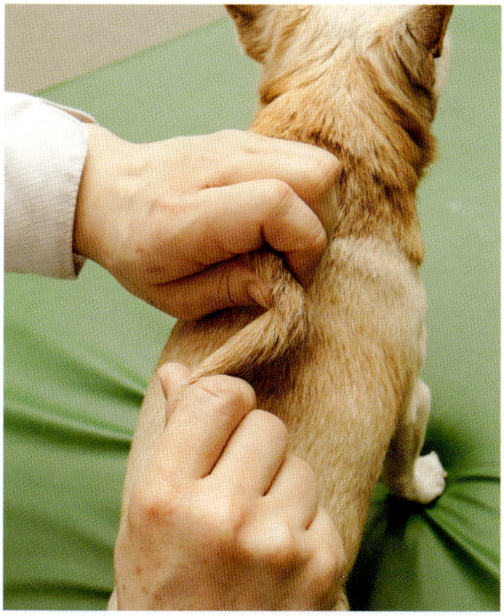

図12　ピックアップした皮膚をねじる（ツイスト）

❻スキンローリング

皮膚をピックアップし、そのまま指先を動かして連続的にピックアップを行います。

皮膚にゆとりのある背部、体の側面のマッサージに適しています。

動かす向きは腰部から頸部にかけて行うと動かしやすいでしょう。この引っ張るマッサージ手技は体に圧力を加えないで行えるため、動物に負担をかけないですみます（図13-1、図13-2）。

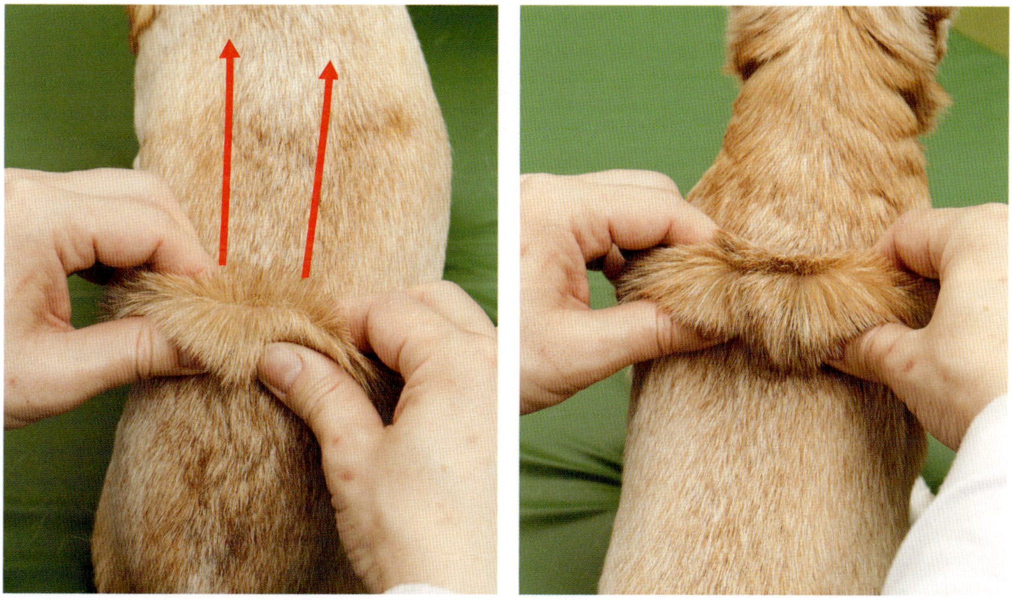

図13-1、13-2　皮膚をピックアップし、頸部に向かって動かします

❼クラッピング（たたく）

手のひらをやや丸めて、カパカパと音を出しながらたたきます。リズミカルに行いましょう。マッサージの最後に全身をクラッピングしましょう。血流を全身に行き渡らせ、また心臓にもどすイメージで行いましょう（図14）。

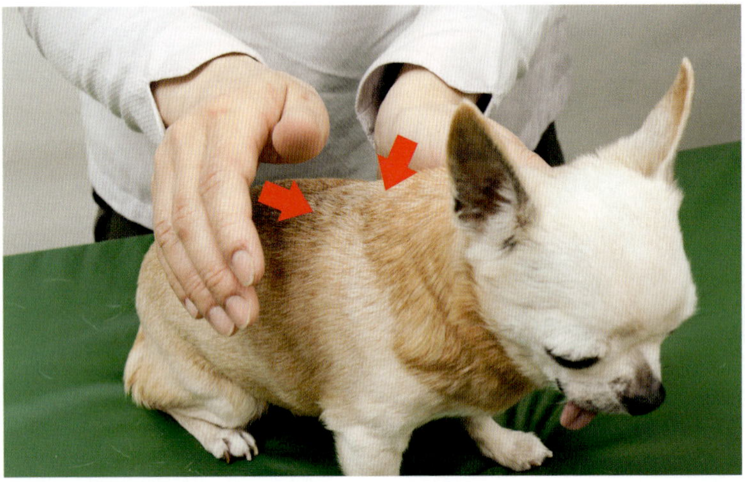

図14　クラッピングーカパカパとリズムよく皮膚を叩きます

マッサージ実践編

(1) 導入マッサージ

動物にいきなり触れると驚かせたり思わぬ事故が起こることもありますので、はじめは“ゆっくりやさしく”がポイントです。

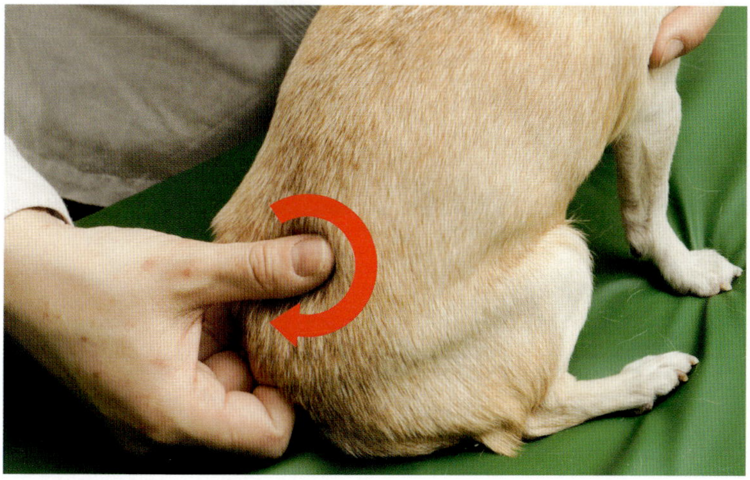

図15　腰の百会をニーディング

腰の百会を母指の腹、もしくは母指の付け根でニーディング（図15）を数回行ってから、頸の付け根から背中を腰部に向かって10回から20回コーミングしましょう（図16-1、図16-2）。

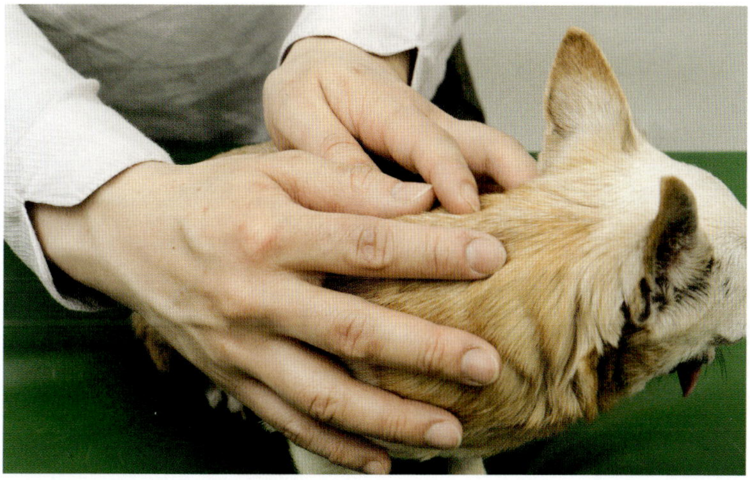

図16-1　頸の付け根から腹部に向かってコーミング

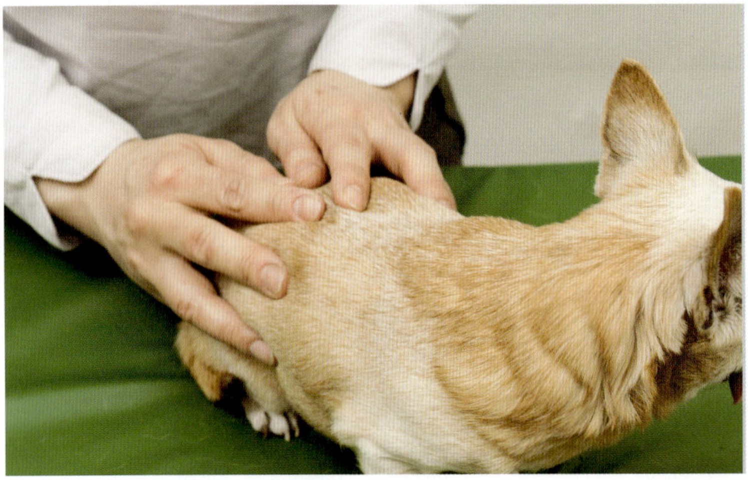

図16-2　10回から20回、頸の付け根から背中を腰部に向かってコーミング

百会は“百の症状に効果あり”といわる経穴です。マッサージもしくは鍼灸施術前に行うとよいでしょう。

(2) 前肢のマッサージ

❶頸の付け根から前肢の足先に向かってコーミングを行います（図17）。

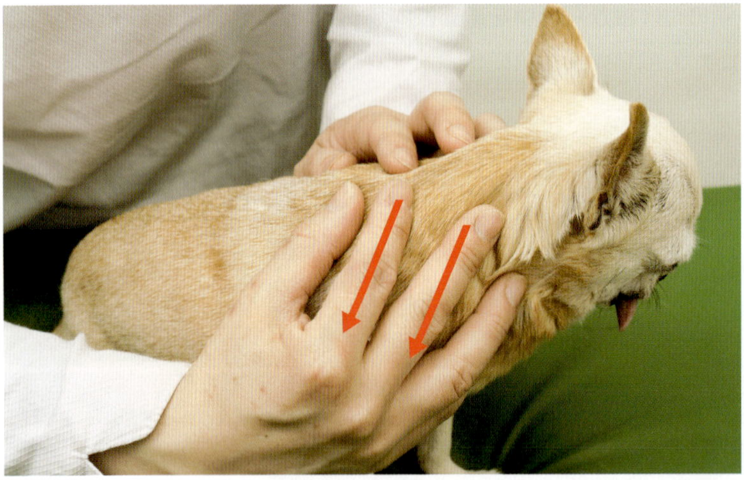

図17　頸の付け根から足先に向かってコーミング

❷片足ずつ前肢の筋肉を保持し、ニーディングを行います（図18）。大型犬の場合は、施術者の両手で前肢の筋肉を保持し、ニーディングを行います（図19）。

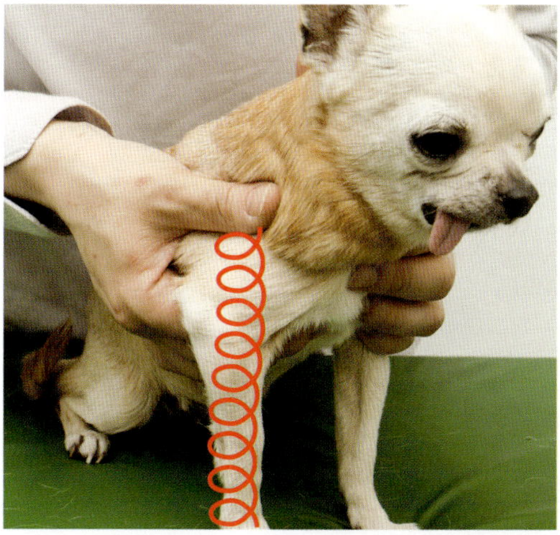

図18　小型犬、中型犬の場合は片手でニーディング。施術者の母指の腹を犬の前肢の皮膚に当て、円を描くように足先に向かってニーディングします。その時、母指以外の指は、前肢を保持するようにしましょう

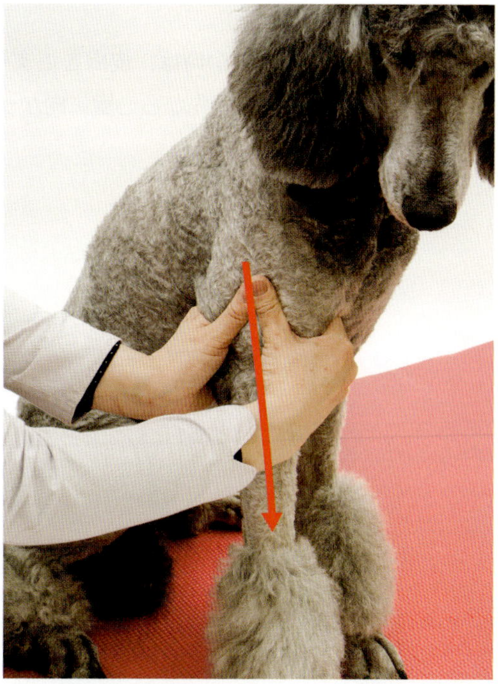

図19　大型犬は施術者の両手で前肢を握るようにし、足先に向かって揉んでいきます

❸母指の腹で円を描くようにニーディングしましょう（図20）。

❹指先は、指の間、爪の際を指で揉みます（図21）。

施術者の母指を動物の指間に入れ、先端に向かってスライドさせます。爪の際は指1本1本をつまむように揉みます。

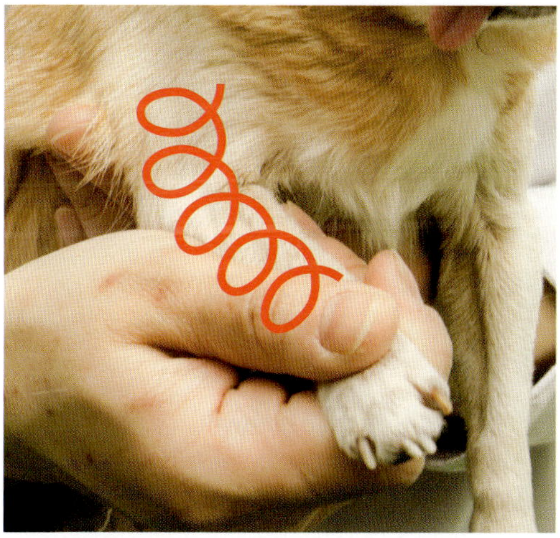

図20　足先に向かって円を描くようにニーディング

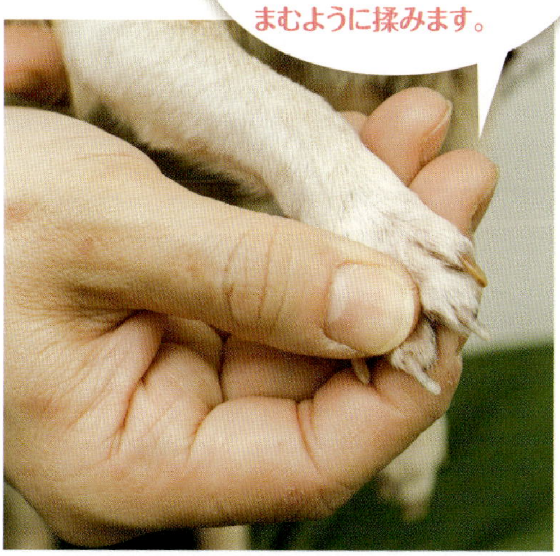

図21　指の間、爪の際を揉む

❺足裏のパットの付け根を母指で指圧します（図22）。その後足先から前肢の付け根までニーディングで戻ります。指先の刺激を嫌がる場合もありますので様子をみながら行ってください。ニーディングしにくい場合はストローク中心で行いましょう。

❻血行が悪く足先が冷たい時は、皮膚をこするようにしてください。また、浮腫がある時は足先から心臓に向かってニーディングを行ってください。

図22　足裏パットの付け根を指圧（労宮の指圧）

（3）後肢のマッサージ

❶最初に腰の百会のニーディングを行いましょう。前肢同様に左右大腿部の筋肉を手のひら全体で保持し、ニーディングを足先まで行います（図23-1、図23-2）。足を揉むことで左右の筋肉量に差がないか手で確認することができます（図24）。膝関節に注意しながら行ってください。

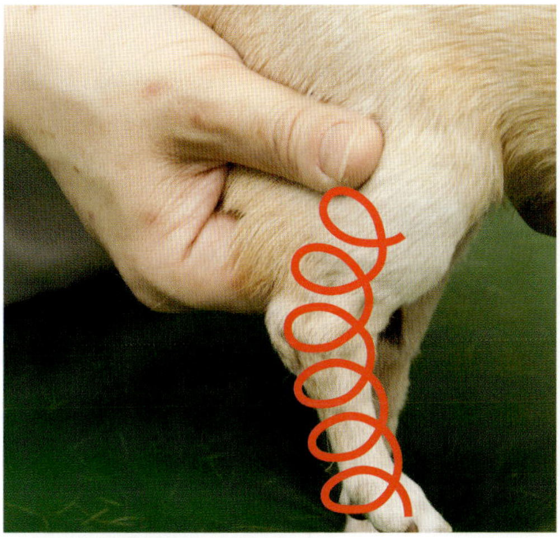

図23-1　大腿部のニーディング

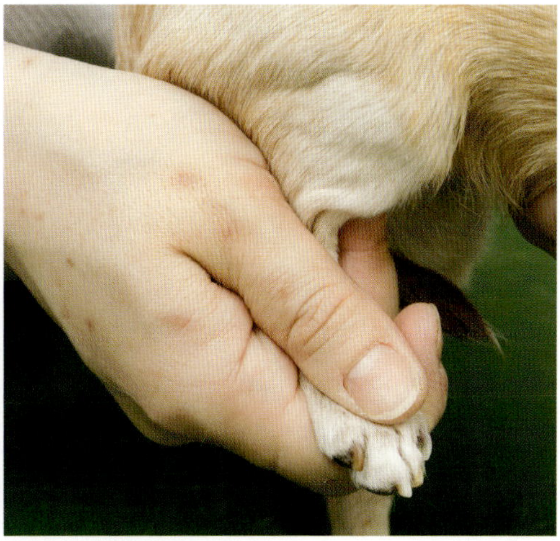

図23-2　足先のニーディング

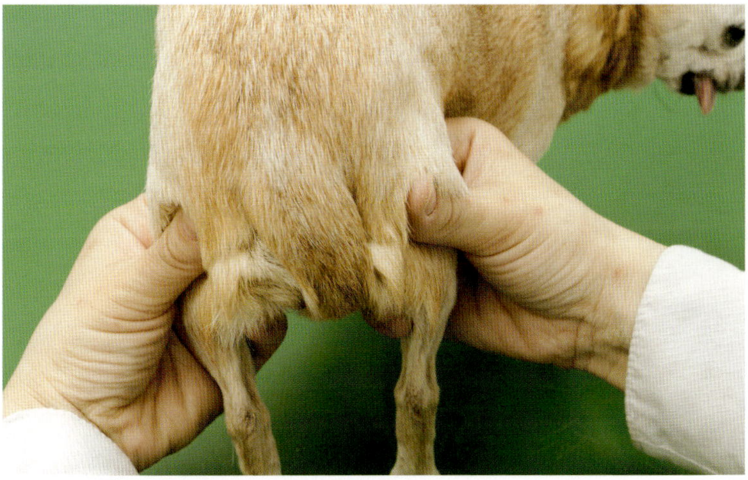

図24　大腿部のニーディング時に筋力量を確認

❷足先は前肢と同様に、指の間、爪の際を指でニーディングし（図25）、足裏のパットの付け根（図26）、総踵骨腱の付け根も指圧しましょう（図27）。

❸その後、鼠径部までニーディングで戻りましょう。

指1本1本を
つまむように
揉む

図25　後肢の爪の際のニーディング

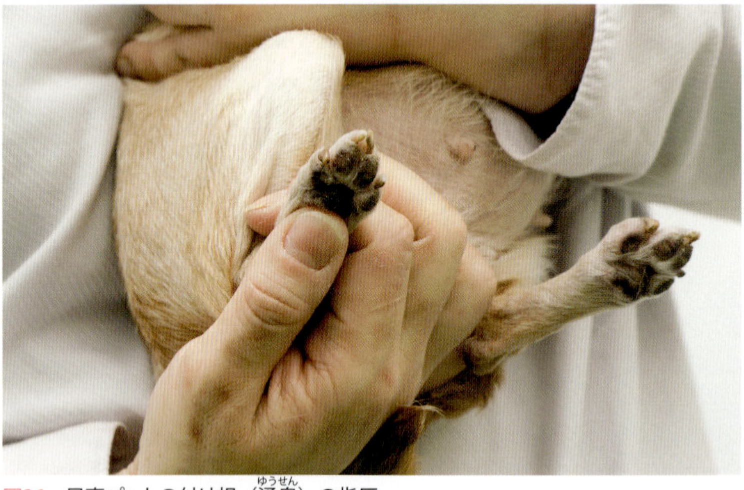

図26　足裏パットの付け根（湧泉《ゆうせん》）の指圧

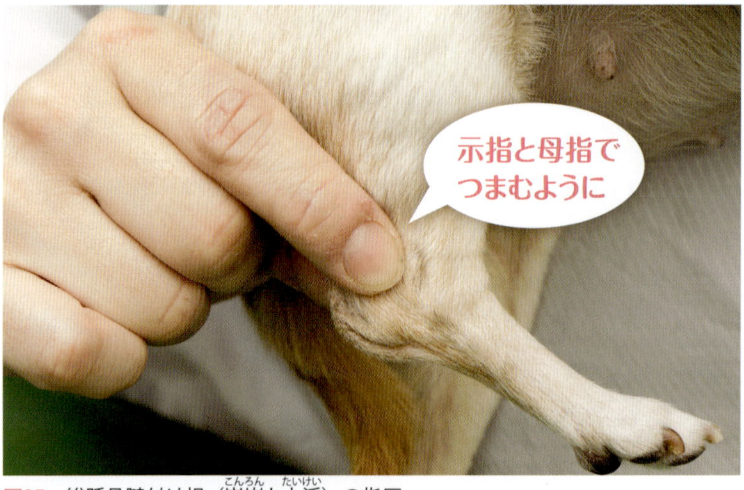
示指と母指で
つまむように

図27　総踵骨腱付け根（崑崙《こんろん》と太渓《たいけい》）の指圧

（4）腰部のマッサージ

❶腰の百《ひゃく》会《え》のニーディングを行いましょう（図28）。

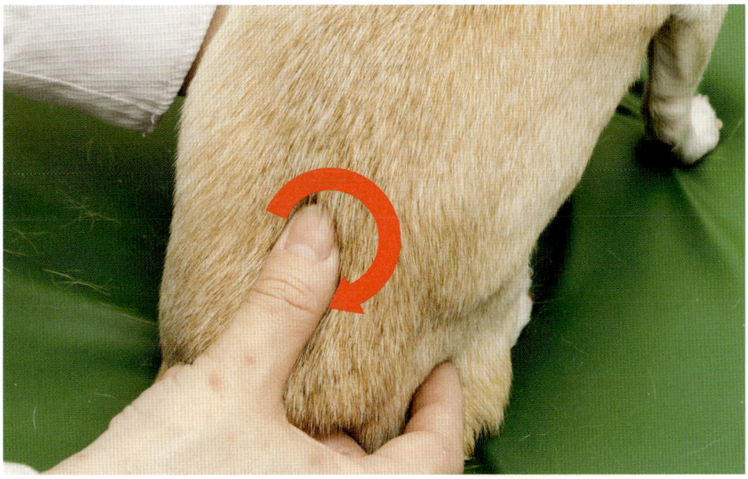

図28　腰の百会のニーディング　大型犬は母指の付け根で行うとやりやすいです

❷肋骨の後ろの部位から最長筋をニーディングしましょう（図29）。

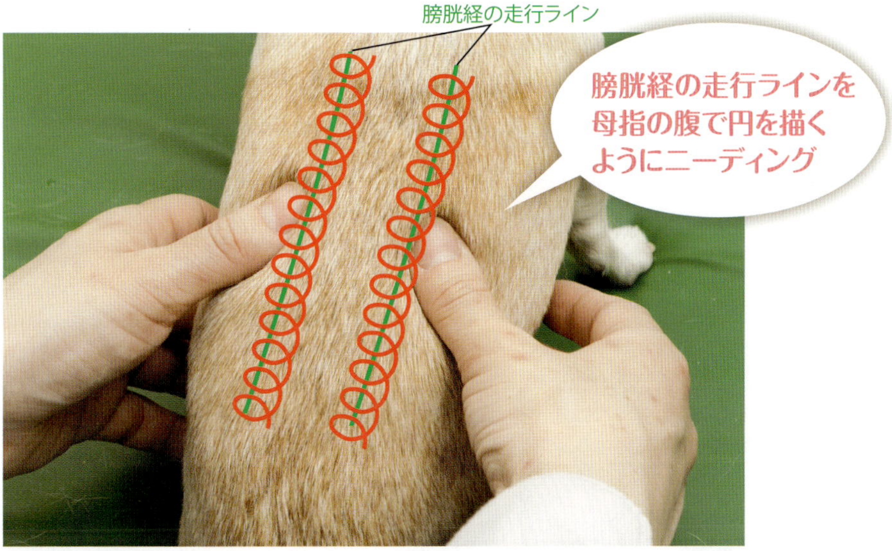
膀胱経の走行ライン
膀胱経の走行ラインを
母指の腹で円を描く
ようにニーディング

図29　最長筋のニーディング

ピックアップ、スキンローリングなら腰にストレスをかけずにできますので、動物の状態によって使いわけてください（図30）。

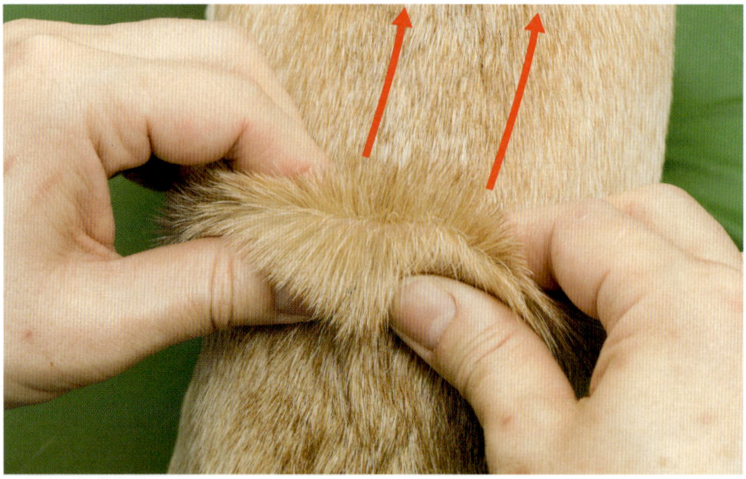

図30　スキンローリング

（5）背部のマッサージ

❶背骨の両サイドには膀胱経が走行しています。膀胱経を中心に耳の付け根から尾の付け根に向かって手のひら全体でストローク（小型犬は片手でストローク図31-1、図31-2、大型犬は両手でストローク図32-1、図32-2）、母指の腹、もしくは母指の付け根で細かい円を描くようにニーディングを行いましょう（図33、図34）。

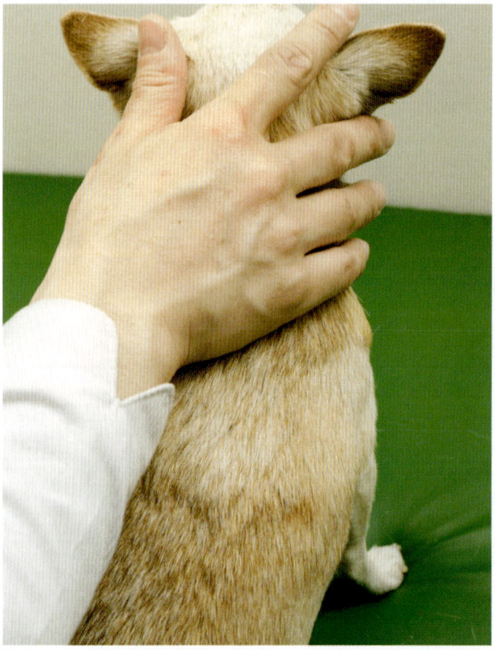

図31-1　小型犬は片手でストロークできる

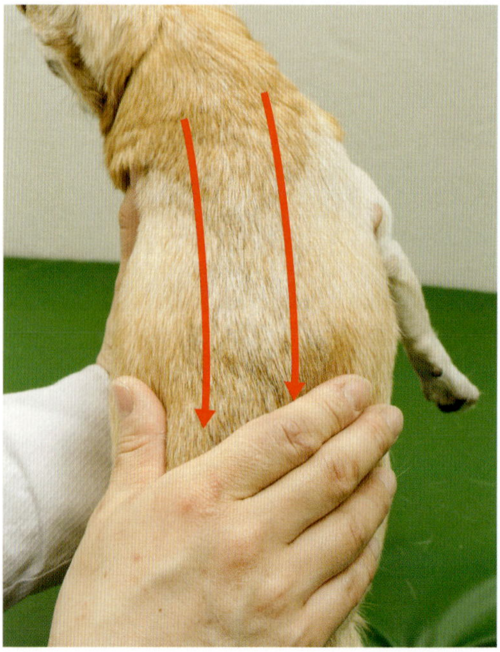

図31-2　膀胱経の走行ラインに沿ってストローク

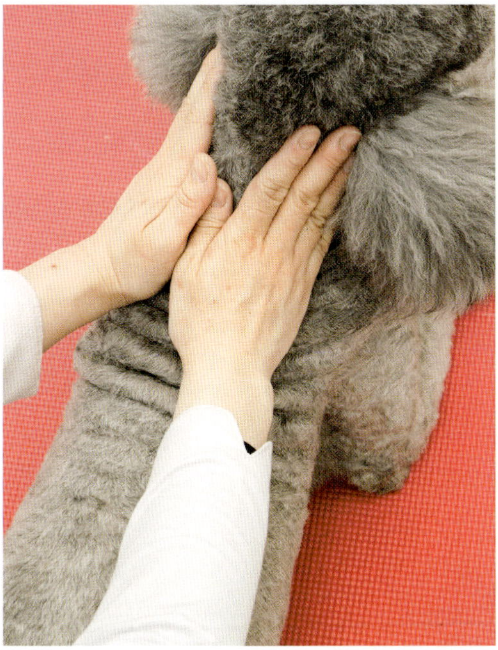

図32-1　大型犬は両手のひら全体でストローク

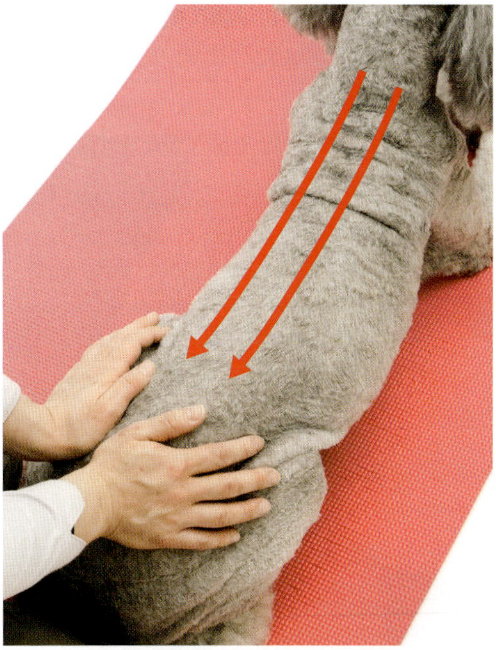

図32-2　頸部から腰部に向かってストローク

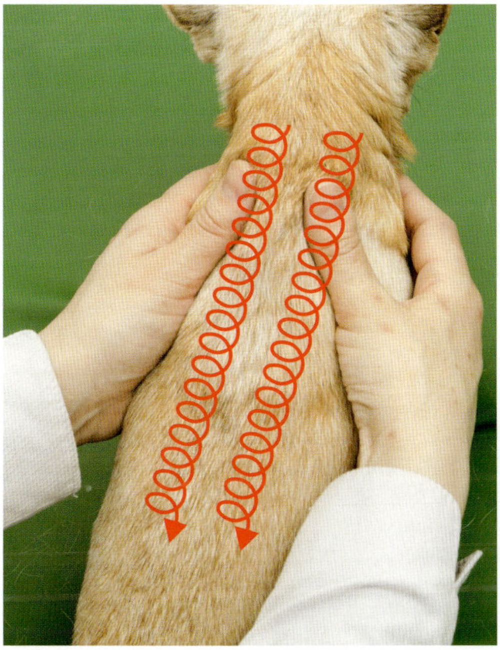

図33　小型犬のニーディングー頸部から腰部に向かって母指の腹、もしくは母指の付け根でニーディング

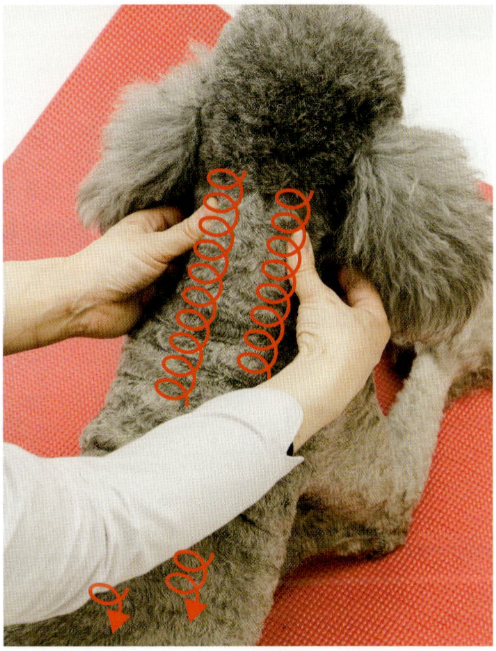

図34　大型犬のニーディングー頸部から腰部に向かって母指の腹、もしくは母指の付け根でニーディング

❷次に、腰から耳の付け根に向かってスキンローリングによって刺激を与えます（図35）。

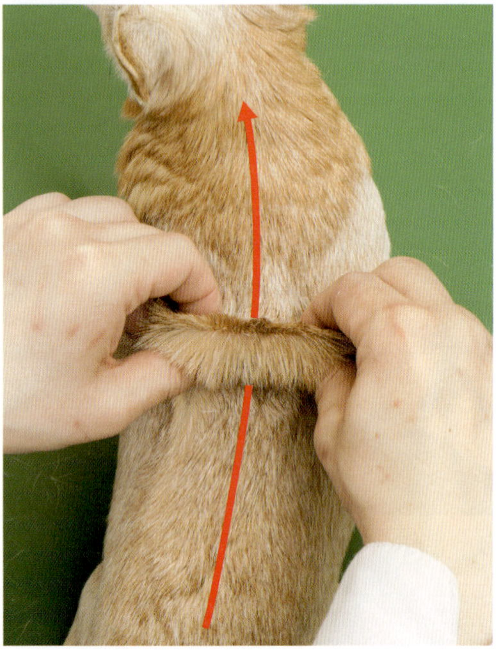

図35　スキンローリング

（6）胸部のマッサージ

❶胸部側面には強い力をかけることはできません。背骨側から胸骨に向かってコーミングをしましょう。肋間に指先を滑らせるとよいでしょう（図36）。胸の全面には筋肉が豊富にあり、負荷がかかるため硬結しやすい場所です。

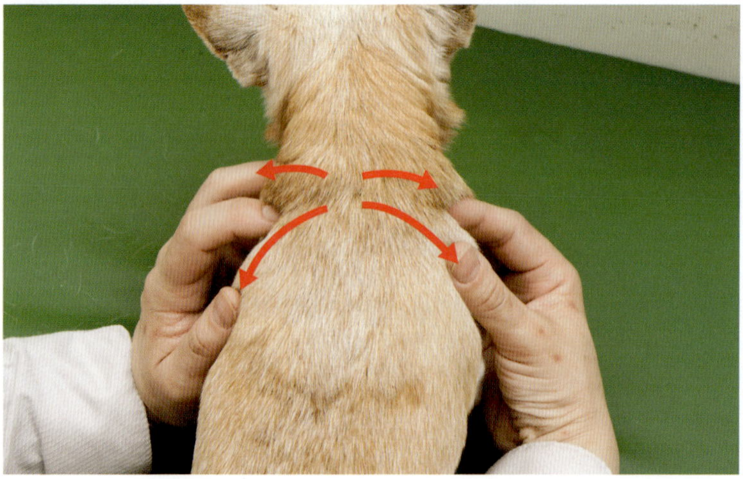

図36　背骨から胸骨にかけてコーミング

❷胸骨側から肩関節に向かって筋肉の走行に沿ってコーミングします（図37）。はじめは軽い刺激で少しずつ力を入れましょう。

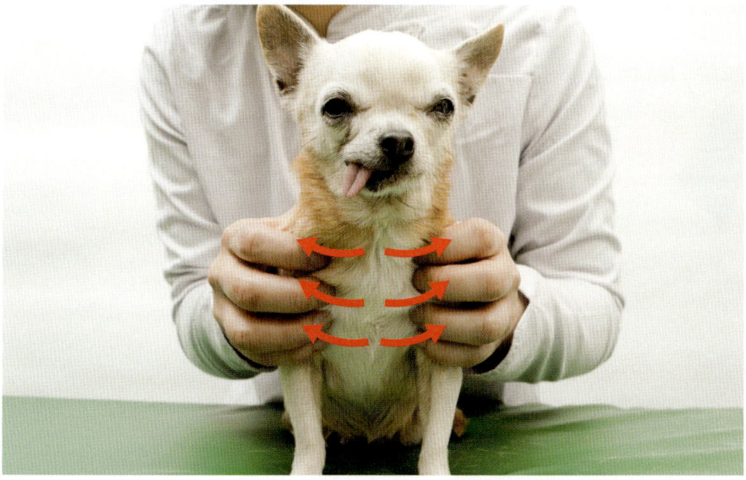

図37　胸部のコーミング

❸その後、胸部前面の筋肉のニーディングを行ってください（図38）。

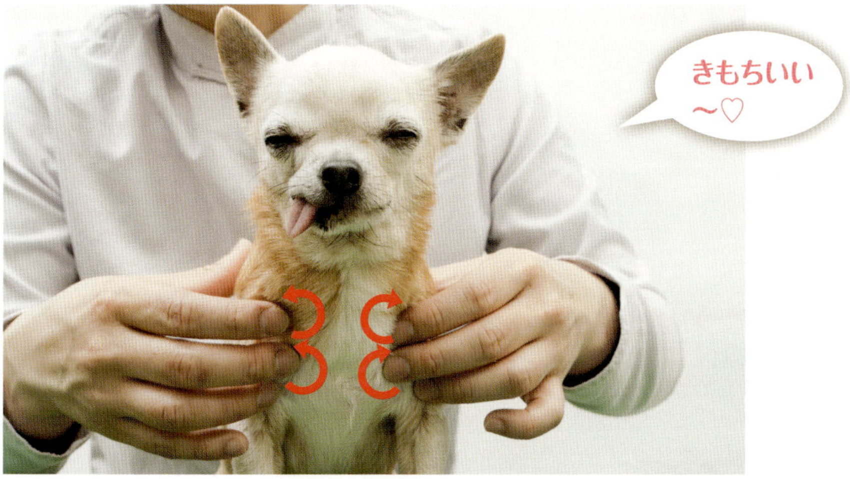

図38　胸部のニーディング

（7）頭部のマッサージ

❶額から耳の付け根に向かってコーミングしましょう（図39）。指圧も可能ですが、力の入れ過ぎには注意してください。

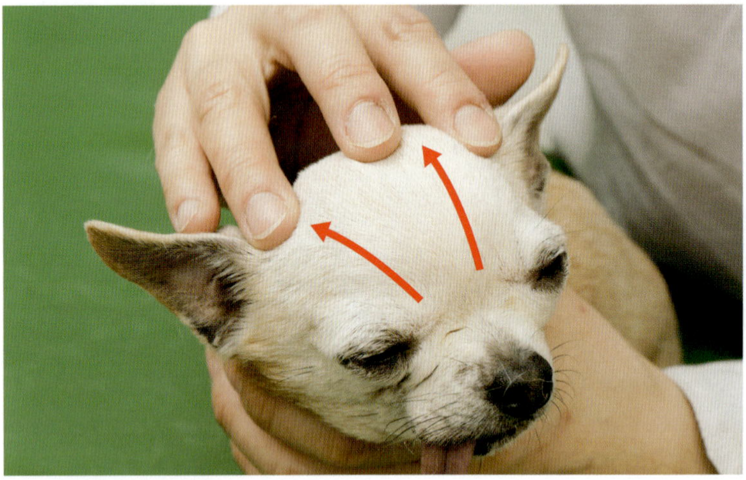

図39　頭部のコーミング

❷目の周りは、目頭から目尻に向かって上眼瞼側、下眼瞼側それぞれを指先でコーミングします（図40）。

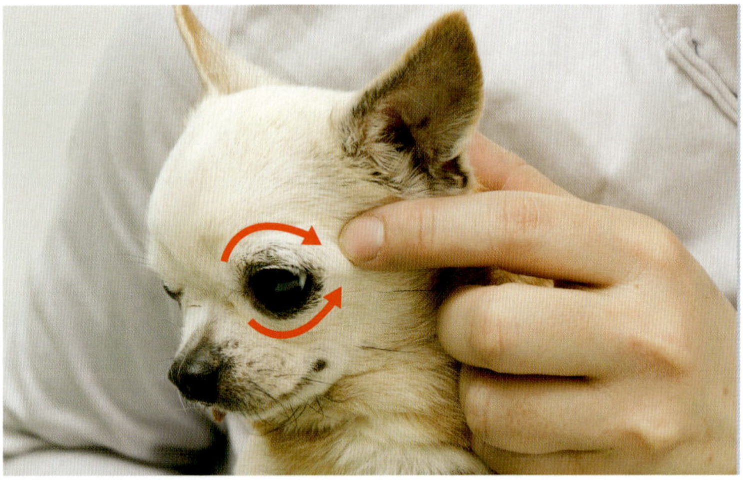

図40　目の周りのコーミング

❸耳の付け根から耳介の先までストロークします（図41）。

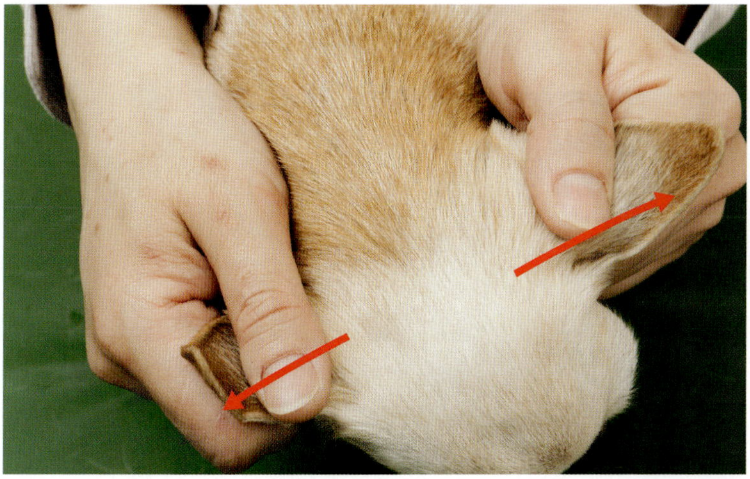

図41　耳介を指先でストローク

（8）腹部のマッサージ

❶腹部への強い刺激は避け、正中に沿ってストロークします（図42）。臍周囲は力を入れ過ぎに注意してください。ピンポイントで経穴を刺激する時は圧をかけないでできるピックアップがよいでしょう（図43）。

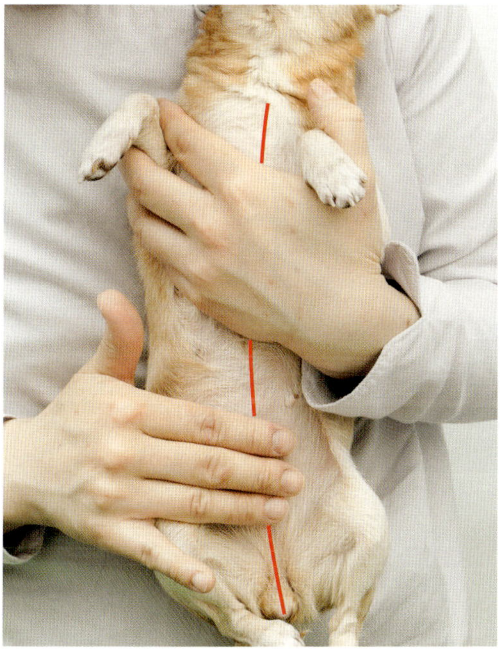

図42　正中に沿ってストローク

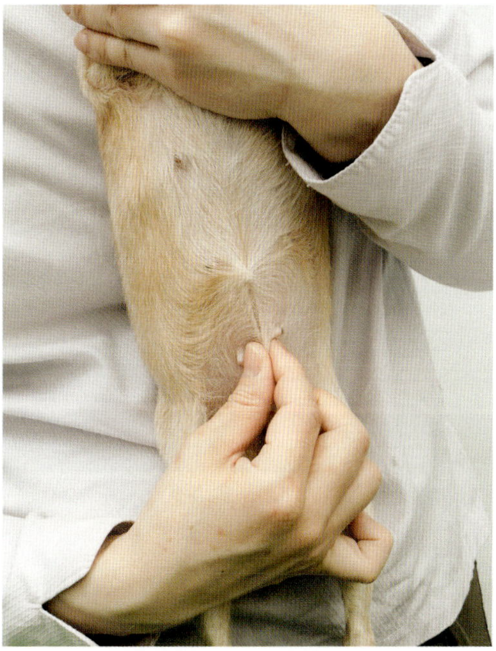

図43　ピックアップ

(9) 尾部のマッサージ

❶尾の付け根から尾尖に向かって、指先を使ってニーディングします（図44）。尾椎の両側、椎体と椎体をのばすように行ってください。

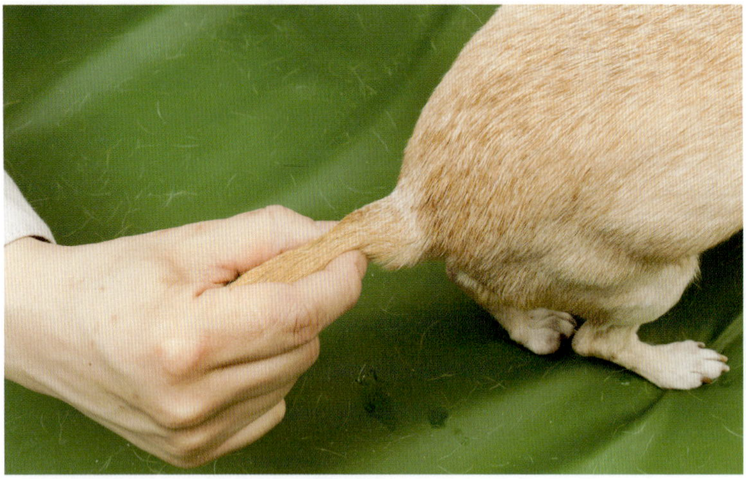

図44　指先で尾の付け根から尾尖に向かってニーディング

❷尾全体を手のひらで保持し、ニーディングするのも効果的です（図45）。また、尾の先端には尾尖という経穴がありますので、ピンポイントで刺激するのもよいです（図46）。

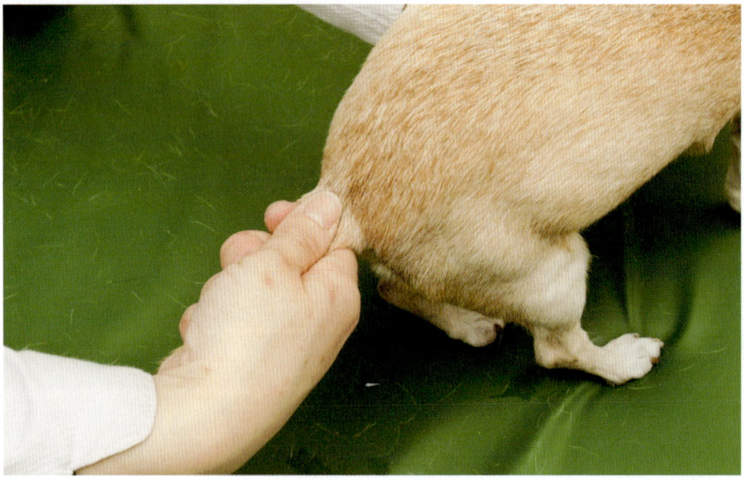

図45　手全体で保持してニーディング

図46　尾尖穴の指圧

第6章

疾患別鍼灸治療

石野《いしの》 孝《たかし》

中医学の診断と処方

中医学は脳の存在が薄い医学です。まったくないわけではありませんが、あっても腎の下働きのような存在でしかありません。西洋医学のように生死を左右する重要な機能をもっていません。例えば脳梗塞や脳出血など脳に傷害を受けたことによる片麻痺などの場合、手足の痺れ、痛み、ひきつれ、動かない、筋肉の萎え、力が入らないなどの症状が出ます。西洋医学だと傷害を受けた脳の対処に重点を置きます。場合によっては手術を行うかもしれません。なにしろすべての司令塔は脳だからです。では中医学では、どう対処するのでしょうか。

彼らは五臓のそれぞれに脳の役割を担わせています。五臓が脳の代わりをします。現代のライフサイエンスでは理解できないことです。ここに陰陽五行説が登場します。五臓で手足の運動機能を考えるにはどうしますか。これには五体という中医学の概念を知る必要があります。

五体とは筋、脈、肌肉《きにく》、皮膚、骨の5つの器官を指します（表1）。

①筋（すじ）とは腱、靭帯、筋膜のこと。
②脈とは血脈（血管）のこと。
③肌肉とは四肢の筋肉だけではなく、周囲の脂肪も含まれる。
④皮膚とは汗腺なども含み、汗による老廃物の排泄も主《つかさど》る。
⑤骨とは全身の骨のほか、歯も含まれる。

表1　五体と五臓の五行分類

五行	木	火	土	金	水
五臓	肝	心	脾	肺	腎
五体	筋	脈	肌肉	皮膚	骨

これらの器官は五行学説を通じて五臓と深く関係しながら機能しています。

五体も五臓と同じように分類され、五行に配当されます。

五体のなかで運動機能と密接に関係しているのは、筋、肌肉、骨の3つです。五臓のなかで、この3つと同じカテゴリーに分類されているのは、肝、脾、腎です。中医学はこの3つの臓器が脳の役割をそれぞれ分担していると考えます。

中医学は肝、脾、腎の3つの臓器に次のような生理機能を与えています。

肝：筋に血を送る。
脾：筋肉に気を送る。
腎：骨を成長させ、脳、脊髄を生み出す。

肝、脾、腎は運動機能に関与する器官で、五体の栄養状態や活動エネルギーを調節しています。

西洋医学の診察に当たる行為を中医学では「弁証」といいます。弁証は「四診」という中医学独自の方法で行われます。「四診」とは望診、聞診、問診、切診の4つの診察方法をいいます。

望診：体全体、症状を訴える局所を丹念に診る。舌を診る（舌診）。
聞診：声の状態、尿、便の状態を聞いたり、においをかぐ。
問診：現在の症状や病歴を聞く。
切診：体に触れて診る。脈を診る（脈診）。

今仮に、四診の結果、次のような情報が得られたとします。

望診：右側の手足が痺れる、痛い、力が入らない、自由に動かない。
　　　手足が冷たい。顔色が青白い。
舌診：舌本（舌本体）は薄赤紫色で舌苔が薄く全体に白っぽい。
聞診：声が固い。軟便。
問診：現在の病気が長い。

切診：皮膚全体が乾燥している。筋肉に萎縮が診られる。
脈診：細いが張りがある。

体の部分を細かく観察します。これは「部分は全体を表す」「部分を見て全体を知る」という中医学の理念からです。四診から得られた情報から診断が下されますが、中医学では臓器の機能がどのように傷害されて生体全体の機能バランスが崩れているのかを判断します。これが弁証（診断）です。弁証の結果、

「脾《ひ》気《き》血虚《けつきょ》」　　　「肝腎陰陽虚《かんじんいんようきょ》」

これが四診から導き出された弁証の結果だとすると、これはどのような意味をもつのでしょうか。「血虚」「陰陽虚」など聞いたことのない診断用語です。これは陰陽とセットで考える必要があります。

西洋医学の診断は疾患を特定することで病名が診断名として付けられます。例えば「脳梗塞」とか「脳出血」とかです。

手足が痺れて動かないのになぜ肝臓や脾臓、腎臓などが出てくるのでしょうか。

これは臓器の働きが西洋医学と中医学とは考えが違うからです。中医学では臓器に西洋医学にはない働きを持たせています。例えば心臓は西洋医学では血液を全身に送り出すポンプの役割ですが、中医学ではその他に「こころを主《つかさど》る」という重要な役割を与えています。東洋の思想が「あなたのこころはどこにあるの？」と聞かれて胸に手を当てるのはここからきています。ほかの臓器も「肝」は中医学の解剖用語で、「肝臓」は西洋医学の解剖用語です。同じ臓器のことをいっていますが、機能については大きな違いがあります。付け加えると次のようになります。

「脾気血虚」とは　脾の気と血が足りないこと。

「肝腎陰陽虚（両虚）」とは　肝と腎の陰と陽が足りないこと。

治療原則にしたがって治療方針を検討することを「論治」といいます。そこで「治則」は多過ぎるものは取り去る、これを「瀉《しゃ》其《き》有《ゆう》余《よ》」。足りないものは補う、これを「補其不足」といいます。これが「陰陽調整」で治療です。そこで、この場合の治療方針は、

「脾気血虚」に対しては、　脾補気　脾補血

「肝腎陰虚」に対しては、　肝腎補陰

「肝腎陽虚」に対しては　　肝腎補陽

となります。ここまでが中医学の陰陽五行説に基づいた基本的な理論を受けたもので、漢方薬も鍼灸も同じ理論で行います。ここから先

は漢方薬は薬剤処方、鍼灸は経絡、経穴の処方となります。漢方薬なら単味の薬方それぞれの名称と作用、それを数種組み合わせた場合の作用と効果。量はどれくらいが適量か。補《ほ》薬か瀉《しゃ》薬かすべてを理解しないと処方はできません。

鍼や灸を施術する部位は経絡、経穴です。四診の総合判断によってどの経絡（臓腑）が傷害を受けているのか。そのバランスを回復させるには、どの経絡のどの経穴を瀉《しゃ》すのか、補《ほ》すのか。経絡の名称とその走行ルート（体のどこの部分を走行しているのか）。経穴の名称とその主治と作用、その経穴はどの経絡上のどこにあるのか。複数の経穴を組み合わせた場合の主治と作用などを理解することが要求されます。漢方薬にしても鍼灸にしても処方は経験がすべてです。

科学的理論に基づいている西洋医学が治療の施しようがないと匙を投げた難病でも、不思議なことに中医学は陰陽五行説に基づいた理論を用いることによってどのような病気に対しても立ち向うことができるという非常に優れた面があります。

鍼灸治療について

鍼灸治療を行う場合、本来ならば、中獣医学的診断に基づいて証を決定した上で行うべきものであります。しかし本稿では、初学者でも鍼灸治療が行えることを目的としているため、できるだけ患者側から情報収集したものを中獣医学理論でマニュアル化を図りながら進めていきたいと思います。また、ここに紹介した経穴処方以外にも、治療者の経験によりさらなる加減を施すことが必要であるとともに、西洋医学的な確定診断や治療も忘れてはなりません。

さらに、症例が鍼灸治療の適応症であるかどうかを判断し適応であったとしても、ただちに鍼灸治療を行うのではなく、必ず西洋医学的な確定診断を行い、その結果、他の療法だけでは治療が難しい、適さないと判断した慢性痛、あるいは機能的障害を伴う症例を中心に鍼灸治療を行うべきかと思います。実際に判断がつきにくい場合は、試験的治療を３～４回行って改善が認められたものだけを適応症とすべきです。

診断については、前述した弁証論治（診察・診断）が必要となります。ただし、本稿では弁証は虚証と実証の弁別のみに留め、その結果により鍼灸治療の補瀉《ほしゃ》を決定します。虚証と実証の弁証は、患者の元気、食欲の有無、体の緊張度など四診（望・聞・問・切の四つの診察法）から得た情報をもとに行う場合と、経穴の反応、つまり経穴の感触から判断することもあります。

臨床では、患部を押した時に痛がったり、硬結、緊張、膨隆などが認められれば実証、押して力を抜いた時に痛がり、弛緩、軟弱、陥凹などが認められれば虚証と判定します。虚実は刺鍼時の鍼感（鍼の響き）からも判断できます。

治法はやはり先ほども少しお話したように、虚証には補法（軽くて柔らかい刺激）、実証には瀉《しゃ》法（強くてきつい刺激）を用います。

鍼灸治療の場合、例えば椎間板ヘルニア等が原因で起立不能に陥った動物に対し、劇的に効果があるように思うのはまさに誤った認識です。起立不能の動物には、まずは正しい西洋医学的な治療の認識に基づいてアプローチすることが大切です。そして、緊急の西洋医学的治療を施しながら、この動物が西洋医学のみの治療がふさわしいのか、鍼灸治療が必要なのか、それとも西洋医学と鍼灸治療等を併用することが望ましいのかについて検討する必要があります。

また、早期に的確な西洋医学的治療が行われたケースでは、のちのちの鍼灸治療の効果も高く、逆に早期の西洋医学的アプローチが的確ではないケースでは、鍼灸治療の効果も芳しくない印象を受けます。さらに、外科的手術を施したケースでは、鍼灸治療を併用したほうが回復は早いようです。

西洋医学を学んだ獣医師にとっては、中獣医学的診断に基づいて、正確に証候を分析することは簡単ではありません。例えば、僧帽弁閉鎖不全症などに遭遇した場合、西洋医学で行う「NYHA 心機能分類[1)]」に当てはめてみて、西洋医学的な臨床症状から中獣医学的な証候を求める方法を採用するなどして、各々の獣医師による証候分析の差をできるだけ均一化することが必要かと思います。

初心者が鍼灸治療を行おうとする場合、まず患部にはどの経絡（P230図1 ～図14）が走行しているのかを確かめ、その経絡上にある経穴を用いることが治療の有効性と深くつながってきます。実際の治療にあたって 経穴を求める場合、比較的簡単な方法として次のことを理解しておくと便利ですので挙げておきます。

1）局所取穴法

経穴の多くは経絡上にあり、その経絡と関連する臓腑の疾病にも有効であることはもちろんですが、その経穴が存在する局所近辺の疾患にも有効です。例えば脊椎症でも、後肢運動傷害でもまず患部近辺の経穴を選ぶとよいでしょう。

1）NYHA心機能分類：心疾患の重症度を分類するのに身体活動の自覚症状より、クラスⅠ～Ⅳに分類したもの。

2）阿是穴

人間の場合、患部を押した際に特異的に響く箇所を経穴とする方法です。動物の場合も特異的な響きや快感があるらしく、愉快なような表情をします。ただし、患者が痛がり刺入困難な場合は無理をせずに、初めにレーザー光線などを当てたほうがよい場合もあります。

3）循経取穴法

このほか経絡の循行にもとづいた経穴の求め方もありますが、こちらのほうはある程度高度な理解が必要ですので、本書での説明は省略いたします。

臨床1 運動器疾患

運動器系疾患といえばほとんど骨、関節、筋肉の痛みや麻痺、それに伴う機能障害です。これはペットもまったく人間と同じです。

「運動器系」とは、骨、関節、筋肉、靱帯、神経といった体の動きを担当する組織・器官のことです。体を動かすためには骨や関節の状態が良好に保たれて、さらに神経が正しく働いて筋肉を動かすことが必要です。これらの「運動器系」に何らかの障害が起きるのが運動器系疾患です。「運動器系」の病気は、体の動きに直接左右する重要なもので、膝の痛みの原因となる変形性膝関節症や骨が弱くなる骨粗鬆症、脚のしびれの原因となる腰部脊柱管狭窄症、また骨折なども運動器系疾患に含まれます。「運動器系」の病気は寝たきりにつながったり、呼吸器や循環器の疾患を引き起こし、最悪の場合は死の転帰をとるに至ることもあります。

中獣医学の考え方

運動器系疾患に該当するものとして痺証と痿証があります。

(1) 痺証《ひしょう》

痺証は外邪が体を侵して経絡を阻滞させたために、気血の運行が悪くなったもので、現れる症状は肌肉、筋骨、四肢関節の痛み、痺れ、麻木（感覚麻痺、強度のしびれ）、倦怠感などに加え、関節の腫脹、変形が起こり、そのため屈伸不能に至り、運動麻痺となります。

痺は停滞して通じないことを意味します。痺証はその病因によって、「行痺《こうひ》」、「痛痺《つうひ》」、「着痺《ちゃくひ》」、「熱痺《ねつひ》」などに分類されています。痺証という場合、各種関節炎、神経痛、結合組織炎、椎間板ヘルニア、神経根炎などが該当します。

(2) 痿証《いしょう》

痿とは四肢に力がなく運動障害が起こることをいいます。痿症は四肢の筋肉が無力となって弛緩し、筋肉が萎縮して運動障害を起こします。肝腎陰虚《かんじんいんきょ》（肝血[1] と腎精[2] などの消耗）、脾胃虚弱《ひいきょじゃく》、肺胃熱《はいいねつ》（外邪が熱に変化して肺と胃を内傷する）、湿熱《しつねつ》（湿と熱が結合した病邪）

1）肝血：肝に貯蔵されている血。
2）腎精：腎に貯蔵されている精。

などを病因とします。

本証に該当するものとして、多発神経炎、急性脊髄炎、ヒステリー性麻痺、周期性麻痺などがあります。運動障害を中獣医学では「四肢不用」「四肢不挙」などといいます。

原因

（1）痺証

1）風寒湿《ふうかんしつ》によるもの

寒冷刺激を受けたり、風寒湿の邪を感受して経絡や関節に阻滞し、気血の流れが滞ることによって起こります。邪の強さによって次のように分類されます。

行痺・・・・・・・・・風邪が強い

痛痺・・・・・・・・・寒邪が強い

着痺・・・・・・・・・湿邪が強い

2）風湿熱《ふうしつねつ》によるもの

熱痺・・・・・・・・・風熱の邪に湿邪が挟んだもので、これが経絡や関節に停滞して気血の流れを滞らせたものです。

風、湿、熱の邪が皮膚や肌肉に停滞したものは、痺証の病位は浅く、病状の程度は軽いとされ、筋脈や骨節に停滞したものは、病位は深く病状の程度は重いとされています。

（2）痿証

鍼灸の古典『黄帝内経《こうていだいけい》素《そ》問《もん》』痿論篇では、「痿証の原因は五臓の不調にあり」といっています。肺は全身の皮毛、肝は筋膜、脾は肌肉、腎は骨髄を主《つかさど》っているので、五臓の不調はその臓の主っている部分に現れます。五臓を不調にしているのは熱です。熱が五臓を犯すと痿証になるのです。

肺が熱邪に犯されると、津液が枯渇し、皮毛が消耗し潤わない状態で熱が去らずに痿証になります。心は血の流れにかかわりがあるので心に熱があると、気血が上逆し下半身の血脈が空虚になり脈痿が起こり、血流がいかなくなるため関節が動かず、足の筋は緩み歩くことができなくなります。

肝が熱邪に犯されると、胆汁が外に漏れ口が苦く感じ、筋膜は栄養が届かなくなり枯れ果て、筋肉が縮まって筋痿になります。

脾が熱邪に犯されると、胃の津液が消耗し喉が乾き、肌肉に栄養がいかなくなり麻痺が起こり肉痿になります。

腎が熱邪に犯されると、精が枯れて骨髄が枯渇し、腰が動かなくなり、骨痿になります。以上のようなことを『黄帝内経素問』は述べています。

症状と治療法

(1) 痺証

1) 行痺

症状 四肢関節の疼痛、関節の運動麻痺、悪寒発熱を伴う場合があります。

治法 去風通絡《きょふうつうらく》(風邪を除き、経絡を通利する)、熱があれば散寒去湿《さんかんきょしつ》(寒邪を散じ、湿邪を除く)を図ります。

経穴処方 風池《ふうち》(図1)、陰市《いんし》(図2)、血海《けっかい》(図3)、太衝《たいしょう》(図4)

風池：後肢少陽胆経に属し、去風解表《きょふうかいひょう》(体表の風邪を除く)作用があります。

陰市：後肢陽明胃経に属し、腰および大腿の冷え、下肢の痺れの主治をもっています。

血海：後肢太陰脾経に属し、散風去風《さんふうきょふう》(風邪を去散させる)を図ります。

太衝：後肢厥陰肝経に属し、通経活血《つうけいかつけつ》(経絡の通りをよくし血行を促す)作用があります。通経活絡《つうけいかつらく》(経絡の流れをよくし気血の運行を促進)し泄熱《せつねつ》(熱を下げる。熱をとる)を図るため、瀉法(実証に行う治法、原則として強い刺激を与えて邪気を取り去る)を目的に刺鍼は切皮程度の深さで速刺速抜を3～5回繰り返します。

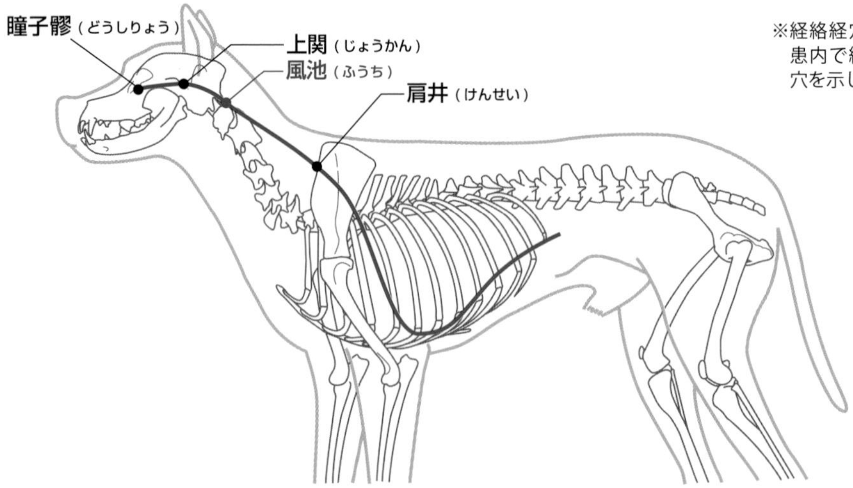

※経絡経穴図中の赤字は疾患内で経穴処方された経穴を示しています。

後肢少陽胆経
左側面図
図1

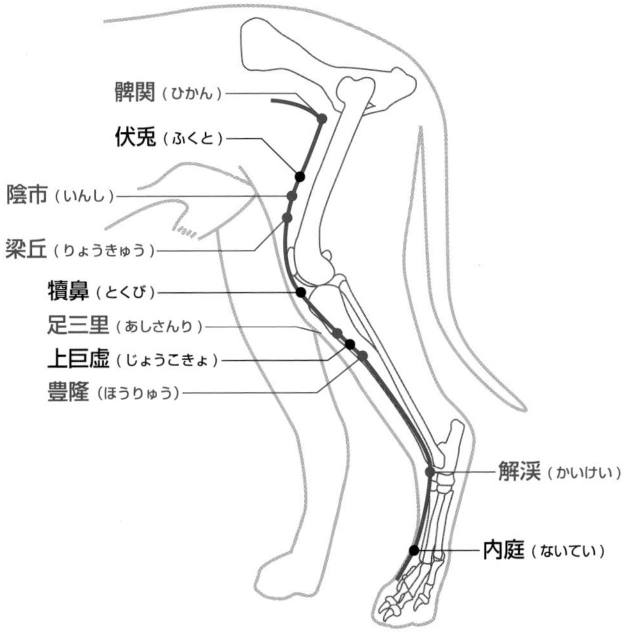

後肢陽明胃経
左後肢の外側図
図2

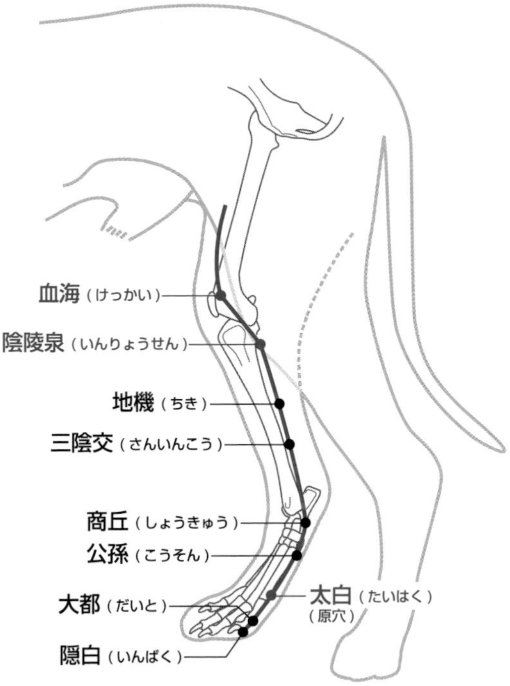

後肢太陰脾経
右後肢の内側図
図3

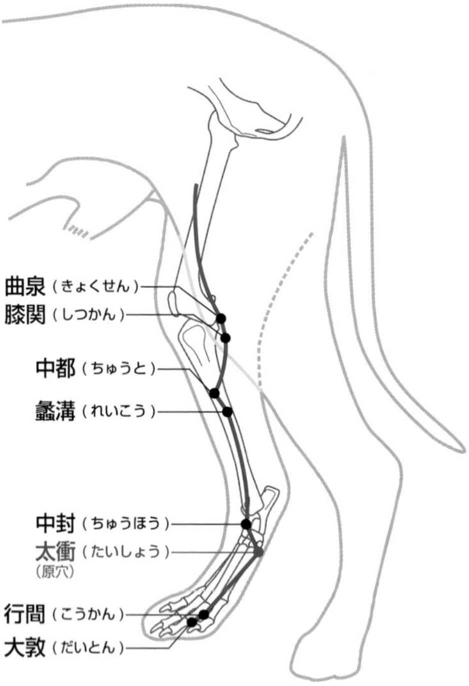

後肢厥陰肝経
右後肢の内側図
図4

2) 痛痺

症状 肌肉、関節が冷えて痛む、温めると楽になります。関節の運動麻痺。熱はありません。

治法 去風去湿《きょふうきょしつ》（風・湿の邪を同時に除く）を図ります。

経穴処方 関元《かんげん》（図5）、腎兪《じんゆ》（図6）

関元:任脈上の下腹部正中にあり、通調衝任《つうちょうしょうにん》（任脈と衝脈を調整する）作用があります。棒灸にて温灸が可能です。

腎兪：後肢太陽膀胱経に属し、利腰背《りようはい》（腰背部の気血通利を図る）作用があります。棒灸にて温灸が可能です。

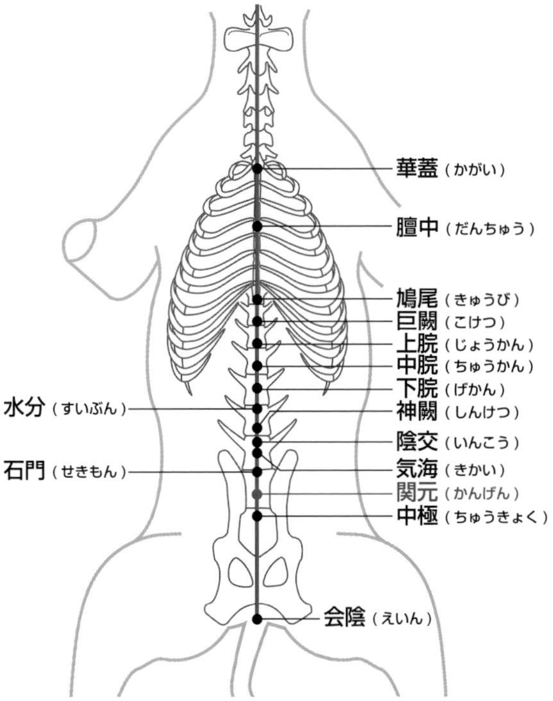

任脈
腹面図
図5

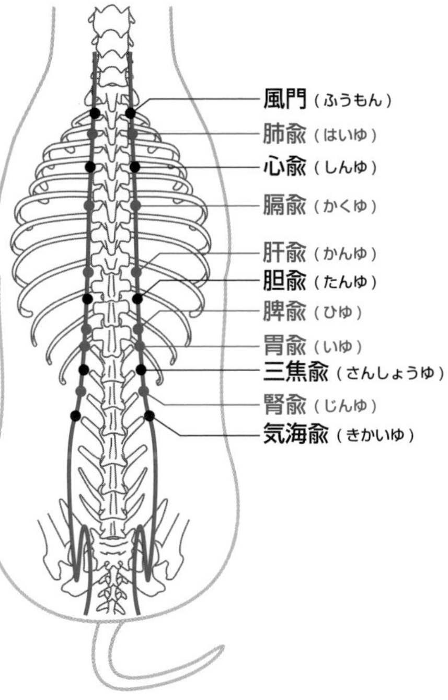

後肢太陽膀胱経
背面図
図6

3）着痺

症状 患肢に軽度の浮腫。そのため患肢にだるさ、痛み、痺れがあると思われます。

治法 去湿通絡《きょしつつうらく》（経絡を通じさせ湿邪を除去する）を図ります。

経穴処方 足三里《あしさんり》（図2）、陰陵泉《いんりょうせん》（図3）

足三里：後肢陽明経に属し、疏風化湿《そふうかしつ》（風を疏散し湿邪を除く）作用があります。

陰陵泉：後肢太陰脾経に属し、健脾化湿《けんぴかしつ》（脾を強化し運化機能を確かめて湿邪を除く）作用があります。

患肢全般に浮腫、痺れ、だるさをとる目的でマッサージを揉捏《じゅうねつ》法（刺鍼の前と後に刺鍼部位を指先で揉むこと）で行います。

4）熱痺

症状 四肢の関節部の腫脹、発赤、熱感、運動麻痺、痛みなどを呈します。

治法 清熱利湿《せいねつりしつ》（湿邪を除いて熱を冷ます）を図ります。

経穴処方 合谷《ごうこく》（図7）、曲池《きょくち》（図7）、大椎《だいつい》（図8）

合谷：前肢陽明大腸経の原穴（各経を代表する穴。古典では臓腑の原気が通過し、留まるところ）で、通経活絡《つうけいかつらく》の作用があります。

曲池：前肢陽明太陽経の肘関節部に属し、清熱利湿の作用があります。

大椎：督脈上にあって、諸陽を主《つかさど》る（すべての陽経をコントロール）作用があり、陽気を通じさせ気血の運行を促す働きが期待されます。棒灸にて温灸が可能です。

患部に熱がある場合は、瀉を目的に患部に対し切皮程度の刺鍼で速刺速抜を5～8回行います。

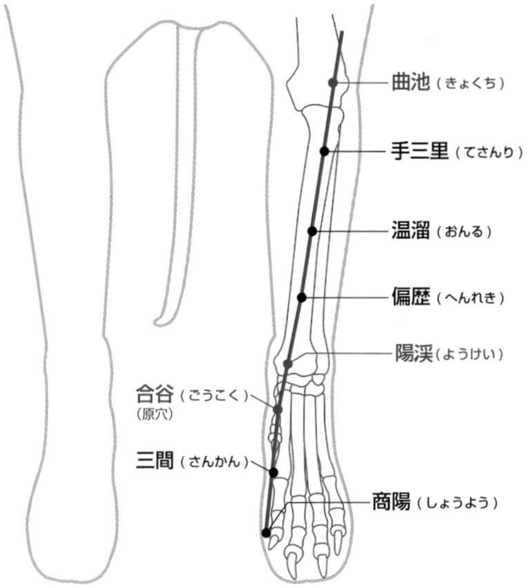

前肢陽明大腸経
左前肢の図
図7

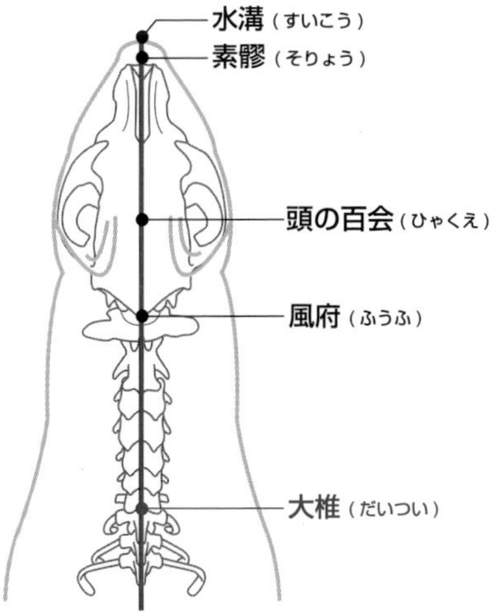

督脈
背面上図
図8

(2) 痿証

1) 肺熱によるもの

湿邪に侵されたため、肺や津液(血や体内の水分)を傷害し、肌膚、筋脈を滋養できなくなるため運動麻痺が生じます。

症状 四肢筋力低下、萎縮。発熱、小便短赤。

治法 疏《そ》経《けい》通《つう》絡《らく》(経絡の気の流れをよくする)を図ります。

経穴処方 肺《はい》兪《ゆ》(図6)、尺沢《しゃくたく》(図9)

肺兪:後肢太陽膀胱経に属し、宣肺《せんはい》(肺気を開通する)作用があります。鍼を深刺しすると気胸の恐れがありますので注意を要します。

尺沢:前肢太陰肺経に属し、粛降《しゃくこう》肺《はい》気《き》(肺の機能で、下降させることにより、吸気や水分を下方へ移動させる)作用があります。

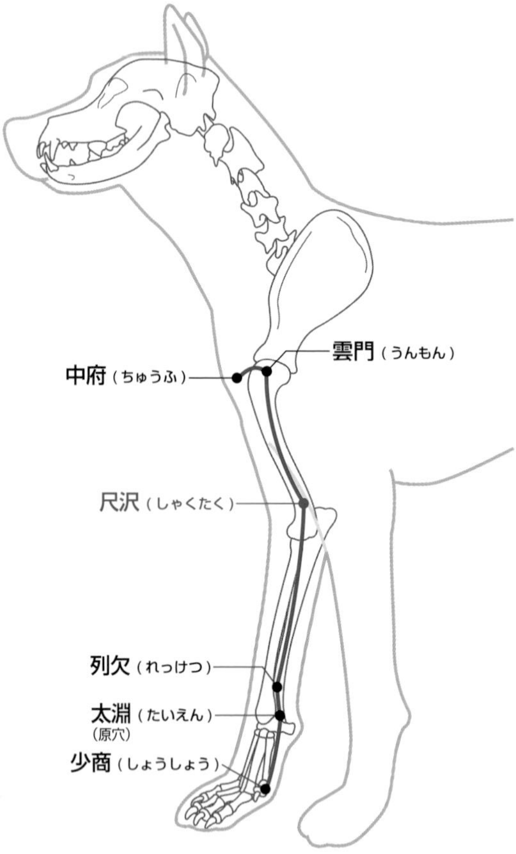

前肢太陰肺経
右前肢の内側図
図9

2）湿熱によるもの

湿邪が長い間、侵し続け熱化して湿熱となり筋脈を阻害するため気血の運行が滞って肌肉、筋脈が弛緩して運動麻痺となったものです。

症状 後肢の筋力低下、麻痺、運動麻痺。

治法 疏経通絡を図ります。

経穴処方 脾兪《ひゆ》（図6）、陰陵泉《いんりょうせん》（図3）

脾兪：後肢太陽膀胱経に属し、健脾化湿《けんひかしつ》（脾を補って肌肉を滑らかにする）を目的にします。

陰陵泉：後肢太陰脾経に属し、患部の浮腫をとります。

3）脾胃虚弱によるもの

先天的あるいは後天的に脾胃虚弱なため、肌膚、筋脈が養われず運動麻痺になったものです。

症状 四肢軟弱、次第に筋肉萎縮を起こし運動麻痺。食欲不振、疲労倦怠。

治法 疏経通絡を図ります。

経穴処方 脾兪《ひゆ》（図6）、胃兪《いゆ》（図6）、太白《たいはく》（図3）

脾兪、胃兪：ともに後肢太陽膀胱経に属し、健脾化湿を目的にします。

太白：後肢太陰脾経にあって健脾和中《けんひわちゅう》（脾胃を強健にする）を図ります。

4）肝腎陰虚によるもの

加齢や慢性疾患などによるもので、精血不足になって筋骨、経脈を滋養できず運動麻痺を生じたものです。

症状 特に後肢の筋力低下をきたし、しだいに筋肉の萎縮、運動麻痺を起こします。腰や膝に力が入りません。

治法 疏経通絡を図ります。

経穴処方 肝兪《かんゆ》（図6）、腎兪《じんゆ》（図6）、陽陵泉《ようりょうせん》（図10）

肝兪、腎兪：後肢太陽膀胱経上に属し、精血不足、筋骨滋養を図ります。肝兪は鍼を深刺すると気胸の恐れがありますので注意を要します。

陽陵泉：後肢少陽胆経に属し、筋会《きんえ》（筋をコントロール）で利関節《りかんせつ》（関節を滑らかにする）作用があります。

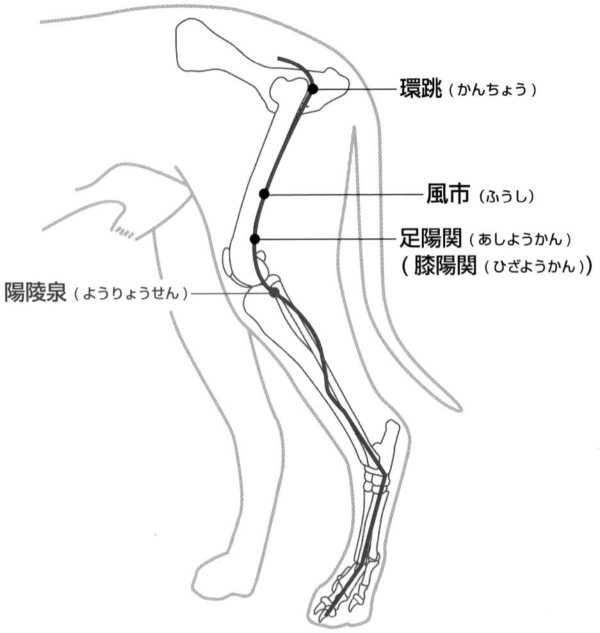

後肢少陽胆経
左後肢の外側図
図10

上記の他にも、1）から4）までの対症経穴として、症状によって適宜、次の経穴から選穴するとよいでしょう。

肩髃《けんぐう》（図11）、曲池《きょくち》（図11）、陽池《ようち》（図12）、大陵《だいりょう》（図13）、合谷《ごうこく》（図7）、陽渓（図7）、髀関（図2）、梁丘（図2）、足三里（図2）、解渓（図2）

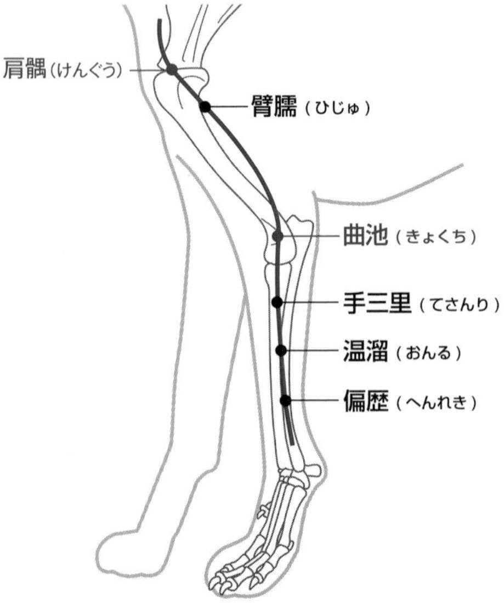

前肢陽明大腸経
左前肢の外側図
図11

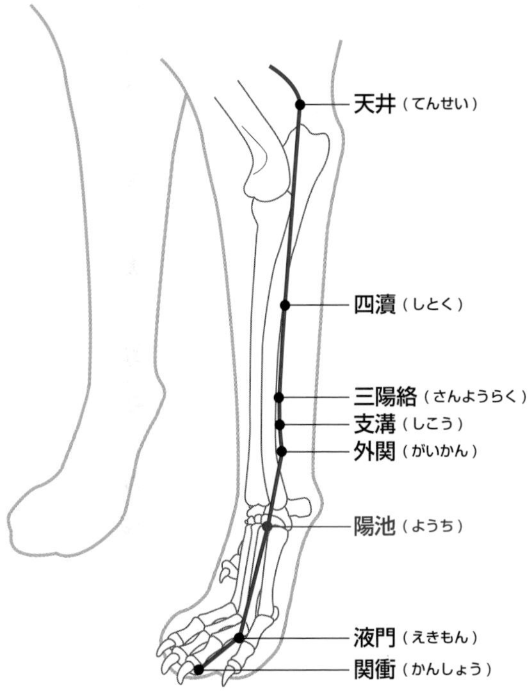

前肢少陽三焦経
左前肢の外側図
図12

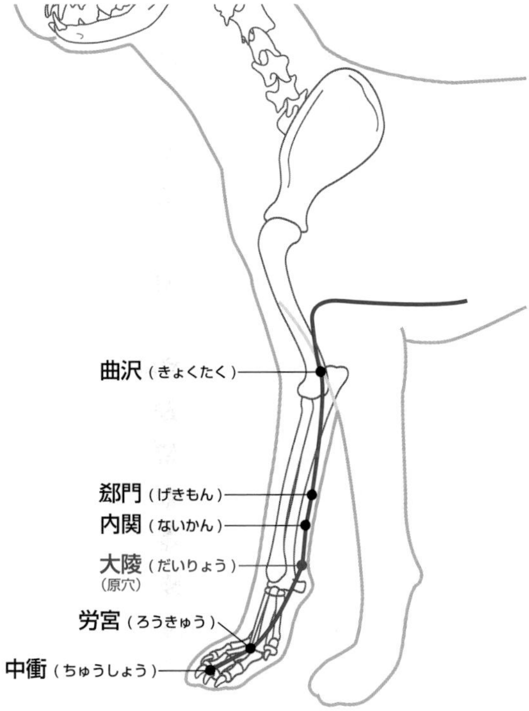

前肢厥陰心包経
右前肢の内側図
図13

臨床2 アトピー性皮膚炎

アトピー性皮膚炎（atopic dermatitis）とは、アレルギー反応と関連があるもののうち皮膚の湿疹などを伴うもので、過敏症の一種をいいます。

アトピーという名前の語源はギリシャ語の「アトポス」で「場所が不特定」という意味に由来しています。医学用語としては気管支喘息、鼻炎などの他のアレルギー疾患に用いられますが、日本では「アトピー」というだけで皮膚炎のことだと思われています。

アトピー性皮膚炎は皮膚の角質層の異常に原因がある皮膚の乾燥と非特異的刺激反応および特異的アレルギー反応が関与して起こります。慢性に経過する炎症と掻痒を伴う湿疹・皮膚炎群の疾患です。患者のほとんどが親子兄弟といった肉親に気管支喘息やアレルギー性鼻炎、アトピー性皮膚炎などアレルギーの素因を持っています。

主な症状は皮膚の赤みと痒みです。痒みの出る部位は通常、顔面、四肢、腋の下、内股、肛門周囲です。痒みのためにかき壊して出血したり、皮膚に黒いシミができたり、また皮膚が象のように厚くガサガサした感じになることもあります。アトピー性皮膚炎に加えて、食物アレルギー、ノミアレルギーなど他のアレルギーや細菌の二次感染が加わると痒みはさらに激しくなります。

診断と治療は、通常、症状と病気の経過から診断します。アレルギー検査でアレルゲンが特定されると診断は決定しますが、検査ですべてのアレルゲンを調べることができないので注意が必要です。 検査でアレルゲンを特定できた場合、環境中からアレルゲンを除き、それらと接触する機会を避けることがベストです。もし二次感染が認められるようであれば、感染を抑えることで症状の改善が期待できます。痒みを抑制するために抗ヒスタミン剤や免疫抑制剤ステロイドなどを用いることもあります。多くの場合、一生涯の治療を要します。

中獣医学の考え方

中獣医学では、アレルギーという考え方もアトピー性皮膚炎という病名もありません。この疾患は体質・素因の問題であり、中獣医学では「先天の気に類するもの」と解されています。

皮膚上に現れる症状だけでは一般的な湿疹と区別することはできませんが、必要とされる検査や問診によって判断された場合にのみ、アトピー性皮膚炎と診断されるものであり、治法は発症する症状や体質が中獣医学理論に合致する場合にのみに適用すべきです。

原因

(1) 外的病因：外邪（環境気象因子、体を外から襲う邪気。風邪、暑邪、寒邪、湿邪、燥邪、火邪の6つがある）

(2) 生体内の病因：内傷（生体側の因子）

中獣医学での皮膚の役割は、体内的には内臓器官である臓腑や中獣医学独特の経絡、気血と密接に関係し、体外的には周囲の環境と接触し、外部の疾病要因である外邪からの防御と内臓保護の作用を受け持っています。したがって､皮膚は外邪の侵襲を受けやすいと同時に、内臓や気血の機能失調によっても容易に様々な皮膚疾患を発症します。

外邪によるものとしては、風邪、火（熱）邪、湿邪の3つが、また内傷によるものとして、気《き》滞《たい》血《けつ》瘀《お》証、血《けっ》虚《きょ》風《ふう》燥《そう》証、気《き》血《けつ》両《りょう》虚《きょ》証、肝腎《かんじん》両虚《りょうきょ》証、陽《よう》気《き》衰微証《すいちょうしょう》、肝《かん》気《き》鬱結《うつけつ》証があります。

症状と治療法

(1) 外的病因：外邪（環境気象因子）

1) 風邪

症状 風邪が肌膚に客する（取りつく）と、発病は急性で、皮膚に紅斑、丘疹、膨疹、掻痒などが現れます。

掻痒感があると思われる皮膚には特別な変化は認められません。体温が上がらないようにしていると症状は軽くすみます。まれに膨疹、丘疹、紅斑がみられ、強い痒みが現れるとしきりに掻きます。熱があると皮膚が鮮紅色を呈し灼熱的な痒さとなります。冷やすと症状が重くなる場合は、風に寒が挟んだ（加わった）ものと考えます。

皮膚の損傷は淡紅色で、温めると和らぎます。皮膚の掻痒、麻疹、湿疹などのほか、西洋医学でアトピー性皮膚炎と診断されたもので、かつこれらの症状に該当するものに鍼灸を用います。

治法 風邪が肌《き》膚《ふ》（肌肉と皮膚）を侵襲して発症すると考え、疏《そ》風《ふう》止《し》痒《よう》法（風邪を疏散し痒みを止める治法）を図ります。

経穴処方 風門《ふうもん》（図1）、風池《ふうち》（図2）、曲池《きょくち》（図3）、血海《けっかい》（図4）、風《ふう》市《し》（図5）

風邪が腠理《そうり》（皮膚表面）に鬱積して、肺気が全身に透達することができず、血の栄養作用と皮膚の防衛作用が協調しなくなると麻疹、紅斑、皮膚の掻痒が生じます。

・**風門、風池**：風門は後肢太陽膀胱経と督脈の会《え》（合流するところ）で風邪が侵入する門戸といわれています。棒灸にて温灸が可能です。風池は胆経と陽維脈（奇経八脈の一つ）の会。陽維脈は一身の表を主《つかさど》る[1)]働き（陽維脈は一身の表を主り、陰維脈は一身の裏を主る[2)]ので、陽維、陰維の両脈には全身の経脈を連係させる作用がある）があります。この両穴を用いることによって去風達邪《きょふうたつじゃ》（肺気の透達を図り風邪を退去させる）を図ります。

・**曲池、血海、風市**：宣気行血《せんきこうけつ》（肺気を広げ血行を促す）の目的で曲池を、消風止痒《しょうふうしよう》（風邪を消散させ痒みを止める）には風市、血海で活《かつ》血散《けつさん》瘀《お》（血行を活発にし瘀血を散ずる）を図ります。この三穴を組み合わせて血を巡らし、風を消散することによって痒みの解消を図ります。

1) 陽維脈は一身の表を主る：体の表面を管理する。
2) 陰維脈は一身の裏を主る：体内深部を管理する。

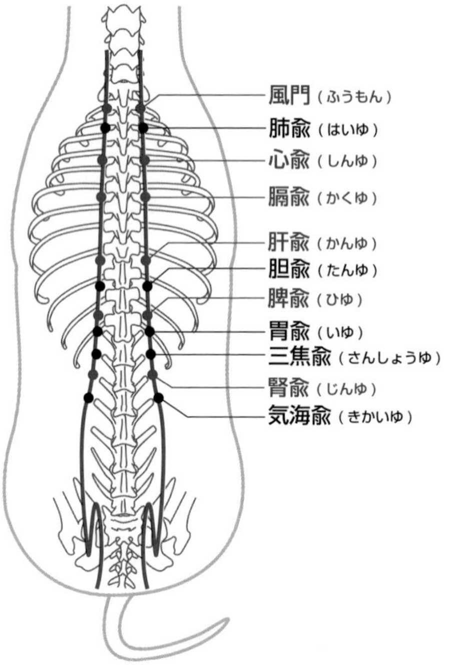

後肢太陽膀胱経
背面図
図1

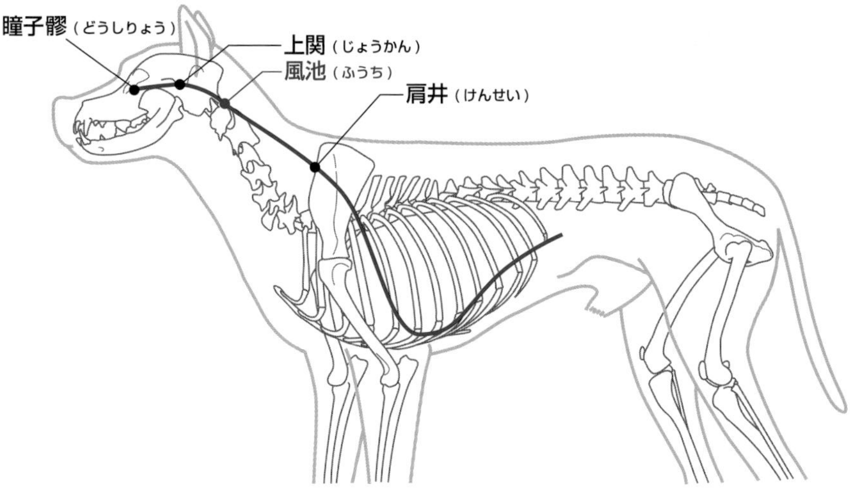

後肢少陽胆経
左側面図
図2

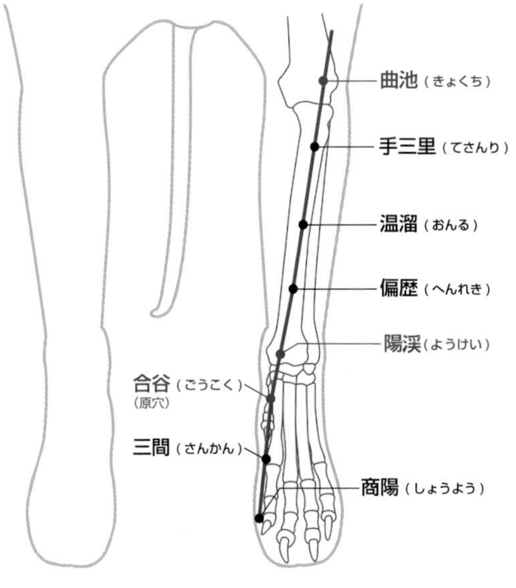

前肢陽明大腸経
左前肢の図
図3

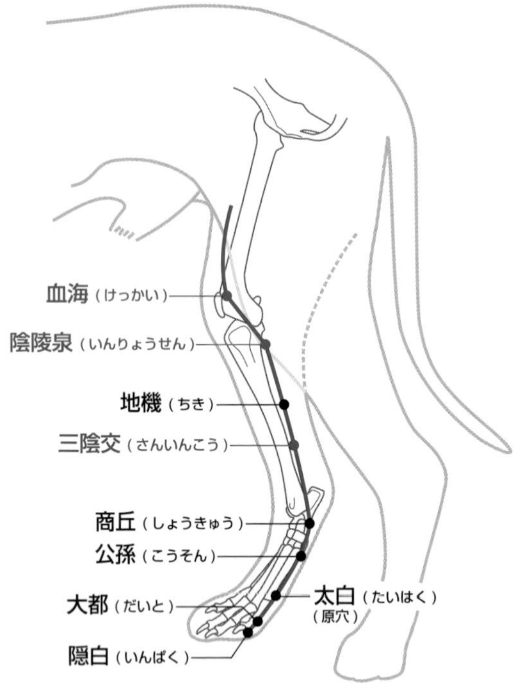

後肢太陰脾経
右後肢の内側図
図4

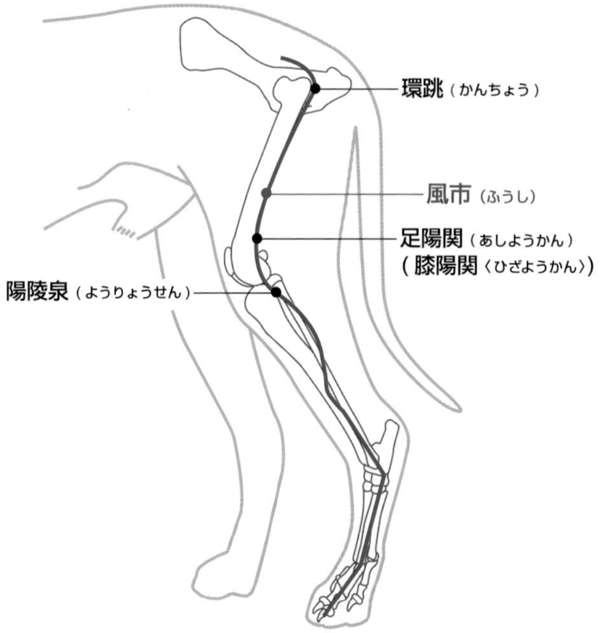

後肢少陽胆経
左後肢の外側図
図5

2）火邪（熱）

火熱の邪が肌膚に蘊結《うんけつ》する（集まる）と、皮膚は鮮紅色の斑塊か紫斑を形成し、痛みと灼熱感を伴います。

症状 皮膚が赤くなってしきりに掻きます。小さな水疱ができ、掻くとジクジクし水液が流れ出します。重症の場合は糜爛を呈し、瘡を形成します。皮膚に鮮紅色の紅斑や紫斑ができます。また皮膚に発赤、腫脹、熱感、疼痛があり、全身の発熱、口唇の乾燥、褐色尿、大便が秘結（便秘）します。

急性湿疹、接触性皮膚炎、紫斑病、紅斑性の皮膚炎、アトピー性皮膚炎でこれらの症状に該当するものに鍼灸を用います。

治法 清熱涼血《せいねつりょうけつ》法（血分〈広く血の存在する範囲〉にある熱邪を清除する）を図ります。

経穴処方 心兪《しんゆ》（図1）、曲池（図3）、合谷《ごうこく》（図3）、血海（図4）、三《さん》陰交《いんこう》（図4）

熱が血絡を破ると血が肌膚に溢れジクジクします。皮膚に紅斑と鮮紅色の発疹が現れます。温熱が肌膚を侵すと皮膚に水疱が生じて糜爛となり、水液が流れ出します。湿が加わると常態的に糜爛症状を呈します。

- **心兪**：後肢太陽膀胱経に属し、疏通心絡《そつうしんらく》（心経の流れをよくする）作用があり、火邪の勢いを抑制します。気胸の恐れがありますので、鍼の深刺しに注意してください。棒灸にて温灸も可能です。
- **曲池、合谷**：この２穴で解外清内《かいがいせいない》（外風を解き内風を冷ます作用）を図ります。
- **血海、三陰交**：この二穴で気血をめぐらせ瘀血《おけつ》（血液が滞留し、痛みが出る）を疏散し、精血を益《ま》して（栄養の豊富な血液を増やして）経脈の栄養を図ります。
- **脾兪《ひゆ》、陽陵泉《ようりょうせん》**：湿が加わって糜爛となり、水液が溢れる場合は、脾兪で運脾燥湿《うんひそうしつ》（脾の作用である運化機能を促し滋養を盛んにし湿を取り除く）と、陽陵泉で利水滲湿《りすいしんしつ》（体内水分の流れをよくし、湿の滲出を抑える）を図ります。

3）湿邪

湿熱が肌膚に蘊結《うんけつ》している場合は、皮膚の紅斑、水疱、浸出液、糜爛などの症状が現れます。

症状 皮膚に水疱を形成したり紅斑ができて帯状に広がります。灼熱感とともに刺すように痛みます。あるいは灼熱掻痒感があり、掻くと崩れて糜爛となり、滲出液が溢れます。

湿疹、皮膚掻痒症などのほか、アトピー性皮膚炎でこれらの症状に該当するものに用います。

治法 清熱除湿法《きよねつじょしつ》（熱を冷まし湿邪を除く治法）を図ります。

経穴処方 曲池（図3）、内庭《ないてい》（図6）、陰陵泉《いんりょうせん》（図4）、三陰交（図4）、血海（図4）、支《し》溝《こう》（図7）、風池（図2）、合谷（図3）、外関《がいかん》（図7）

湿熱が肌膚に蘊結し、疏《そ》泄《せつ》（肝の生理機能の一つ。精神機能や臓腑の活動をのびやかに円滑に保つ）できないで肌膚の営衛《えいえい》が壅滞《ようたい》（ふさぎとどまること）し、熱毒が血分（広く血の存在する範囲）にこもると発赤や丘疹が生じます。湿熱が凝集すると結んで黄白色の水疱を形成します。これに風が重なると痒く、瘀血が重なると痛みます。

• **曲池**：前肢陽明大腸経の合穴（五行穴〈井・営・兪・経・合〉の一つ。脈気が入るところで、身熱〈体の熱〉治療に用いる）で、疏《そ》風清熱《ふうせいねつ》（風邪を疏散して熱を冷ます）が期待できます。

• **内庭**：清《せい》胃《い》瀉《しゃ》火《か》（胃経の栄穴[3]で、火邪を取り除き胃の熱を冷ます）を図ることができます。

• **陰陵泉、三陰交**：この二穴を同時に刺鍼することにより運《うん》脾《ひ》利《り》湿《しつ》（脾の作用である運化機能を促して滋養を盛んにし、湿を取り除く）を図ることができます。

• **血海**：瀉法によって、涼血《りょうけつ》化《か》瘀《お》（血分の熱邪を清除し、瘀血を解消する）します。

• **支溝**：便秘を伴う場合にこの経穴を用い、三焦を瀉して腑《ふ》気《き》（六腑ー胆、小腸，胃、大腸、膀胱、三焦の機能）を通じさせ、陰陵泉と協同して湿熱の毒邪を二便（大・小便）から排出させることを目的とします。

• **風池、合谷、外関**：皮膚の損傷が顔面、頸部に拡散している場合は関連する経にあるこの三穴を取り、経気を疏泄して泄熱《せいねつ》解《げ》毒《どく》（熱をとり解毒する）を図ります。

3）栄穴：五行穴（井・営・兪・経・合）の一つ。「脈気が流れるところで逆気して泄らす」を治す（霊枢・九鍼十二原論）。
脈気が逆上して脈外に泄《も》れるものを治療するの意。

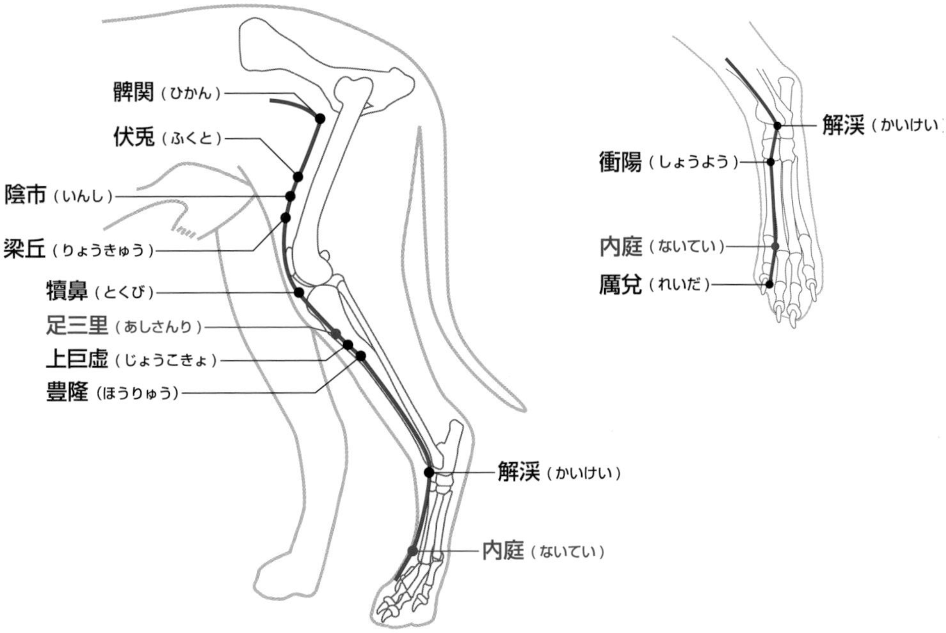

後肢陽明胃経
左後肢の外側図
図6

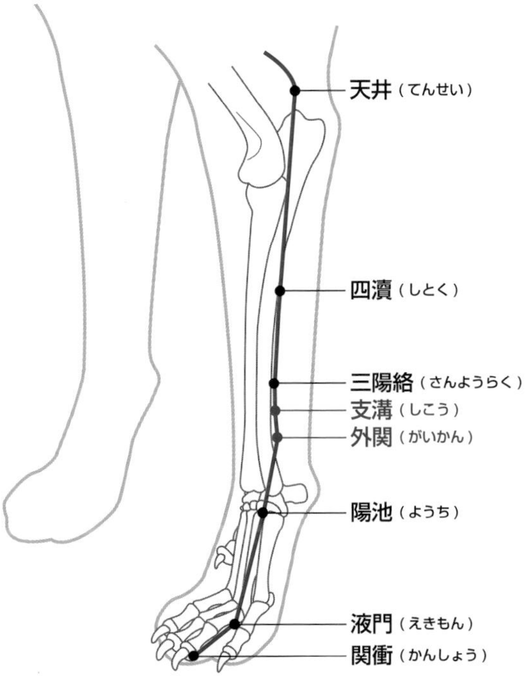

後肢少陽三焦経
左前肢の外側図
図7

（2）生体内の病因：内傷（生体側の因子）

1) 気《き》滞血《たいけつ》瘀《お》証（気の停滞により血が非生理的になるため起こる病証）

症状 皮膚に紫斑や瘀斑が現れ、暗紫色の結節を呈し、腫脹、疼痛があります。不揃いで境界明瞭な白瘢ができます。慢性で潰瘍化した傷口が塞がらず、暗紅色の肉芽を形成します。

紫斑病、結節性紅斑、結節性血管炎、皮膚の慢性潰瘍などのほか、アトピー性皮膚炎でこれらの症状に該当するものに用います。

治法 消《しょう》瘀《お》散結《さんけつ》（固定してとどまっている瘀血を消散する）を図ります。

経穴処方 膈《かく》兪《ゆ》（図1）、血海（図4）、委《い》中《ちゅう》（図8）、三陰交（図4）、曲池（図3）、合谷（図3）

皮膚損傷の局所。瘀血が経脈を阻滞しているために血が通らないことから、肌膚に紫斑や瘀斑が現れます。気血が凝滞して肌膚に壅滞《ようたい》（ふさぎとどまる）すると硬い結節や疣贅ができます。気血が皮部まで通じないと白瘢風や潰瘍がいつまでも治りません。

- **膈兪、血海**：両穴に同時に瀉法（実証に行う治法。強い刺激で邪気をとる）を行うことによって活血《かっけつ》化《か》瘀《お》（血液の運行が緩慢になったり、停滞して起きる病的な症状の治法）を図ります。膈兪は気胸の恐れがありますので、鍼の深刺しに注意してください。棒灸にて温灸も可能です。
- **委中**：血の瘀滞を瀉血によって取り除くことを期待して点状瀉血を行います。
- **三陰交**：三陰経の会（合流するところ）であり、気血を巡らせて瘀血を散ずることができます。
- **曲池、合谷**：顔面部に皮膚の損傷がある場合や発熱や咽腫痛がある場合は、この両穴に瀉法を行って、散風清熱《さんふうせいねつ》（風邪を散じて熱を冷ます）と疏経通絡（経絡を開通し気血の循行を図る）を図ります。

皮膚損傷の局部に瀉血を行うと局部の気血を疎通して、肌肉を成長させ潰瘍の改善を促す効果があります。

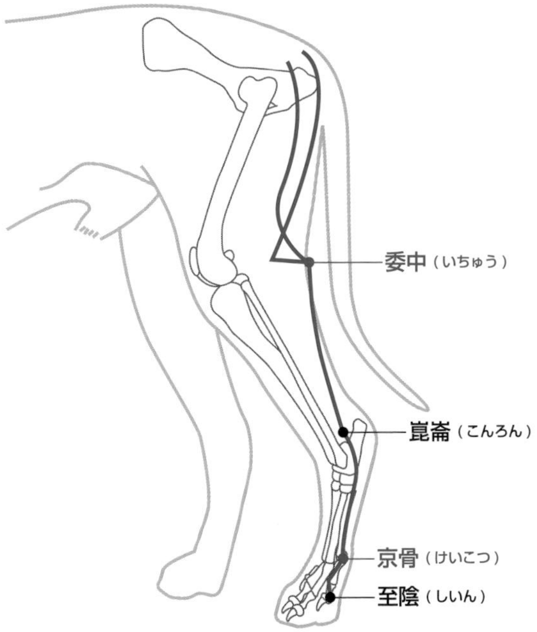

後肢太陽膀胱経
左後肢の外側図
図8

2）血虚風燥証《けっきょふうそう》（風と燥の邪気が結びついて血が不足する病理）

症状 皮膚の損傷部位は淡色または灰白色で、肥厚してザラザラしています。掻痒感があり、掻くと落屑してゴワゴワして硬くなります。また肌膚が乾燥して落屑し、強烈な掻痒に悩まされます。掻くと点々と血筋が残ります。

神経皮膚炎、皮膚掻痒症のほか、アトピー性皮膚炎でこれらの症状に該当するものに用います。

治法 養血潤膚《ようけつじゅんぶ》（血を補い皮膚の潤沢を図る）を図ります。

経穴処方 膈兪（図1）、脾兪（図1）、腎兪（図1）、風池（図2）、曲池（図3）、足三里《あしさんり》（図6）、三陰交（図4）

血虚陰血《けつきょいんけつ》（血の不足した状態）、化燥青風《かそうせいふう》（風が燥に変化して現わす病症）で肌膚が養われなくなると、皮膚は乾燥して掻痒が起こり、重症の場合は肥厚してザラザラします。

・**膈兪**：血会（八会穴の一つ。後肢太陽膀胱経にあって和血理血《わけつりけつ》作用がある）であるため、補法（弱い刺激）を行うと養血と活血が期待できます。気胸の恐れがありますので、鍼の深刺しに注意してください。棒灸にて温灸も可能です。

・**脾兪、足三里**：脾兪は後天《こうてん》の本《もと》（出生後自分の力で作り出す基本的な生命力）、生化の根源（飲食物が栄養物質に変化生成されること）

です。足三里は健《けん》脾《ひ》和《わ》胃《ひ》（脾胃の働きをよくする）作用があるため、両穴を補すと血の源を資生できます。

・**腎兪**：腎は先天《せんてん》の本《ほん》で精を蔵します（両親から受け継ぎ生まれつき備わった生命力の源である精という物質を貯えている）。腎兪を補すと陰精欠損《いんせいけっそん》（腎に貯えられている生命の基本物質である精の不足）を填《うず》めることができます。

・**三陰交**：三陰経（後肢厥陰肝経、後肢少陰腎経、後肢太陰脾経）の会であるこの経穴を用いると、三陰すべてを補すことができます。

・**風池、曲池**：両穴への瀉法（実証に行う治法。強い刺激で邪気をとる）は去風《きょふう》止《し》痒《よう》（風邪を払い痒みを止める）の効果が得られます。

皮膚損傷の局部への鍼灸はその部分の気血の流れを伸びやかにし、活血潤《かつけつじゅん》膚《ぷ》（血液に活力を与え皮膚を潤沢にする）を図ることができます。これらの経穴の組み合わせは、標本同治（根本療法と対症療法を同時に行う）です。陰血が満ちれば肌膚は潤沢になり、風燥は消失し掻痒は止みます。なお、痛みと痒みのため不眠と動悸を伴う場合は、内関《ないかん》、神門《しんもん》を取穴して養心安神《ようしんあんしん》（精神をコントロールしている心を養うことによって精神の安定を図る）を図ります。

3）気《き》血両虚《けつりょうきょ》証（気と血の不足がもたらす病理）

症状 麻疹が反復して起こると、膨疹は淡色となり治りが悪くなります。疲労の蓄積により悪化する傾向があります。潰瘍部がなかなか治らず蒼白の肉芽を形成します。皮膚乾燥による掻痒、顔面は艶がありません。精神的疲労と脱力感、納呆（食欲不振）、不眠、動悸、息切れなどを伴います。

慢性的な麻疹、皮膚の慢性潰瘍、皮膚掻痒症などで気血両虚の症状がみられる場合のほか、アトピー性皮膚炎に該当するものに鍼灸を用います。

治法 補《ほ》気《き》益血《えきけつ》（気を補い血に活力を与える）を図ります。

経穴処方 膈兪（図1）、気海《きかい》（図9）、脾兪（図1）、血海（図4）、足《あし》三里《さんり》（図6）

生来の虚弱、あるいは慢性病、病後の気血不足で表衛（体表に分布する防衛作用）が定まらないところに、再度にわたって風邪を感受し、邪が腠理《そうり》（皮膚表面）に鬱して（ふさいで）透達することができないと、麻疹の反復発作が起こります。あるいは湿熱が下注（湿熱が下部に注ぐ）して肌膚、肌肉を腐潰し、気血を消耗し、気血不足になって肌膚が養われなくなると、いつまでも潰瘍部が塞がりません。または老化で気血が虚衰し、肌膚の濡養が失調して乾燥し掻痒が生じます。

・**膈兪、血海**：どちらも調血（血を調整する）の要穴（重要な役割をもった経穴。原穴、郄穴、絡穴、兪穴、募穴、五兪穴などがある）です。これに補法（虚証に行う治法。弱い刺激で正気を補う）を行うと養営生血（ようえいせいち）（営気を養い血を生成する。血虚の治法。営気は血とともに脈中を流れる気）が可能となり、瀉法（強い刺激）を行うと活血去瘀（かつけつきょお）（瘀血を去散させ血に活力を与える）が可能となります。

・**気海**：気海は元気の海といわれ、この経穴で益気生血（えききせいち）（気を補い血を活性させる）を図ります。

・**脾兪、足三里**：脾兪は後天の本（出生後自分の力で作り出す基本的な生命力）で生化の源（飲食物が栄養物質に変化生成されること）であるので、この両穴で補脾益気（ほひえきき）（脾を補うことによって生命力の強化を図る治法）を図ります。

　麻疹がだらだらと長く続いて治らない場合は、風門を加えて去風達邪（きょふうたつじゃ）（肺気の透達を図り風邪を退去させる治法）を期待します。動悸や強い痒みのため眠れない場合には神門に刺鍼し養心安神（ようしんあんしん）（精神をコントロールしている心を養うことによって精神の安定を図る）を求めます。膈兪は気胸の恐れがありますので、鍼の深刺しに注意してください。棒灸にて温灸も可能です。

任脈
腹面図
図9

華蓋（かがい）
膻中（だんちゅう）
鳩尾（きゅうび）
巨闕（こけつ）
上脘（じょうかん）
中脘（ちゅうかん）
下脘（げかん）
水分（すいぶん）
神闕（しんけつ）
陰交（いんこう）
石門（せきもん）
気海（きかい）
関元（かんげん）
中極（ちゅうきょく）
会陰（えいん）

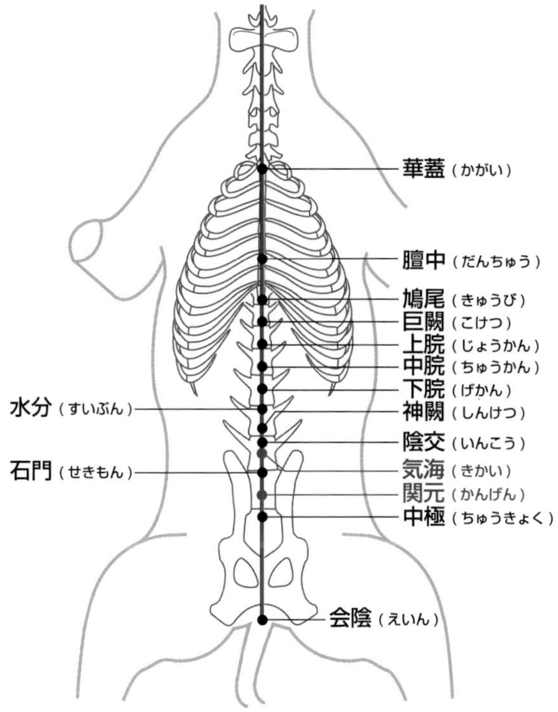

4) 肝腎両虚《かんじんりょうきょ》証（肝と腎の機能が落ちた状態。目の疲れ、腰痛、健忘等が起こる）

症状 黄褐色の斑を左右対称に生じます。あるいは皮毛が抜け、なかなか生えてきません。目眩、頭昏、不眠、腰重膝軟などの症状があります。

斑疣、汗斑など肝腎不足の際に現れるもののほか、アトピー性皮膚炎でこれに該当するものに鍼灸を用います。

治法 補益肝腎《ほえきかんじん》（肝腎を補い益することによってその正常化を図ろうとする。補肝益腎《ほかんえきじん》ともいう）を図ります。

経穴処方 肝兪（図1）、腎兪（図1）、太渓《たいけい》（図10）、三陰交（図4）、腰の百会《ひゃくえ》（図11）、関元（図9）

肝腎両虚、精血不足（生命活動を維持する栄養物質の不足）によって体毛が濡養を失うと、面状に脱毛します。顔面の気血が和まないと黄渇斑が現れます。

- **肝兪、腎兪**：この両穴は肝、腎の経気（後肢厥陰肝経、後肢少陰腎経の経脈の中を運行する気）が注ぐ場所であるために、ここに鍼灸を行うと補肝益腎《ほかんえきじん》（肝を補い腎に活力を与える）の効果があります。肝兪は気胸の恐れがありますので、鍼の深刺しに注意してください。棒灸にて温灸も可能です。
- **太渓**：後肢少陰腎経の兪穴であるため、滋腎填精《じじんしんせい》（腎に栄養を巡らせ腎に貯えられている精を充てんする）の効果があります。
- **三陰交**：後肢厥陰肝経、後肢太陰脾経、後肢少陰腎経の三陰経の会であり、ここに補法を用いると三陰を調補して神機（生命維持機構全体を表したもので、神は生命活動、機は転機、枢機をさす）を旺盛にして、精血を補います。
- **腰の百会**：益気昇陽《えききしょうよう》（気を補い生命エネルギーを発揚させる）を図るために用います。本書では、百会を中国伝統獣医学の小腸経のツボとして頭の百会と腰の百会に分けて紹介しています。
- **関元**：調理衝任《ちょうりしょうにん》（奇経の任脈、衝脈を調える）作用があり、栄養と生殖作用を調節します。

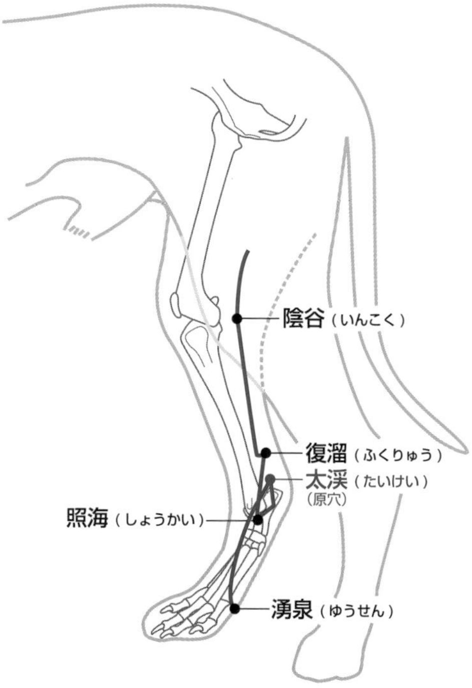

後肢少陰腎経
右後肢の内側図
図10

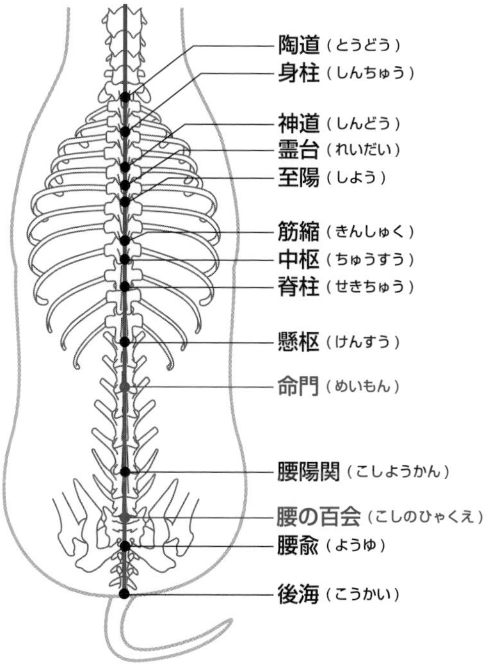

督脈
背面図
図11

5）陽気衰微証《ようきすいび》（生命力の虚衰がもたらす病理）

症状 寒冷性の蕁麻疹にかかりやすかったり、紅斑や水疱が発生し強い掻痒に襲われたり、四肢の末端が厥冷（四肢の末端が冷えて）して蒼白になり、四肢の屈伸に障害が起こる場合もあります。おそらく痛みや痺れがあると思われます。冬には凍傷になりやすく、局部が赤く腫れて、痒くて痛みます。

凍傷、寒冷性紅斑、寒冷性麻疹などのほか、アトピー性皮膚炎でこれに該当するものに用います。

治法 温陽去寒《おんようきょかん》（寒を取りはらい陽気を温める）を図ります。

経穴処方 脾兪（図1）、腎兪（図1）、大椎《だいつい》（図12）、命門《めいもん》（図11）、関元（図9）

脾腎陽虚《ひじんようきょ》（脾と腎の陽気が同時に虚する病態。浮腫、尿量減少、冷え、下痢などが起こる）に、さらに寒邪を外感すると陽気が衰微して四肢の末端が温煦《おんく》（温養の意味で、気の温める作用）されないため、気血の運行が失調し、四肢厥冷して暗紫色を呈します。紅斑や湿疹は寒冷にあうと悪化し掻痒も強まります。

・**脾兪**：補法を行うことによって益気扶土《えききふど》（土は五行では脾胃。脾胃を助けて生命力を増す治法）の効果があります。

・**腎兪**：補法（弱い刺激）を行えば、温腎壮陽《おんじんそうよう》（腎を補いあらゆる機能を壮んにする）の作用があります。脾兪、腎兪は棒灸にて温灸も可能です。

・**大椎**：前肢後肢の三陽（前肢：前肢陽明大腸経、前肢少陽三焦経、前肢太陽小腸経、後肢：後肢太陽膀胱経、後肢陽明胃経、後肢少陽胆経の各経）と督脈の会です。督脈はすべての陽を統括します。したがってこの経穴を用いることによって、経気を宣通し気血を調えることができます。

・**命門**：腎兪とともに用いることにより培補命火《ばいほめいか》（生命の原動力を補い育てる）を図ります。

・**関元**：後肢三陰の経（後肢太陰脾経、後肢少陰腎経、後肢厥陰肝経の三経）と任脈の交わるところで、小腸の募穴（経気の集まるところで腹部または胸部にある。他経上の場合もある。陽病に効く。陰病を補う作用がある）であるために三陰を補って気血を益します。

症状が前肢に発症する場合は、内関と合谷、後肢の場合は三陰交と解渓を取穴することによって疏経通絡（経の流れをよくして絡脈を通じさせること）、調暢気血《ちょうようきけつ》（気血をのびやかに整える）の作用を増強させます。

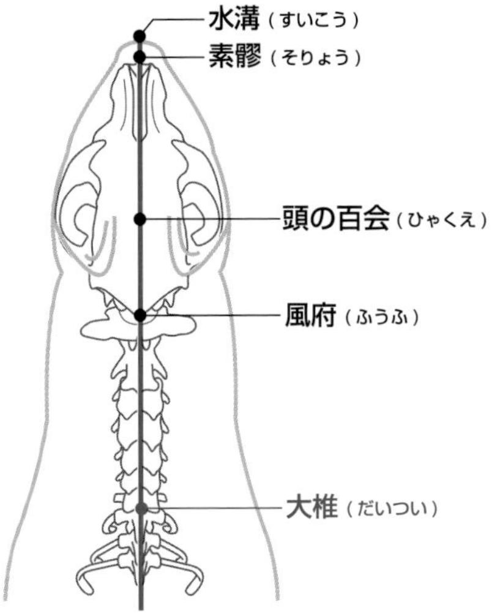

督脈
背面上図
図12

6）肝気鬱結証《かんきうっけつ》（肝が気を行き渡らせることができなくなるために起こる病証）

症状 情志の抑鬱によって症状は軽かったり重くなったりします。皮膚に大きな変化はみられないにもかかわらず、全身に掻痒が生じて煩悶とします。側胸部から胸脇部、腰部など広範囲わたって丘疹が現れ、灼熱感と疼痛が起こります。さらには頸項部、肘膝部にかけて扁平の丘疹が現れ発作性の強い痛みが生じ、長期にわたると皮膚が苔蘚状に肥厚します。

全身の脱毛、胸脇部の疱疹、神経性皮膚炎、皮膚掻痒症など肝気の鬱結によって現れるもののほか、アトピー性皮膚炎でこれに該当するものに鍼灸を用います。

治法 舒肝理気《じょかんりき》（気を調え、肝の欝滞を除く）を図ります。

経穴処方 肝兪（図1）、期門《きもん》（図13）、風池（図2）、行間《こうかん》（図14）、血海（図4）、疾患の局部

情志の抑鬱によって肝気が鬱結し、気滞血瘀《きたいけつお》（気が滞って血瘀が生じる病理）を生じ、皮毛が養われなくなると大きく脱毛します。気機が失調し肌膚の営衛が壅塞する（気の「昇降出入」の運動を指す。臓腑が生理的活動を行うには体内における気の昇・降・出・入が順調に行われることが必要であるが、この働きが失調し皮膚を滋養することができず防衛作用が失墜する）と、皮膚は肥厚し苔蘚状になり、発作性の痛みを生じます。

- **肝兪、期門**：肝兪は兪穴[4]、期門は募穴[5]。両穴で疏《そ》肝《かん》理《り》気《き》（肝気鬱結を疏散し解除する方法）を図ります。肝兪は気胸の恐れがありますので、鍼の深刺しに注意してください。棒灸にて温灸も可能です。
- **風池、行間**：この両穴を瀉す（強い刺激）と風《ふう》火《か》清《せい》泄《せつ》（風と火の邪気を清除する）が期待できます。
- **血海**：瀉法で活《かつ》血《けつ》化《か》瘀《お》（血を活性化させることによって瘀血を除くこと）を図ります。
- **神門**：痒みで眠れない場合は、神門で寧心安神《ていしんあんしん》（心を安らかにし精神安定を図る）を図ります。

皮膚疾患は外邪の侵襲も要因の一つですが、それよりも大きな要因は臓腑・気血の失調です。この失調の結果が体表に現れたものこそ各種の皮膚疾患であるとみなすことができます。

4）兪穴：膀胱経の背部にあり、経穴で気の注ぐところ。
5）募穴：胸腹部にあり、臓腑の気が集まるところ。

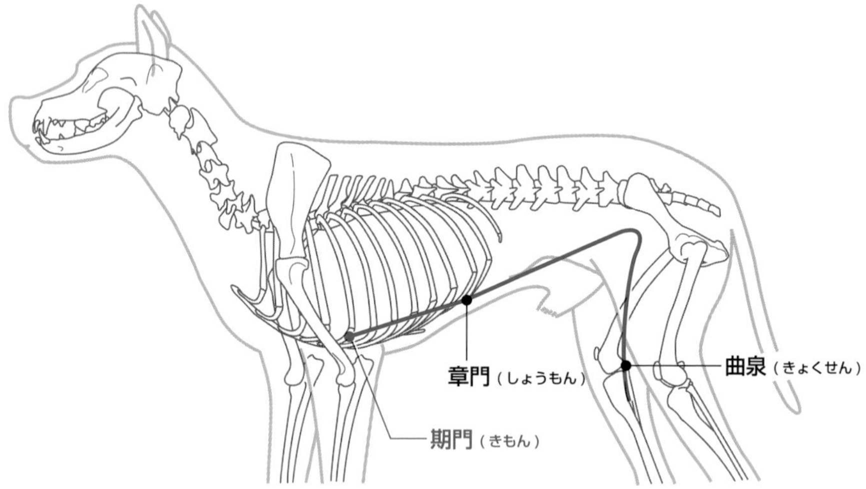

後肢厥陰肝経
左側面図
図13

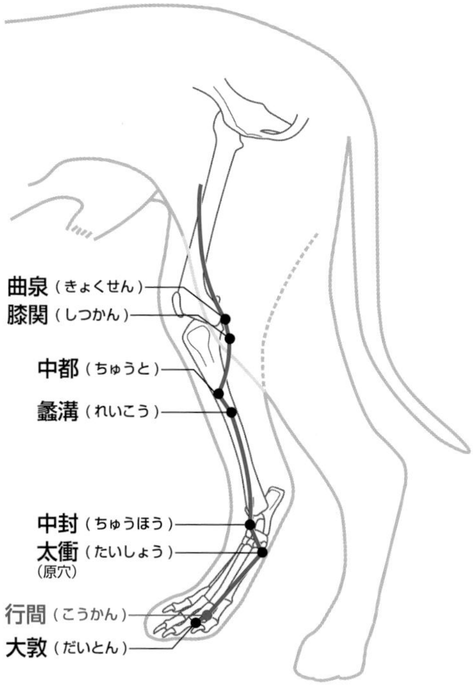

後肢厥陰肝経
右後肢の内側図
図14

臨床3 花粉症

最近、犬や猫の花粉症が認められるようになり、その数も結構多いということがわかってきています。季節によって皮膚を痒がったり、外耳炎がひどくなったり、あるいは鼻水や涙を流していたら、それは花粉症かもしれません。こういった症状は、1年中繰り返す通年性とある季節にだけ症状が現れる季節性に分けられます。花粉の発生する季節だけに発症する場合を花粉症といいます。

ヒトの花粉症の症状がくしゃみや鼻水、咳、皮膚炎、下痢などであるのに対し、犬や猫はくしゃみ、鼻水もありますが、主に皮膚に症状が出現し、皮膚の痒みや発赤、外耳炎などがみられます。皮膚が赤い、皮膚を痒がるあるいは痒がることにより毛が抜けてしまうなど、ほかのアレルギー性皮膚炎・アトピー性皮膚炎と症状は変わりませんが、花粉症の場合は季節性があり、スギ花粉であればヒトと同じように2月頃から始まり5月か6月頃まで続く皮膚炎となります。中には涙や鼻水を流すものもありますが、主症状は皮膚症状です。

本症は犬猫の種差による罹患差はなく、どの種別でも罹患します。飼い主には、犬猫の花粉症は主に皮膚に症状がみられるということを説明しておく必要があります。

中獣医学の考え方

中医学には「正気（防衛力）が体の中にあれば、外部の邪は体内に入れない」という考え方があります。体の防御力が弱まると、気候や季節の変化に応じきれれず病邪が体に侵入しやすくなります。花粉症は体の防御力が弱まって、花粉の発生する季節に応じられず発病するものです。

原因

花粉症の原因として、以下の３点が挙がります。

1. ハウスダスト（家のほこり）に含まれるダニやカビ（通年性）。
2. スギ花粉、カモガヤ花粉、ブタクサ花粉など（季節性）。

3. 食生活の変化、大気汚染、社会生活上のストレスの増加など。

症状と治療法

中獣医学では花粉症の治療は、鼻や目やのどの症状を抑える対症療法（標治法）と体質改善によって防御力を高め、外邪を寄せ付けない体を作る根本療法（本治法）の2つの面から考えます。標治は急性発作の時に用いることが多く、本治は根本治療を目指します。

（1）対症療法（標治法）

1）風寒型

症状 風邪が腠理《そうり》（皮膚表面）に鬱して宣泄透達（肺気が全身に透達すること）ができず営衛不和《えいえいふわ》（血の栄養作用と皮膚の防衛作用が協調しないこと）が起こると麻疹、紅斑、皮膚の掻痒が生じます。特有の鼻水、クシャミ、鼻づまり、皮膚が赤い、皮膚を痒がる、ほてり。

治法 散寒温陽《さんかんおんよう》（温めることによって寒邪の冷えや痺れ、痛みをのぞく）、疏風止痒《そふうしよう》（風邪を疏散し痒みを止める）を図ります。

体の冷えからくる症状としてとらえ、体を温め抵抗力を高める温性の治法を行います。

経穴処方 風門《ふうもん》（図1）、風池《ふうち》（図2）、曲池《きょくち》（図3）、血海《けっかい》（図4）、風《ふう》市《し》（図5）、列欠《れっけつ》（図6）、中府《ちゅうふ》（図6）

- **風門、風池**：風門は後肢太陽膀胱経と督脈の会（合流するところ）で風邪が侵入する門戸といわれます。風池は足少陽胆経と陽維脈《よういみゃく》の会。陽維脈は一身の表を主《つかさど》る働き（皮膚の気を主り、身体の表位を主る）があります。この両穴を用いることによって去風達邪《きょふうたつじゃ》（肺気の透達を図り風邪を退去させる）を図ります。刺鍼の場合、深刺しは気胸の恐れがあるので注意してください。棒灸にて温灸も可能です。
- **曲池、血海、風市**：宣気行血《せんきこうけつ》（肺気を広げ血行を促す）の目的で曲池を、消風止痒《しょうふうしよう》（風邪を消散させ痒みを止める）には風市、血海で活《かつ》血散瘀《けつさんお》（血行を活発にし瘀血を散ずる）を図ります。この三穴を組み合わせて血を巡らし、風を消散することによって痒みの解消を図ります。
- **列欠**：肺の気を温め鼻水、鼻づまりを解きます。
- **中府**：肺気を調理します（肺の機能を調節する）。棒灸にて温灸も可能です。

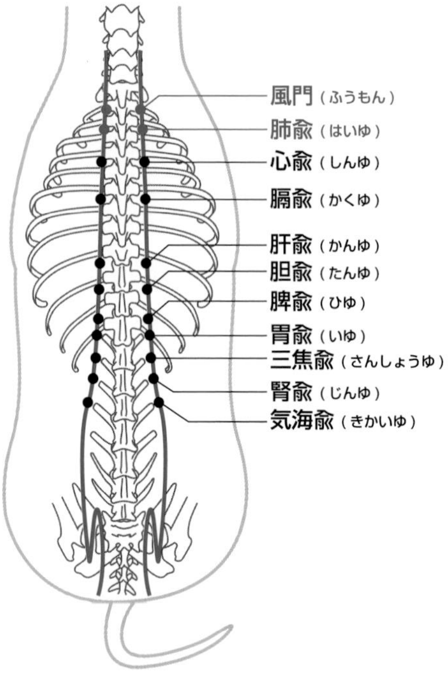

後肢太陽膀胱経
背面図
図1

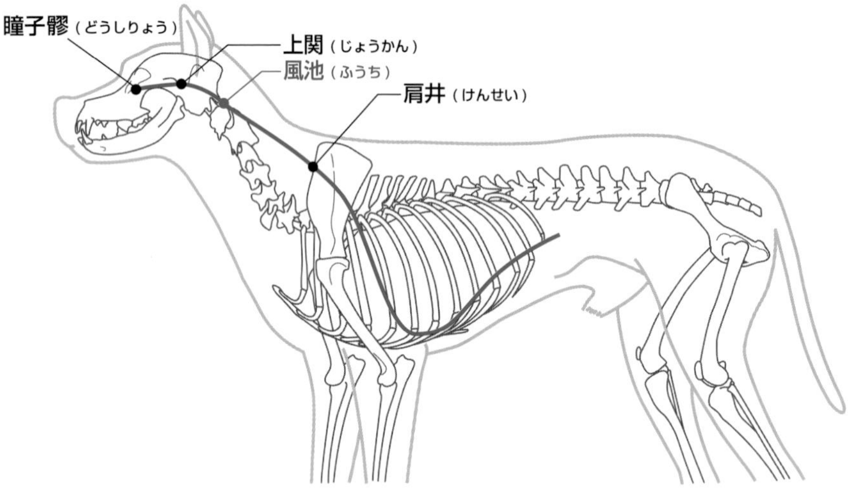

後肢少陽胆経
左側面図
図2

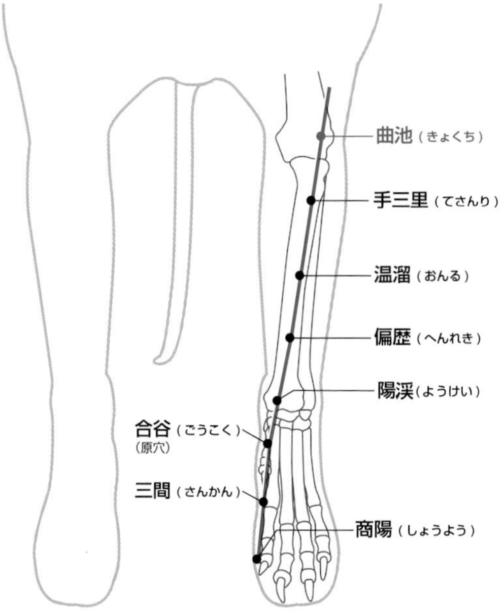

後肢陽明大腸経
左前肢の図
図3

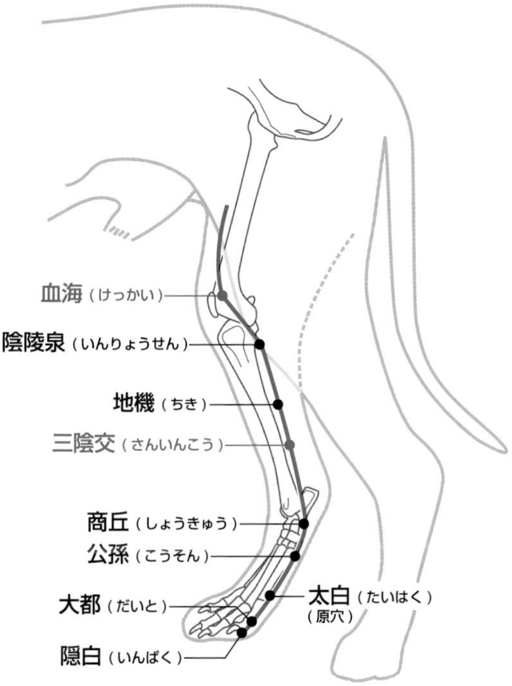

後肢太陰脾経
右後肢の内側図
図4

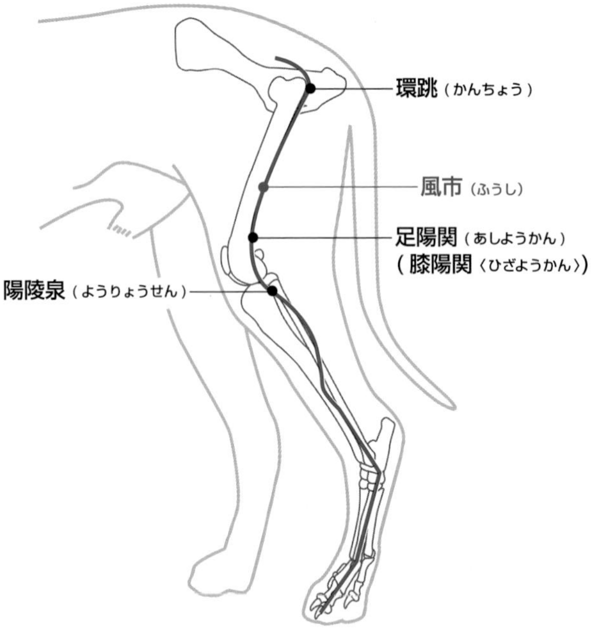

後肢少陽胆経
左後肢の外側図
図5

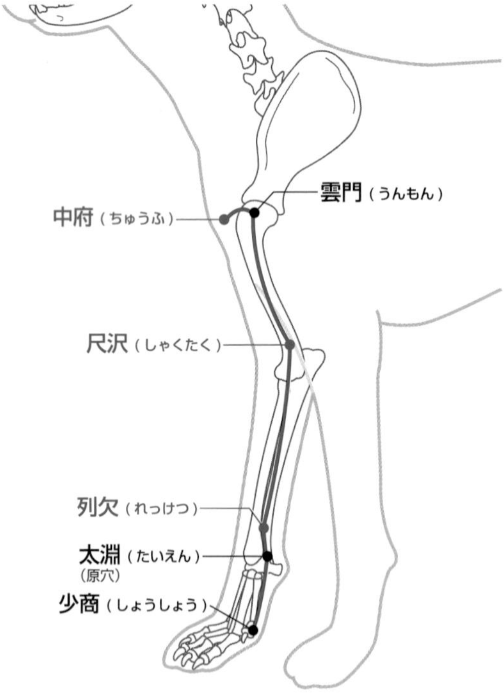

前肢太陰肺経
右前肢の内側図
図6

2）風熱型

症状 鼻粘膜や目の充血、皮膚の痒み。

治法 清熱利湿法《せいねつりしつ》（熱を冷まし皮膚を潤す）を図ります。

中獣医学的にいうと風熱の症状です。熱性の症状を抑える処方が効果を上げます。

経穴処方 素髎《そりょう》（図7）、曲池（図3）、肺兪《はいゆ》（図1）、三陰交《さんいんこう》（図4）

• **素髎**：督脈上にあり、肺の竅《あな》である鼻の開竅《かいきょう》作用（肺は鼻を通じて外部と繋がっているので鼻の穴〈竅〉を開いて清気〈きれいな空気〉を取り入れる）があります。

•**曲池**：大腸経に属し、熱を冷まし皮膚を潤す清熱利湿作用があります。

• **肺兪**：肺熱を消し、営衛不交《えいえいふこう》（血の栄養作用と皮膚の防衛作用が協調しないこと。営衛不和に同じ）を解表します。刺鍼の場合、深刺しは気胸の恐れがあるので注意してください。

•**三陰交**：風熱を瀉し、利湿（湿邪を尿とともに排出する治療法）を図って腠理（皮膚表面）を潤します。

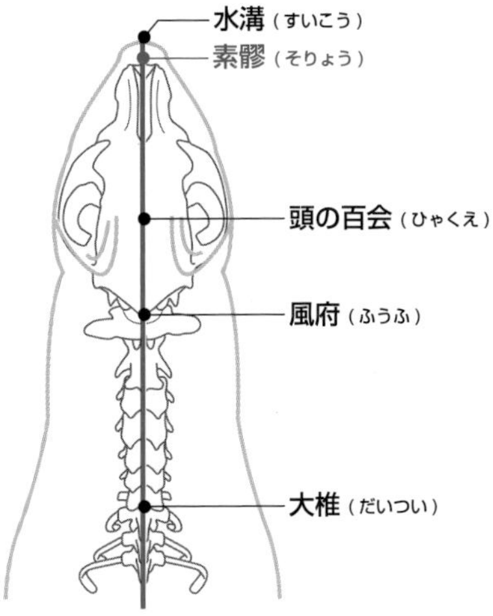

督脈
背面図
図7

(2）根本療法（本治法）

体質改善によって、体の防衛能力を高めます。中獣医学では体の防御力は鼻・肺・皮膚と密接な関係にあります。花粉症は鼻から取り入れた清気が肺気不宣《はいきふせん》（肺機能不全）によって肺気がうまく宣通されないため、腠理（皮膚表面）が滋養されず疎密になり、営衛不和《えいえいふわ》（血の栄養作用と皮膚の防衛作用が協調しない）を生じたため、そこから外邪の侵入を受け発症したものです。花粉症の根本原因は肺気不宣による体表面の防衛力不足によるものと考えられます。

症状 鼻粘膜や目の充血、皮膚の痒み、鼻水、鼻づまり。

治法 肺気調理（肺の機能を調節する）を図ります。

経穴処方 尺沢《しゃくたく》（図6）、血海（図4）、足三《あしさん》里《り》（図8）、迎香《げいこう》（図9）

- **尺沢**：肺気を調理して皮膚を潤沢にします。
- **血海**：血行を促し全身に栄養を行き渡らせ抵抗力を強めます。
- **足三里**：通経活絡《つうけいかつらく》作用（経絡に活力を与え気血の流れをよくする作用）があり、気血の流れをよくし全身の滋養を高めます。
- **迎香**：鼻翼の外端にあり、前肢陽明大腸経に属します。鼻づまりを解消する宣通《せんつう》鼻《び》竅《きょう》作用があります。

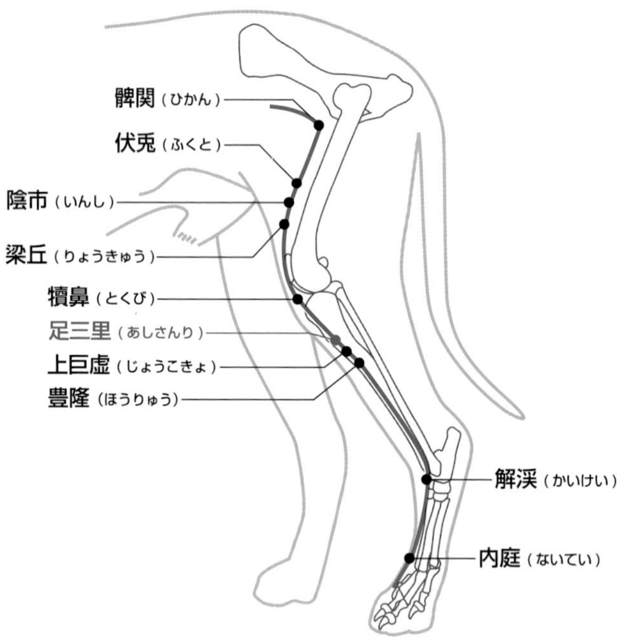

後肢陽明胃経
左後肢の外側図
図8

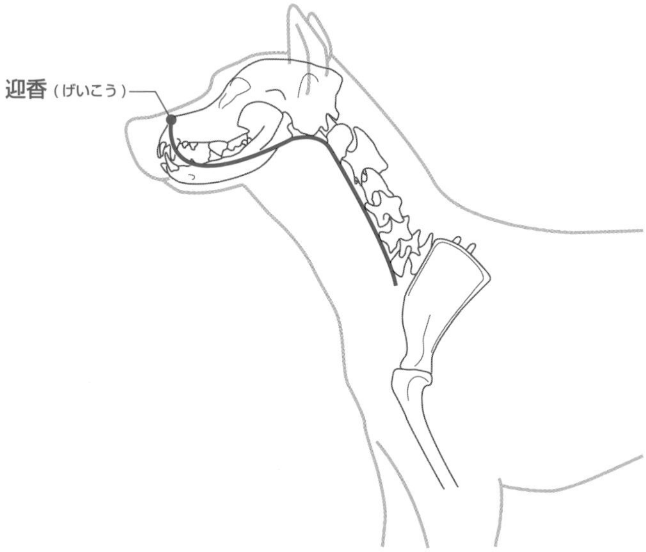

前肢陽明大腸経
左側面図
図9

臨床 4 風邪《かぜ》

風邪とは呼吸器系の炎症を伴う症状のことで、その状態を現す総称です。

主にウイルスの感染による上気道（鼻腔や咽頭等）の炎症性の疾病にかかった状態のことであり、咳嗽、咽頭炎、鼻水、鼻づまりなど局部症状、および発熱、倦怠感など全身症状も出現します。これを専門的には「風邪症候群」と呼んでいます。

鼻水は風邪のかかり初めはサラサラとした水様ですが、しだいに粘着性を増した膿性に変化します。そうなると全身症状が強く現れ、時には重症化します。消化管へのウイルス感染によって嘔吐、下痢などの腹部症状と全身症状を現した状態を「感冒性胃腸炎」「お腹の風邪」と呼ぶこともあります。いわゆるカゼに対する呼び名は一定していないようです。風邪、感冒、かぜ、インフルエンザなどさまざまです。

風邪と書いて「かぜ」と読ませる語源は中国医学からのもので、風の邪気によって侵される病気であることを現しており、感冒といういいかたも邪気を感受して侵されるという受け身の用語で、中国医学の影響を受けた日本漢方の用語です。

中獣医学の考え方

小動物の風邪は外邪（風、暑、寒、湿、燥、火）によって、風の邪気が肺を侵すことによって発症するものです。これを外感病と呼んでいます。臨床所見は、発熱、鼻水、鼻づまり、悪寒などです。年間を通じて発症するポピュラーな病証ですが、気候の起伏が大きい冬、春に多いのが特徴です。四季の気候的な変化や体質の強弱によって臨床上、風寒型、風熱型、暑湿型、気虚型などのタイプに分類されます。

原因

寒冷、雨、過労、虚弱などが全身や呼吸器の防御機能を低下させると、すでに呼吸気道、あるいは外界から侵入した外感発熱（風の邪気が肺を侵すことによって発熱）の病邪がこの病気を招くのです。

症状と治療法

（1）風寒型

症状 鼻づまり、声低く重苦しい、くしゃみ、鼻水、咽頭部の痒み、稀薄な痰、悪寒発熱、無汗（動物では呼吸の速迫で判断する）

治法 去風散寒《きょふうさんかん》（風寒の邪気を散らす）、宣肺解表《せんはいかいひょう》（体表の邪気を解き肺の機能を高める）を図ります。

経穴処方 列欠《れっけつ》（図1）、風門《ふうもん》（図2）、風池《ふうち》（図3）、合谷《ごうこく》（図4）、肺《はい》兪《ゆ》（図2）

- **列欠**：前肢太陰肺経の絡穴（絡とは連絡の意、本経から分かれて表裏にある他経と交わるところにある穴）で宣肺解表作用が期待できます。
- **風門**：字のごとく風の集まる門戸。去風清熱《きょふうせいねつ》（風邪を退去させ熱を冷ます）作用があります。棒灸などで温灸を行います。
- **風池**：後肢少陽胆経に属し、解表（体表の邪気を解く）作用があります。
- **合谷**：前肢陽明大腸経の原穴で疏《そ》風解表《ふうかいひょう》（風邪を疏散し、体表の邪気を解く）作用があり、咽喉の腫痛を除きます。瀉法（強い刺激）を行います。
- **肺兪**：前肢太陽膀胱経にあり、宣肺平喘《せんはいへいぜん》（肺気の機能を高め呼吸困難を改善する）作用が期待できます。

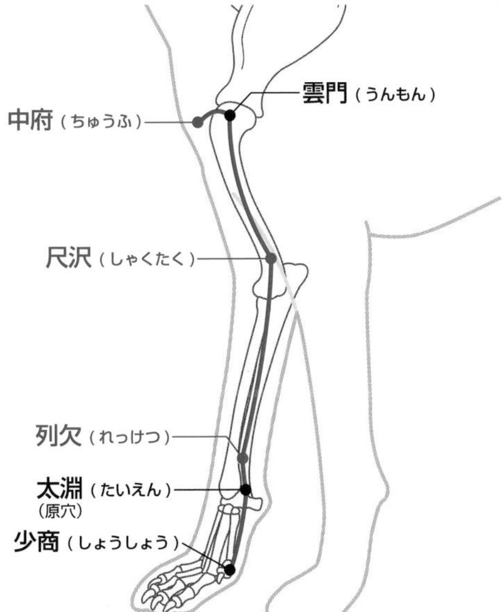

前肢太陰肺経
右前肢の内側図
図1

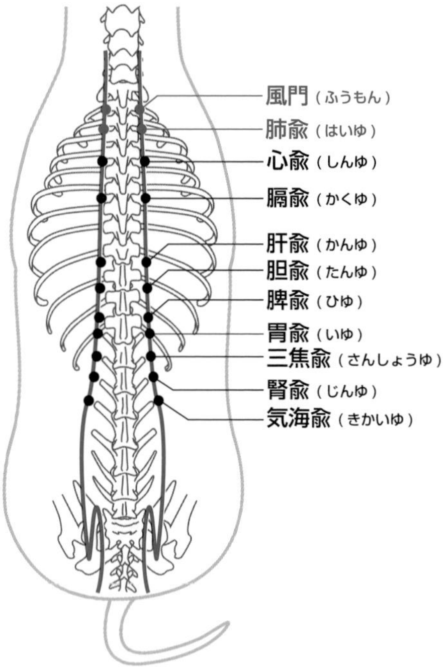

後肢太陽膀胱経
背面図
図2

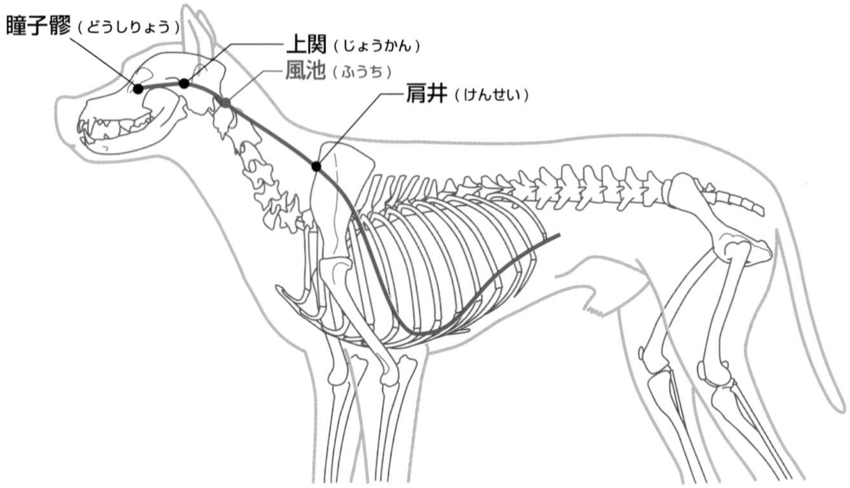

後肢少陽胆経
左側面図
図3

図中ラベル：
- 曲池（きょくち）
- 手三里（てさんり）
- 温溜（おんる）
- 偏歴（へんれき）
- 陽渓（ようけい）
- 合谷（ごうこく）（原穴）
- 三間（さんかん）
- 商陽（しょうよう）

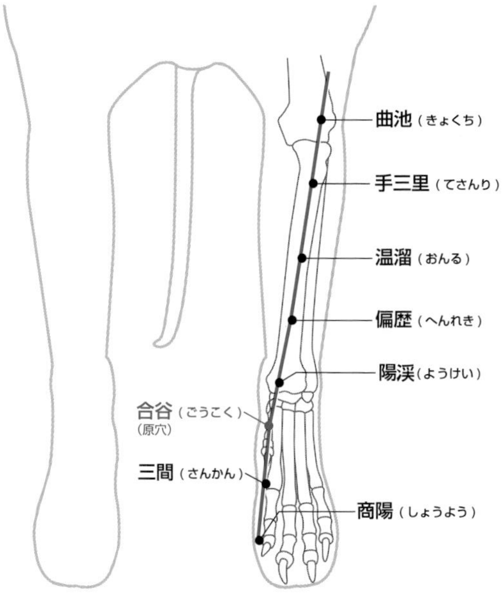

**前肢陽明大腸経
左前肢の図
図4**

（2）風熱型

症状　発熱は風寒型より重く、口乾、咽喉腫痛、咳嗽、痰が粘稠で黄色い。

　風熱の邪が体表に侵襲して熱が肌膚（皮膚）に鬱して（とどまって）、栄養や抗病作用が働かなくなると発熱や軽微の風寒に至ります。風熱邪が上昇すると頭痛、咽頭痛、口乾などを発症し、風熱が肺を侵し、肺の清粛（吸い込んだ空気を下へ送る働き）が失われると咳嗽、痰稠あるいは鼻づまり、鼻水などがみられます。津液が熱によって傷つけられると口渇を生じます。

治法　疏風宣肺（そふうせんはい）（風邪を疏散し肺気の機能を高める）を図ります。

経穴処方　合谷（図4）、大椎（だいつい）（図5）、尺沢（しゃくたく）（図1）、中府（ちゅうふ）（図1）

- **合谷**：疏風解表の作用に期待します。
- **大椎**：督脈に属し、疏風散寒（風邪を疏散し寒邪を散ずる）の働きがあります。棒灸などで温灸を行います。
- **尺沢**：前肢太陰肺経に属し、清泄肺熱（せいせつはいねつ）（肺熱の邪気を取り除く）の効果があり、咳を和らげます。
- **中府**：前肢太陰肺経にあり清宣肺気の作用をもち、咳を和らげます。

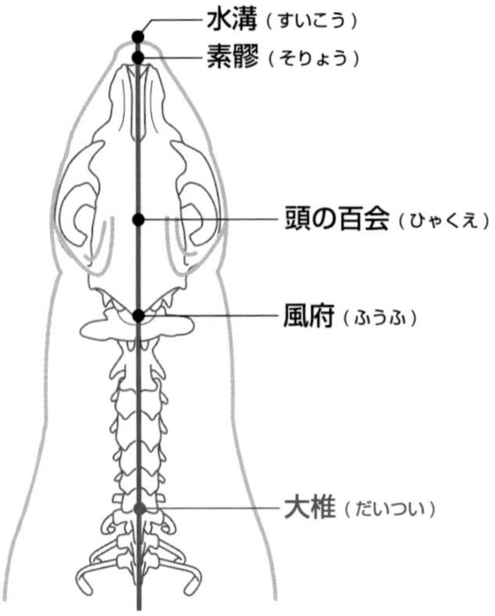

督脈
背面図
図5

(3) 暑湿型

症状 身熱《しんねつ》不《ふ》揚《よう》（熱の透達が妨げられる）、胸悶。肢体関節のだるさ、粘稠で多い痰、小便は赤く短い、口渇。

夏季に多く発生する感冒で、暑邪を感受したために発症します。暑邪は湿邪を伴うことが多く、暑湿邪が合わさって発症するものは症状が重くなります。暑湿邪が表に侵襲し、体表面の抗病力が働かないと、身熱不揚となり肢体と関節にだるさを発生させます。湿熱が腹部に滞ると気機（気の昇降出入という運動）が働かず、胸悶《きょうもん》脘《かん》痞《ぴ》（胸が痞《つか》えて苦しい）になります。暑熱が肺を侵襲すると肺気が汚れ、粘稠で多量の痰が発生します。暑熱が体内をかき乱し、津液を侵すと口渇や小便が赤く短くなります。

治法 清熱《せいねつ》利《り》湿《しつ》（体内の余分な水分を排出させて熱を冷ます）を図ります。

経穴処方 合谷（図4）、肺兪（図2）、中脘《ちゅうかん》（図6）、足三《あしさん》里《り》（図7）、支溝《しこう》（図8）

- **合谷**：前肢陽明大腸経の原穴で、清熱解表（熱を冷まし体表の邪気を解く）作用があります。
- **肺兪・風門**：二穴で宣利肺気（肺機能を高める）、疏風解表作用を図ります。

二穴とも気胸の恐れがあるので、鍼の深刺しに注意してください。棒灸にて温灸も可能です。

- **中脘・足三里**：中脘は胃の募穴（気の集る経穴）です。足三里は後肢陽明胃経の合穴で、この二穴を合わせて用いることで健《けん》脾《ひ》益《えき》胃《い》（脾胃に活力を与える）、利《り》中《ちゅう》化《か》湿《しつ》（湿邪を除去し津液の流れを図る）作用が期待できます。なお、中脘は棒灸にて温灸も可能です。

• **支溝**：三焦の気化を通りやすくし、湿邪を除去します。

　足三里には補法（弱い刺激）を用い20 分間の置鍼（鍼を刺したまま留め置く方法）を、その他の経穴には瀉法（強い刺激）を用い同じく20分間の置鍼を行います。

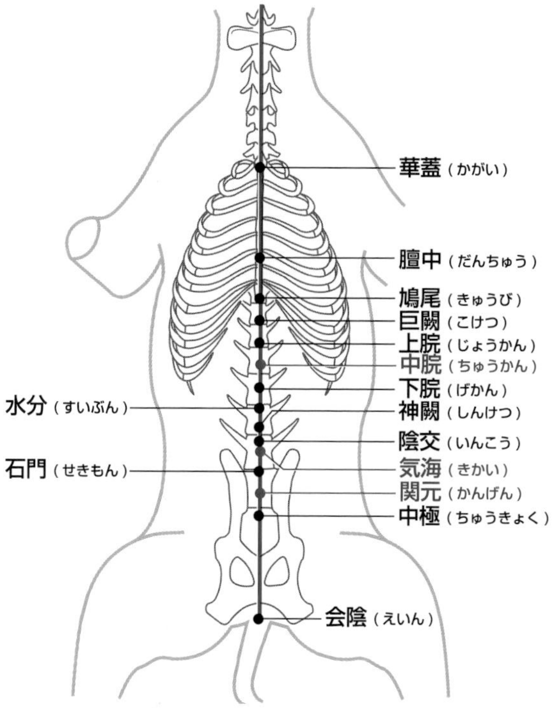

任脈
腹面図
図6

髀関（ひかん）
伏兎（ふくと）
陰市（いんし）
梁丘（りょうきゅう）
犢鼻（とくび）
足三里（あしさんり）
上巨虚（じょうこきょ）
豊隆（ほうりゅう）
解渓（かいけい）
内庭（ないてい）

**後肢陽明胃経
左後肢の外側図
図7**

天井（てんせい）
四瀆（しとく）
三陽絡（さんようらく）
支溝（しこう）
外関（がいかん）
陽池（ようち）
液門（えきもん）
関衝（かんしょう）

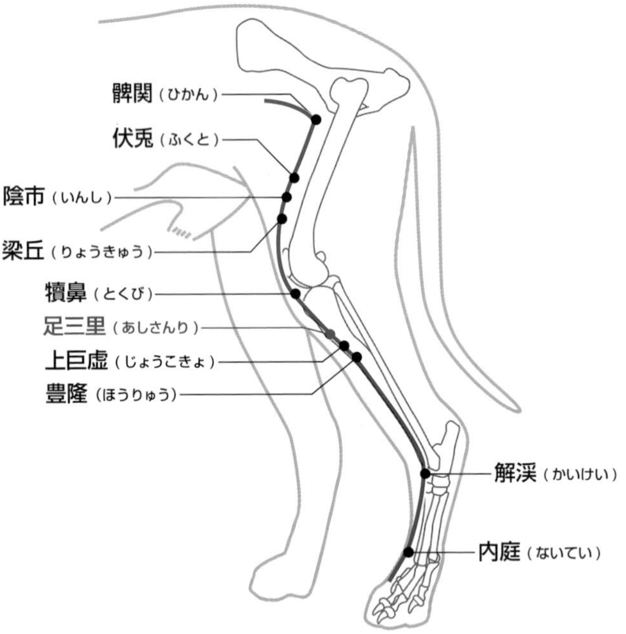

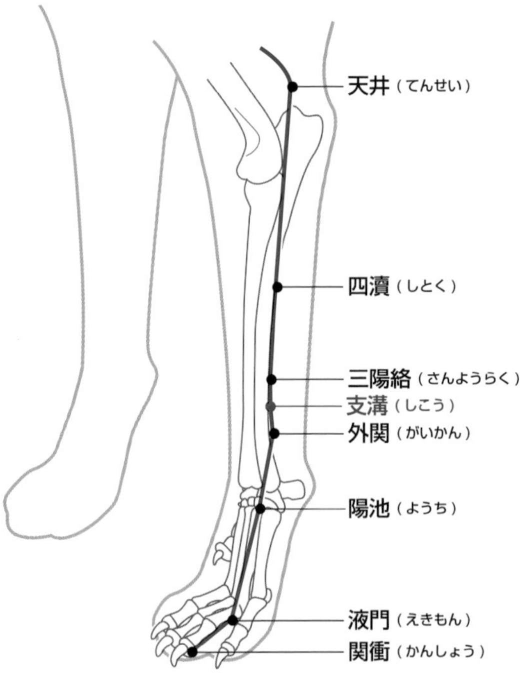

**前肢少陽三焦経
左前腕の外側図
図8**

(4) 気虚型

症状 悪寒、発熱、息切れ、倦怠、鼻づまり、咳嗽、白い痰、食欲不振。

ふだんから気虚(気が不足)体質で、衛外不固(体表の防衛作用が固まっておらず)、外邪の感作を受けやすいため悪寒、発熱、頭痛などを引き起こします。外邪の侵襲により肺気が不宣《ふせん》(肺を広げる作用が働かず)し、鼻づまりや咳嗽、白い痰が出やすくなります。ふだんからの気虚により外感病を受けやすく、倦怠、無力、息切れ、食欲不振などを呈します。

治法 益気解表《えききかいひょう》(体表の邪気を解き元気を益す)を図ります。

経穴処方 風池(図3)、風門(図2)、足三里(図7)、気海《きかい》(図6)、関元《かんげん》(図6)、肺兪(図2)

・**風池、風門、肺兪**:この三穴で散風宣肺《さんふうせんはい》(風邪を散らし肺気をよく通す)、疏散表邪《そさんひょうじゃ》(体表面の邪気を散ずる)を図ります。風門、肺兪は気胸の恐れがありますので、鍼は深刺しに注意してください。棒灸にて温灸も可能です。

・**足三里、気海、関元**:この三穴で益気扶正《えききふせい》(正気を助け元気を益《ま》す)を期待します。

風池、風門、肺兪は瀉法(強い刺激)を用い、10～20分間置鍼します。気海、関元は灸法や灸頭鍼(鍼の頭にもぐさを付けて燃す)を用います。日頃より足三里に施灸していると風邪予防の作用があるといわれています。

臨床5 便秘

便秘は便の回数が減ったり、または排便するのが困難な状況をいいます。猫は犬に比べて骨盤が狭いため、便秘を起こしやすい動物です。高齢の猫は運動力の低下に伴って、腸の蠕動運動力も低下するため便秘がちになります。他の病気が便秘を引き起こすものとして猫の場合は、慢性腎不全や巨大結腸、子宮癌、腸閉塞、脂肪肝などがあります。日頃、元気な犬や猫が排便時に苦しそうに力んでいたら、重症の便秘なだけでなく、なんらかの病気が考えられます。犬でも猫でも便があまりに硬く出ない場合は浣腸を施しますが、無理に使うと腸に損傷を起こすこともありますので要注意です。きわめて初期の便秘では、繊維質の多い食事を取って、腸を刺激することにより改善することもあります。乾燥した食事が多ければ、水分を十分取らせるようにします。便秘が起こると脱水症状を起こす恐れがあります。そのような場合は点滴や皮下注射によって失われた水分を補給します。また、便をやわらかくする薬などを投与します。猫はまれにですが毛づくろいの際、毛玉が詰まり便秘を起こすこともあります。

普段から便の状態をよく把握していることが病気の早期発見にもつながる大切なことです。

中獣医学の考え方

便秘には、大腸の伝導機能の失調によって排便間隔が長い、排便困難あるいは便が乾燥して硬い、排便してもすっきりしないなどの症状があります。それらを“大便難”、“後不利《こうふり》”、“陰結”、“陽結”などといいます。便秘は臨床でよくみられる症状であり、さまざまな急・慢性疾患にみられますが、ここでは便秘を主症状とするものをとりあげます。

原因

便秘を引き起こす基本的な発病機序は“大腸伝導機能（小腸で吸収された後に送られてきた飲食物のカスを糞便にして肛門から体外に排出する）の失調”です。臨床的には単独で発症する便秘と他の疾病に随伴して起こるものがあります。便秘はいろいろな急性、慢性疾患にみられ、また単純な習慣性便秘等もあります。その原因として次のことが考えられます。

（1）大腸熱盛《だいちょうねつせい》、津液消耗《しんえきしょうもう》

ふだんから陽盛体質、あるいは各種熱性病、あるいは味の濃いものの偏食によって、大腸に熱が溜って津液を消耗し、そのため大腸が潤いを失い伝導機能が失調するために便秘になるもので、これを“熱秘”といいます。

（2）大腸《だいちょう》気滞《きたい》、伝導失調《でんどうしっちょう》

情志不和（精神的ストレス）による気結、あるいは運動不足から気の昇降出入運動の不活発が、大腸気滞（大腸の気が阻滞）を招いて伝導機能が失調すると便秘になります。気滞によって起こるので“気秘”といいます。

（3）陰血《いんけつ》不足《ぶそく》、大腸失養《だいちょうしつよう》

多尿などによる体液の消耗、あるいは各種出血や老化による陰精不足などによって陰血不足を招いて腸が滋養を失うことが原因で、大腸の伝導機能が失調すると便秘になります。陰血の虚により起こるので、“虚秘”ともいいます。

（4）脾《ひ》腎陽虚《じんようきょ》、腸失温養《ちょうしつおんよう》

ふだんからの陽虚体質、あるいは老化や慢性疾患による腎陽虚弱、生冷食物などの偏食によって、脾腎陽気の不足を来たします。気虚になると腸の動きは弱くなり、陽虚になると腸は温養されず、そのため伝導機能が失調して便秘になります。陽気不足により起こるので“冷秘”ともいいます。

症状・治療法

通常、便秘は実証と虚証の2つに分けて考え、実証は熱秘、気秘、虚証は虚秘、冷秘、陽虚に分類します。

（1）実証

1）熱秘

症状 排便周期が長いかまたは正常。乾硬便、排便困難、発熱・口乾、腹脹痛、排尿量が少なく濃い。便が硬く、排便困難なのは腸内積熱により津液を損傷するからで、発熱・口乾があるのは熱盛のため津液が消耗されるからです。また排尿量が少なく濃いのは熱邪が膀胱に移るからです。本タイプと弁証できるのは、乾硬便、排便困難、発熱・口乾の症状がある場合です。

治法 清熱養陰《せいねつよういん》（胃腸の実熱を瀉し、損なわれた津液の回復を図る）、潤腸通便《じゅんちょうつうべん》（伝導を調節し排便を促す）を図ります。

経穴処方 足三里《あしさんり》（図1）、天枢《てんすう》（図2）、照海《しょうかい》（図3）、支溝《しこう》（図4）

• **足三里**：後肢陽明胃経の合穴（五行穴の一つ。合は合流を指す。脈気が深いところで合流する部位をいう。すべて膝関節、肘関節部にある）で健脾和胃（脾胃の働きをよくする）作用があります。

•**天枢**：後肢陽明胃経に属し、大腸の募穴。調理腸胃《ちょうりちょうい》（胃腸を養生する）の作用があります。

• **照海**：後肢少陰腎経に属し、通過清熱《つうかせいねつ》（熱を冷まし阻滞しているものを通す）作用があります。

• **支溝**：前肢少陽三焦経に属し、調理臓腑（病気回復後の臓腑の養生を図る）作用、便秘の主治をもちます。

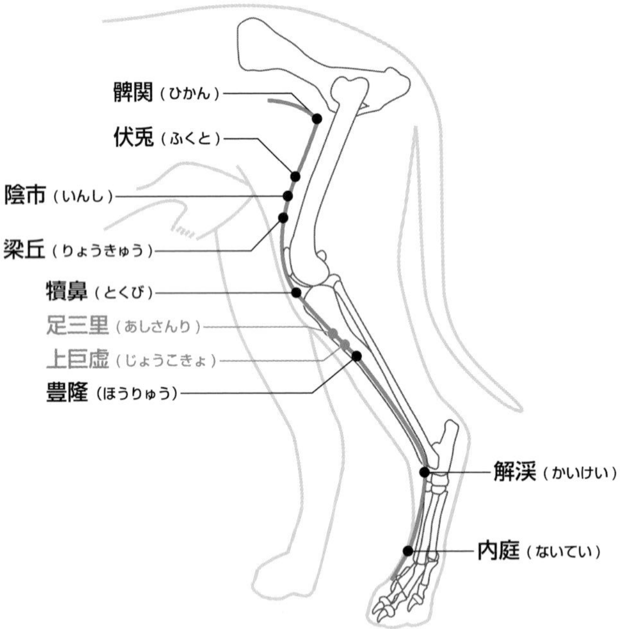

後肢陽明胃経
左後肢の外側図
図1

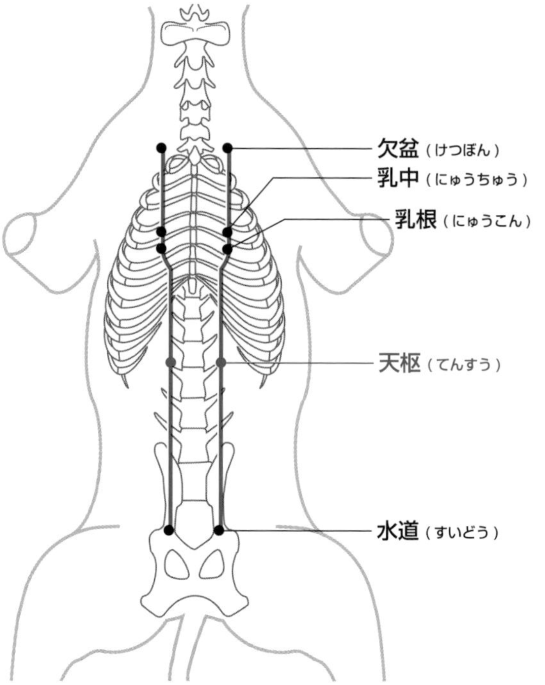

後肢陽明胃経
腹面図
図2

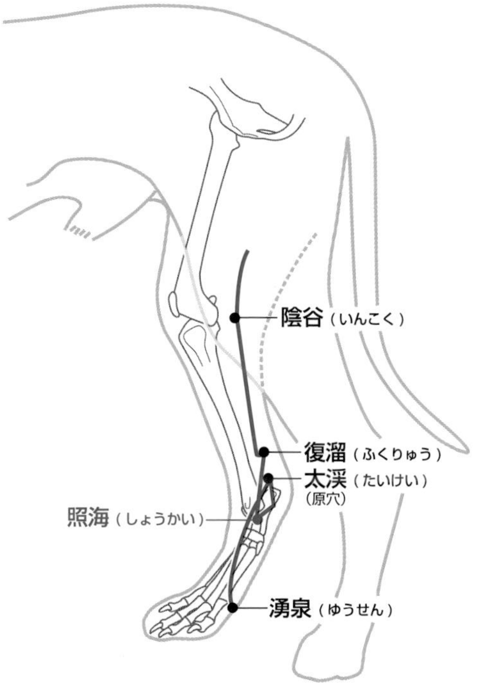

後肢少陰腎経
右後肢の内側図
図3

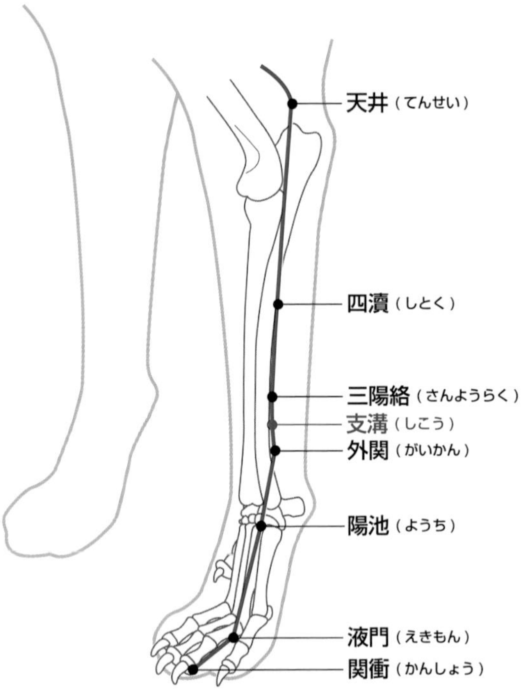

前肢少陽三焦経
左前肢の外側図
図4

2）気秘

症状 大便乾燥、あるいは排便がすっきりしない。ガスや気が多い。腹部脹痛、胸脇部の脹満感、食欲不振、ストレス、運動不足などにより症状は増悪します。大便乾燥、あるいは排便がすっきりしないのは、気やガスが多いためです。胸脇脹満感、腹部脹痛があるのは大腸に気滞を生じ、腑気（六腑の働き。この場合は大腸の機能）がスムーズに通じないためです。また食欲不振は肝鬱《かんうつ》気滞《きたい》（精神的ストレス）が脾に影響するために起こります。このタイプと弁証[1]できるのは、大便乾燥あるいは不爽、気やガスが多い、胸脇脹満感などの症状がある場合です。

治法 疏《そ》肝解鬱《かんかいうつ》（肝の疎泄を促して気をスムーズ巡らせる）、理《り》気《き》通便《つうべん》（和降[2]や伝化[3]機能を調節し、排便を促す）を図ります。

経穴処方 上《じょう》巨《こ》虚《きょ》（図1）、太白《たいはく》（図5）、大腸《だいちょう》兪《ゆ》（図6）、中脘《ちゅうかん》（図7）

- **上巨虚**：後肢陽明胃経に属し、通《つう》腑《ふ》化《か》滞《たい》（停滞しているものを通じさせる）作用があります。
- **太白**：後肢太陰脾経の原穴で、健《けん》脾《ひ》和《わ》中《ちゅう》（脾胃の機能を高める）作用と便秘の主治をもちます。
- **大腸兪**：後肢太陽膀胱経に属し、調臓腑（五臓六腑の機能を調整）

1）弁証：中医学、中獣医学では西洋医学のように診断、治療という用語はない。中医学でいう弁証は四診という技法を用いて患者の情報を収集し、それに基づいて中医学独特の証を構成する。これが弁証である。その弁証に対してどのような治法があるかを選択し実行する。その治法の結果が正しかったかどうかを検証するのが論治である。
2）和降：胃の機能を回復させる。
3）伝化：胃が消化したものを大腸が伝導する。

作用があります。

• **中脘**：腹部正中線上にあり任脈に属します。調《ちょう》理《り》中焦《ちゅうしょう》（脾胃の働きを調整）作用があります。棒灸による温灸が可能です。

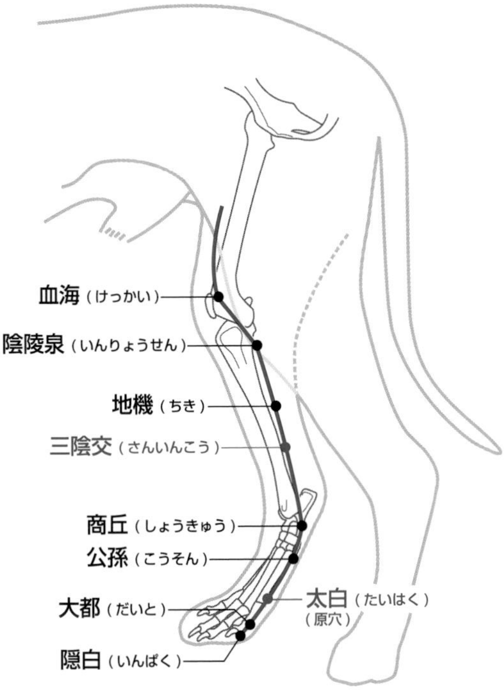

後肢太陰脾経
右後肢の内側図
図5

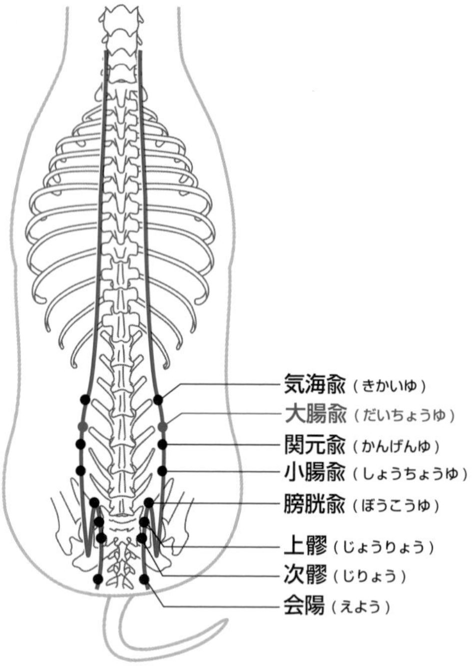

後肢太陽膀胱経
背面図
図6

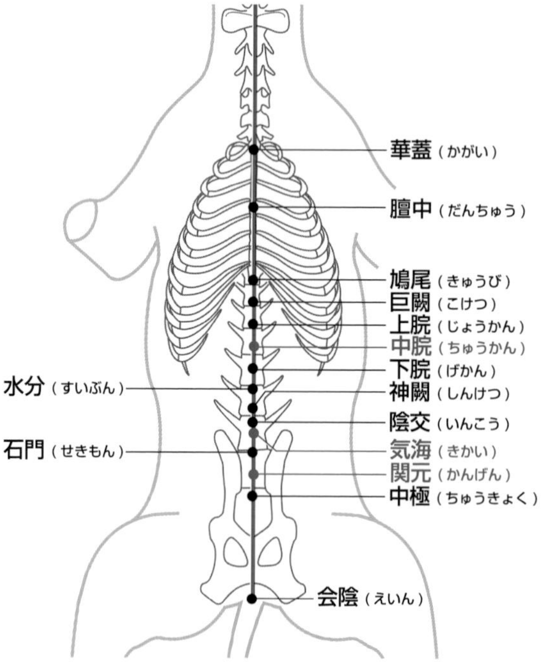

任脈
腹面図
図7

(2) 虚証
1) 虚秘
分娩後などの慢性出血性疾患に多くあります。

症状 大便乾燥、顔面・唇・血色不良、口渇眩暈（口が渇きめまいがする）、動悸、不眠、皮膚乾燥感。大便乾燥は血虚（血の不足）によって、腸を濡養（潤いと栄養）できないためで、不眠・多夢、動悸も血虚のため、脳・心が十分に養われないことが原因です。顔面・唇の血色不良も血虚のため、肌膚が十分に養われないからです。皮膚乾燥、口渇は津液（体内の水分）不足のためです。

このタイプと弁証できるのは大便乾燥、血色不良などの症状がある場合です。

治法 滋陰養血（じいんようけつ）（陰血を養う治法）、潤燥通便（じゅんそうつうべん）（腸を潤すことにより通便を促す）を図ります。

経穴処方 三陰交（さんいんこう）（図5）、脾兪（ひゆ）（図8）、膈兪（かくゆ）（図8）、気海（きかい）（図7）

- **三陰交**：脾経に属し、補脾胃（脾胃を補う）作用があります。
- **脾兪、膈兪**：ともに後肢太陽膀胱経に属し、健脾化湿（けんひかしつ）（熱邪を湿に変えて脾を強化する）作用をもちます。
- **気海**：任脈に属し、昇陽補気（しょうようほき）（陽気を補い発揚を図る）作用があります。

風門（ふうもん）
肺兪（はいゆ）
心兪（しんゆ）
膈兪（かくゆ）
肝兪（かんゆ）
胆兪（たんゆ）
脾兪（ひゆ）
胃兪（いゆ）
三焦兪（さんしょうゆ）
腎兪（じんゆ）
気海兪（きかいゆ）

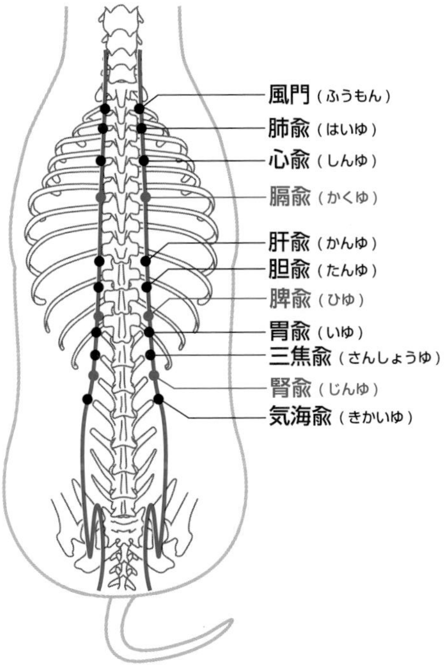

後肢太陽膀胱経
背面図
図8

2）冷秘

症状 便質乾燥、あるいは乾燥がなくても排出困難、排便・汗出、排便後脱力感、日常的に倦怠、ストレス、息切れ、脱肛。

便質乾燥あるいは乾燥がなくても排出困難は冷秘のため、大腸伝導が無力になるからです。排便・汗出、排便後脱力感は排便行為が気を消耗し、気虚（元気の虚弱）の程度が重くなるからです。ストレス、息切れ、倦怠は気虚のため、精神と肉体を鼓舞することができないからです。脱肛は気虚からさらに気陥《きかん》（気機が下陥した病態。正常なものが下垂した状態）になるからです。このタイプと弁証（診断）できるのは便質乾燥、あるいは乾燥がなくても排出困難、ストレス、息切れ、倦怠などの症状がある場合です。

治法 益気通便《えききつうべん》（気を補い便通を促す）を図ります。

経穴処方 天枢《てんすう》（図2）、上巨虚《じょうこきょ》（図1）、足三里《あしさんり》（図1）、大腸兪《だいちょうゆ》（図6）、関元《かんげん》（図7）

- **天枢**：後肢陽明胃経に属し、大腸の募穴で、調理腸胃（胃腸を養生する）の作用があります。棒灸による温灸が可能です。
- **上巨虚**：後肢陽明胃経に属し、通腑化滞胃（胃腸の滞留を解き便通を促す）作用があります。
- **足三里**：後肢陽明胃経の合穴で健脾和胃（脾胃を補う）作用があります。知熱灸が可能です。
- **大腸兪**：後肢太陽膀胱経に属し、調臓腑作用があります。
- **関元**：下腹部任脈上に属し、培補元気（元気を補う）作用をもちます。棒灸による温灸が可能です。

3）陽虚

加齢に伴う便秘です。

症状 便質乾燥、あるいは乾燥がなくても排出困難、排尿清長（清んだ尿が長い時間かかって出る）。寒がり、四肢の冷え、背中や腰の冷え。

寒冷気候により症状は増悪します。便質乾燥あるいは乾燥がなくても排出困難なのは陽虚のため腸が冷えて養いを失うからです。排尿清長は腎陽不足《じんようふそく》（体の熱エネルギーの源泉となるものの不足）で膀胱の気化機能が無力化するからです。冷えは陽虚（陽気の不足、機能の衰退した症状）のため、体を温める機能が低下するからです。

このタイプと弁証できるのは、便質が乾燥、あるいは乾燥がなくても排出困難、排尿清長、寒がる、などの症状がある場合です。

治法 温陽通便《おんようつうべん》（陽気を養い、腸の動きを活発にする）を図ります。

経穴処方 腎兪《じんゆ》（図8）、関元《かんげん》（図7）、照海《しょうかい》（図3）、支溝《しこう》（図4）、大腸兪（図6）

- **腎兪・関元**：この二穴で培補元気《ばいほげんき》（元気を補充）、益腎気（腎気を補充）を図ります。
- **照海**：後肢少陰腎経に属し、通過清熱《つうかせいねつ》（熱を散じて通便を図る）作用があります。
- **支溝**：前肢少陽三焦経にあって調理臓腑《ちょうりぞうふ》（病気回復後の臓腑の養生を図る）作用があり、便秘の主治をもちます。
- **大腸兪**：後肢太陽膀胱経に属し、調臓腑作用があります。

臨床6 下痢

下痢は一般に、腸管が炎症を起こし水分が十分に吸収されずに便に含まれる水分の量が増加した状態をいいます。消化機能が未発達な仔犬・仔猫や消化機能が低下している老犬・老猫が下痢をすることが多く、体質的に消化酵素の分泌量が少ない場合も下痢を起こしやすいといえます。そのほか、寄生虫・ウイルスによる病気、犬パルボウイルス感染症・猫汎白血球減少症・回虫症等の寄生虫症等の可能性もあります。

通常、大腸に炎症を起こすと軟便症状になることが多く、１回の便の量は減少します。また体重が少しずつ減少します。小腸が炎症を起こした場合は１回の便の量は大幅に増え、水様便を呈します。

小腸性の急性下痢は、食事の変化のほか環境の変化によるストレスによって起こることが多く嘔吐を伴うことがありますが、おおむね一過性で済むことが多いようです。繰り返し嘔吐をして衰弱しているような症状があれば、ウイルス感染、細菌感染を疑う必要があります。

慢性的な下痢症状を呈するものは、アレルギー性の場合や機能性の場合があります。アレルギー性疾患の場合は、その確定診断によってアレルギー対応食を与えることが求められます。機能性疾患の場合は、消化酵素の分泌がなされていない場合や、生まれつき消化吸収酵素の分泌が少ないケースが考えられます。

そのほか、胆汁の分泌障害による肝・胆道系疾患、甲状腺機能亢進症等も疑われます。この場合は消化吸収酵素を与えてみて、改善しない場合はこれらに対する処置が必要となります。

水様便が認められる場合は、好酸球性腸炎、リンパプラズマ細胞性腸炎、肉芽腫性腸炎、リンパ腫、小腸癌、出血性急性腸炎等が疑われます。便全体に血液が混じっている場合はウイルス感染等による出血性急性腸炎の可能性が高く、犬・猫は激しい腹痛症状を起こします。人畜共通に感染するウイルスもあり、こまめな手洗い・うがいに加え、アルコール等で手を洗浄する等の対処が必要です。

中獣医学の考え方

中獣医学では、“泄瀉”または“腹瀉”と表現しており、激しい下痢、水様便のことを指します。

（1）泄瀉

“泄”とは大便が希薄で出たり止まったりするものをいい、“瀉”とは大便が一直線にくだり、あたかも水が注ぐようなものをいいます。実際には泄と瀉がいっしょに来ることから“泄瀉”といいます。多くは、風寒湿熱の邪気が胃腸を侵すか、飲食の不摂生、脾胃の内傷、腎陽（腎に貯えられている生命力）が衰えたことにより引き起こされるものです。

（2）腹瀉

“腹瀉”は泥状あるいは水様の便で、排便回数の増加、糞便が清稀、あるいは水様便に至る病症を指します。本病には急性と慢性があり、湿を主とし、臓腑では主として脾胃と大腸に病邪を受けると発症します。治療は脾胃気機（胃腸の機能活動）の調理（回復後の養生）を主とします。西洋医学では急・慢性腸炎、消化不良、過敏性結腸炎等が本症に該当します。

原因

①**外邪による泄瀉**：外邪としては寒、湿、暑、熱があります。特に多いのは湿邪によるものです。湿邪が侵襲すると脾に影響が及びやすく、脾陽（脾の運化機能の過程で生ずる体を温める働き）および運化の過程で生ずる温煦《おんく》作用（温める作用）を果たす陽気が抑止されて運化機能が失調します。そのため水と食したものが混じって下がり泄瀉となります。湿に寒が絡んだものは寒湿泄瀉となり、湿に熱暑が絡んだものは湿熱泄瀉となります。

②**飲食不摂生による泄瀉**：過度の飲食、脂っこいもの、生もの、冷たいものを食べ過ぎたり、不衛生なものを食べることによって脾胃を損傷し、そのため伝導（大腸の働きで飲食物の残渣〈カス〉を糞便にして肛門から体外に排出する）機能や脾胃の昇降（脾気は上昇して栄養物質を肺に上輸し、胃気は栄養物質を下降させ、全身の栄養代謝を図る）機能が失調することによって起こります。

③**胃虚弱による泄瀉**：飲食不摂生、労倦《ろうけん》（疲労）、または長患いのために脾胃の機能が衰え、飲食物の受納と精微の運化（栄養物質の運

搬）が失調すると水穀が停滞して精濁（栄養になるものが清、不用になって排泄されるべきものが濁）の分別がうまくいかなくなり、それが混じってくだると泄瀉となります。

④**陽虚による泄瀉**：長患いまたは老化によって腎気、腎陽が虚して、脾陽をうまく温煦できなくなると、運化機能が失調して泄瀉となります。

症状と治療法

通常、泄瀉は実証と虚証の２つに分けて考えます。実証は風寒および湿熱の邪を感受して発症した外感型、食滞型、および肝気犯脾《かんきはんぴ》（食物が脾胃に停滞して消化されず、全身へ気を巡らせる肝の作用に障害がでる）型に分類され、虚証は脾胃虚弱型と腎陽虚衰型（体の熱エネルギーの衰え）に分類されます。実証は急性の新病が多く、虚証は慢性の経緯をたどります。

（1）実証

1）外感型

①**寒性型**：風寒、寒湿を感受して引き起こされた寒性下痢は、大便が水のように薄く、未消化物がくだります。腸鳴腹痛《ちょうめいふくつう》、発熱悪寒などの表証を兼ねます。

治法 清熱解毒《せいねつげどく》（体表の風寒邪を解き熱を冷ます）を図ります。

経穴処方 合谷《ごうこく》（図1）、天枢《てんすう》（図2）、上巨虚《じょうこきょ》（図3）、中脘《ちゅうかん》（図4）、気海《きかい》（図4）

・**合谷**：前肢陽明大腸経の原穴で疏風解表（体表に滞留する風寒の邪気を分散）作用があります。

・**天枢、上巨虚**：どちらも後肢陽明胃経に属し、天枢は便秘、下痢の調整穴。上巨虚は脾胃を調整する理脾和胃《りひわい》作用があります。

・**中脘**：任脈に属し、上腹部正中線上で胃の気が集まるところ。和胃《わい》降逆《こうぎゃく》（胃を補強し下痢をくい止める）作用をもちます。棒灸による温灸も可能です。脘とは胃のこと。すべての胃疾患に必ず取ります。和《わ》胃便通《いべんつう》（胃腸を和ませ便通を調える）作用もあります。

・**気海**：下腹部正中線上にあり、調補下焦気機《ちょうほげしょうきき》（下腹部を温め気の働きを調整）作用をもちます。

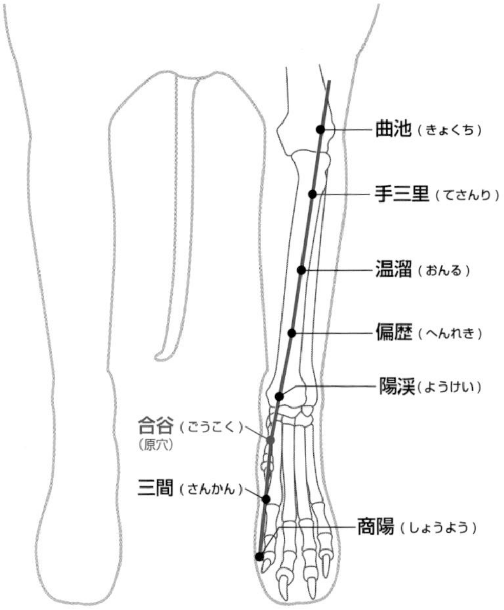

前肢陽明大腸経
左前肢の図
図1

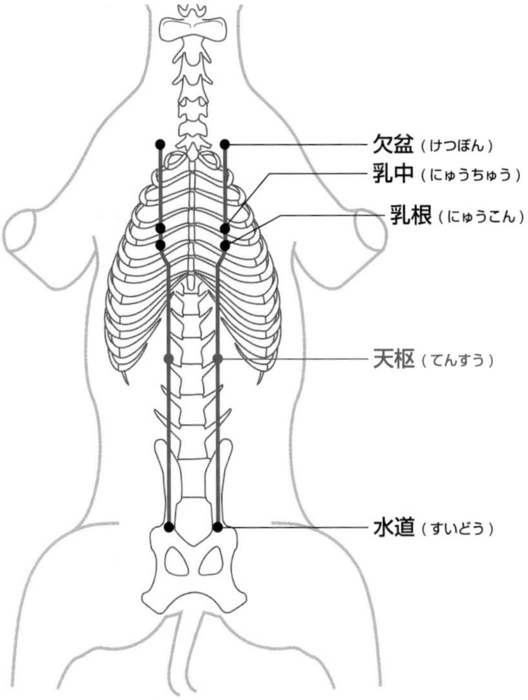

後肢陽明胃経
腹面図
図2

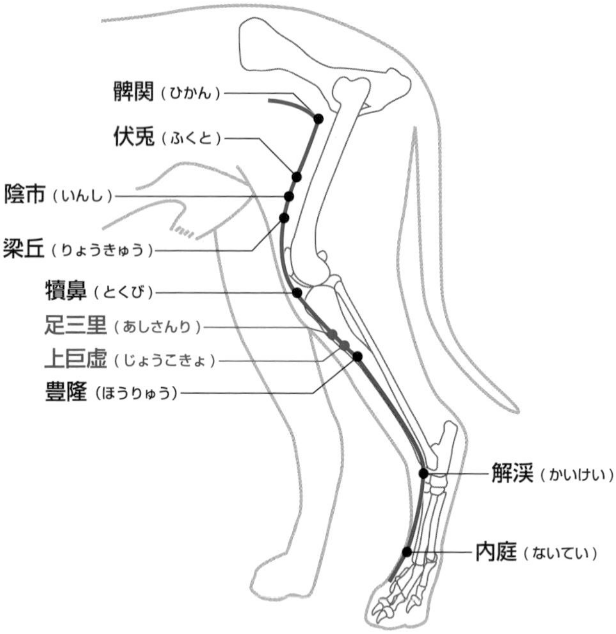

後肢陽明胃経
左後肢の外側図
図3

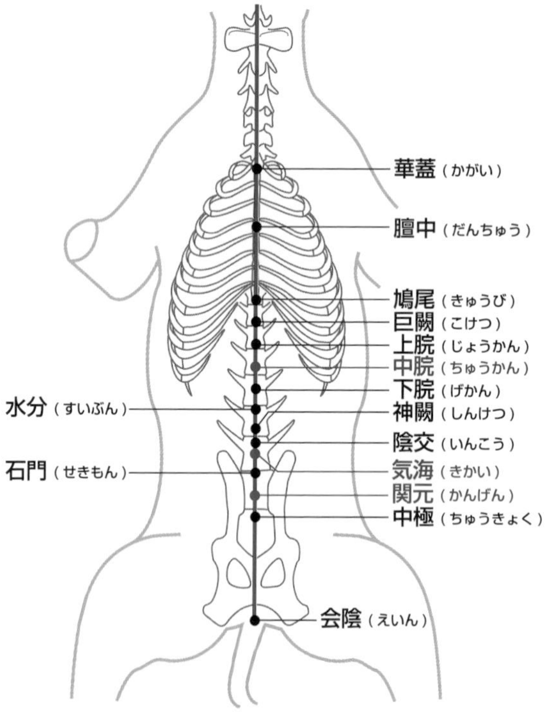

任脈
腹面図
図4

②**熱性型**：湿熱、暑湿を感受して発症した熱性下痢は、下痢《げり》急迫《きゅうはく》、大便が黄褐色で臭い。肛門の灼熱感、煩熱口渇、小便黄赤色で量が少ない。

治法 風寒清熱（風寒の邪気を去り、熱を冷ます）、脾胃化湿（風寒を湿に変える）を図ります。

経穴処方 中脘《ちゅうかん》（図4）、天枢《てんすう》（図2）、足三里《あしさんり》（図3）、陰陵泉《いんりょうせん》（図5）

・**中脘**：任脈に属し、和胃降逆作用をもちます。棒灸による温灸も可能です。脘とは胃のこと。すべての胃疾患に必ず取ります。和胃便通作用もあります。

・**天枢**：後肢陽明胃経に属し、調理腸胃《ちょうりちょうい》（胃腸の調整）作用があり、下痢と便秘を調整します。棒灸による温灸も可能です。

・**足三里**：後肢陽明胃経の後肢外側にあり、「四総穴歌[1)]」に「肚腹は三里に留む」とあり、「吐く」、「くだす」を治す名穴。

・**陰陵泉**：後肢太陰脾経に属し、下痢の主治を有します。

足三里、陰陵泉の二穴を取ることによって健脾和胃（脾胃の機能を健全にする）し、下痢を止めます。

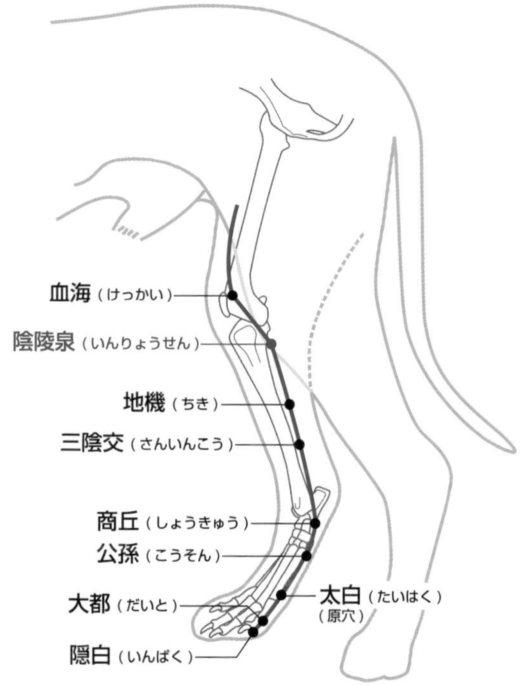

後肢太陰脾経
右後肢の内側図
図5

1）四総穴歌：出典は「鍼灸聚英」で明代の朱権の作といわれる。手足の四つのツボで、全身の治療ができるというもの。「肚腹は三里に留め、腰背は委中に求む。頭項は列欠にたずね、面口は合谷に収む」。腹の病は足三里、腰や背中の病は委中に、頭や首の病は列欠に、顔や口の病は合谷に。それぞれツボを求めればよいというもの。

2) 食滞型

腹痛、腸鳴、腐った卵のような便を瀉下します。下痢をすると痛みが軽減、脘腹肥満《かんふくひまん》（腹部がふくれる）、噫気《おくび》（あくび、げっぷ）、呑酸《いんさん》（胃酸過多）、食思不振などの症状がでます。

治法 化食導滞《かしょくどうたい》（胃腸の消化を促し、停滞しているものの通過を促す）、疏通腸胃《そつうちょうい》（脾胃の機能促進）を図ります。

経穴処方 中脘《ちゅうかん》（図4）、天枢《てんすう》（図2）、足三里《あしさんり》（図3）、陰陵泉《いんりょうせん》（図5）、上巨虚《じょうこきょ》（図3）、大腸兪《だいちょうゆ》（図6）

- **中脘**：任脈に属し、上腹部正中線上で胃の気が集まるところ。和胃降逆作用をもちます。棒灸による温灸も可能です。脘とは胃のこと。すべての胃疾患に必ず取ります。和胃便通（胃腸を和ませ便通を調える）作用もあります。
- **天枢**：後肢陽明胃経に属し、腹部中央にあって下痢止めの主治をもちます。棒灸による温灸も可能です。
- **足三里**：後肢陽明胃経の後肢外側にあり、「四総穴歌」に「肚腹は三里に留む」とあり「吐く」、「くだす」を治す名穴。
- **陰陵泉**：後肢太陰脾経に属し、下痢の主治を有します。
- **上巨虚、大腸兪**：二穴で胃腸を調え、二便（大小便）を調節します。

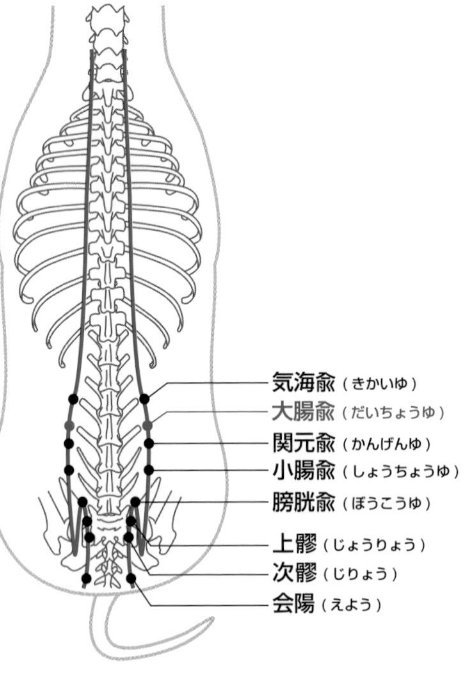

後肢太陽膀胱経
背面図
図6

3）肝気犯脾型

　肝気が脾に乗じて（肝気と脾気のバランスが崩れたため）引き起こされた下痢で、情緒抑鬱、精神的ストレスに合わせて発症したり、加重することが特徴で、下痢の回数は少ない。腹脇脹滞、溜息をつき噫気します。飲食は減少します。

治法 疏肝理脾（そかんりひ）（肝の鬱結を解き脾の機能を調整）を図ります。

経穴処方 中脘（ちゅうかん）（図4）、足三里（あしさんり）（図3）、太衝（たいしょう）（図7）、期門（きもん）（図8）、陰陵泉（いんりょうせん）（図5）、脾兪（ひゆ）（図9）

- **中脘**：任脈に属し、上腹部正中線上で胃の気が集まるところ。和胃降逆作用をもちます。棒灸による温灸も可能です。脘とは胃のこと。すべての胃疾患に必ずとります。和胃便通作用もあります。
- **足三里**：後肢陽明胃経の後肢外側にあり、「四総穴歌」に「肚腹は三里に留む」とあり、吐く、くだすを治す名穴。
- **太衝、期門**：二穴で平肝、疏肝調脾（そかんちょうひ）（肝の鬱結を解き脾の機能を調整）を狙います。
- **陰陵泉**：後肢太陰脾経に属し、下痢の主治を有します。
- **脾兪**：後肢太陽膀胱経に属し、健脾化湿作用があります。

曲泉（きょくせん）
膝関（しつかん）
中都（ちゅうと）
蠡溝（れいこう）
中封（ちゅうほう）
太衝（たいしょう）（原穴）
行間（こうかん）
大敦（だいとん）

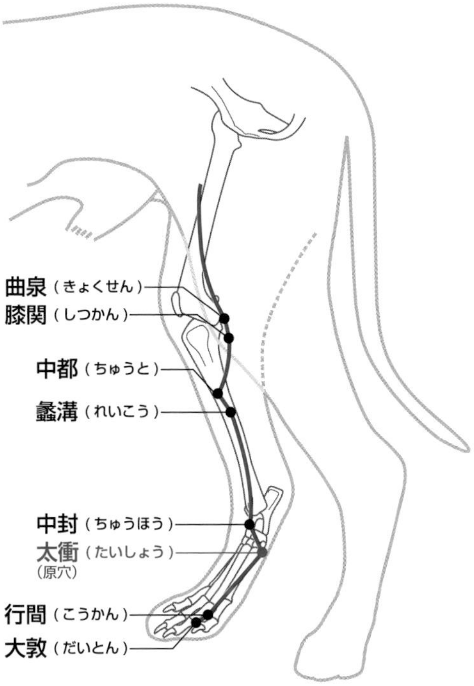

**後肢厥陰肝経
右後肢の内側図
図7**

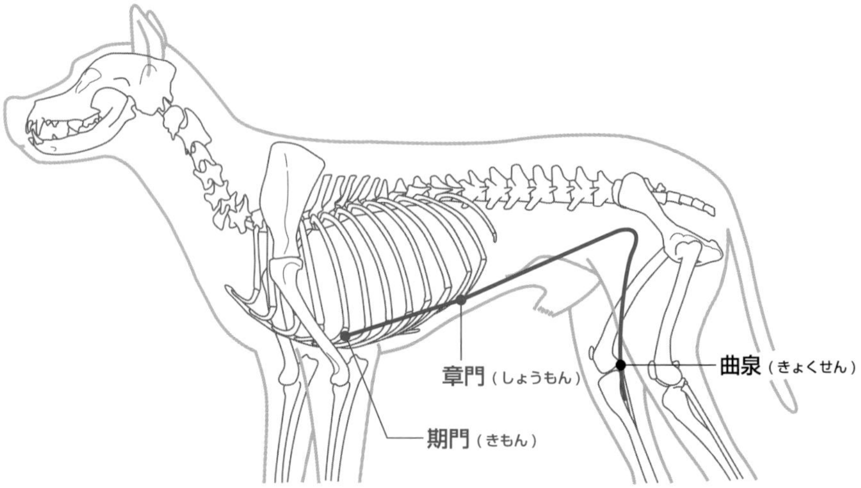

後肢厥陰肝経
左側面図
図8

（2）虚証

1）脾胃虚弱型

軟便や下痢を繰り返し、胃腸の消化能力が弱く、飲食は減少し、少し油断するとすぐに下痢を再発、腹部脹満ですっきりしません。顔は萎え黄ばみます。体がだるく力がでません。

治法 健脾化湿（胃腸を健全にし、湿邪が痰を生産するのを防ぐ）を図ります。

経穴処方 中脘《ちゅうかん》（図4）、天枢《てんすう》（図2）、足三里《あしさんり》（図3）、脾兪《ひゆ》（図9）、章門《しょうもん》（図8）、上巨虚《じょうこきょ》（図3）

・**中脘、天枢、足三里**：三穴で中焦調和（腹部臓腑の調和）を図ります。

・**脾兪**：後肢太陽膀胱経に属し、健脾化湿作用があります。

・**章門**：後肢厥陰肝経に属し、疏肝健脾（肝の鬱結を解き脾を健全にする）作用があります。

・**上巨虚**：腸胃作用に期待します。

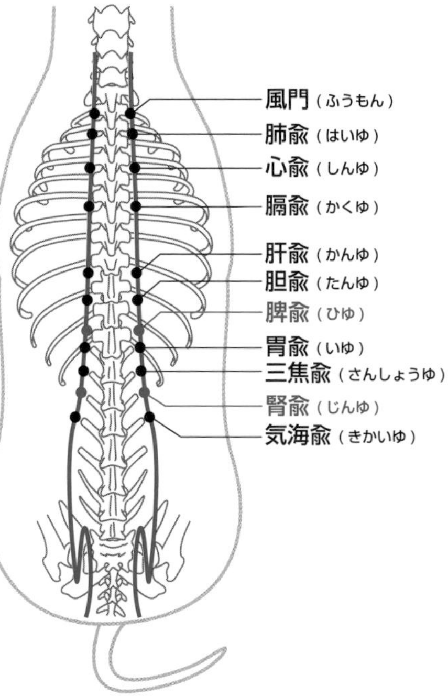

後肢太陽膀胱経
背面図
図9

(2) 腎陽虚衰型（腎に貯えられている生命力の虚衰）

加齢が原因で五更泄瀉《ごこうせつしゃ》（明け方に腹痛腸鳴し下痢）を催し、瀉下後（くだした後）は楽になります。体が冷え四肢が冷たく、腰がだるく膝に力が入りません。

治法 温腎助陽化湿《おんじんじょうようかしつ》（腎虚証の治法。腎を温め湿を散じて陽気を促す）を図ります。

経穴処方 中脘《ちゅうかん》（図4）、天枢《てんすう》（図2）、足三里《あしさんり》（図3）、脾兪《ひゆ》（図9）、命門《めいもん》（図10）、腎兪《じんゆ》（図9）、関元《かんげん》（図4）、後海《こうかい》（図10）

- **中枢、天枢、足三里、脾兪**：四穴とも胃腸を調える名穴です。中枢、天枢、関元は棒灸にて温灸も可能です。
- **命門、腎兪、関元**：陽気培腎《ようきばいじん》（腎気を培い陽気を促す）作用があります。
- **後海**：督脈に属し、人間の長強の経穴に該当します。調理下焦《ちょうりげしょう》（下腹部にある臓腑の働きを調整）作用があります。

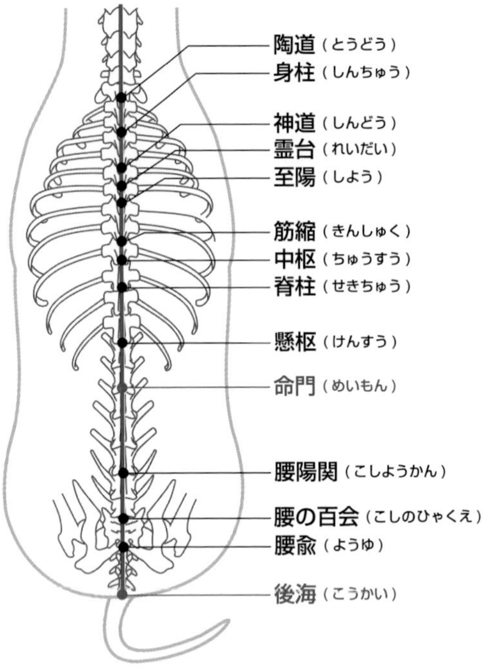
陶道（とうどう）
身柱（しんちゅう）
神道（しんどう）
霊台（れいだい）
至陽（しよう）
筋縮（きんしゅく）
中枢（ちゅうすう）
脊柱（せきちゅう）
懸枢（けんすう）
命門（めいもん）
腰陽関（こしようかん）
腰の百会（こしのひゃくえ）
腰兪（ようゆ）
後海（こうかい）

督脈
背面図
図10

臨床7 歯周病

歯周病は人間にもペットにも多い疾患です。犬の場合、3歳以上になると罹患率は80%に達するといわれています。

歯周病は、歯ぐきに炎症が起こる歯肉炎や歯肉炎が悪化し、歯を支える膜や骨が破壊される歯周炎をまとめて歯周病といいます。歯周病になると、主に口臭がみられるようになります。

歯周病の主な原因は、歯垢がたまり歯周病関連の細菌が繁殖することです。歯根膜炎症を起こし、単に歯肉だけでなくセメント質や歯槽骨まで破壊してしまいます。

また近年、この疾患は口だけの病気ではなく、全身の状態、免疫力の低下などにも関係が深く、口腔疾患の代表的なものと認識されるようになりました。

歯周病予防の第一は、歯石、歯垢が歯に着かないよう飼い主による愛犬への歯磨き励行を含めたデンタルホームケアと全身への栄養補給にあるといえます。

中獣医学の考え方

基本的な考え方は、「局所の疾患は五臓の病変の表れ」と捉えます。たとえば口腔領域の分野も、顎関節症、口臭、歯周病などいろいろあります。人間の歯周病の場合、歯科医は口腔内という局所の問題として治療を行いますが、なかなか治療成績に結びつかないこともあるようです。

いっぽう、中医学では「局所だけアプローチしても病気は治せない」と考えます。歯周病も単に口腔内の歯茎や歯の疾患ではなく、口腔を主《つかさど》る脾、歯を主る腎の病変が歯茎や歯に投影されたものと考えるのです。当然中獣医学の立場もまったく同じです。「局所の疾患は邪気を感受して五臓のバランスが崩れ、それが五臓と関連する局所に病変として表れている」と考えるのです。このような中獣医学の考え方は、「体内の異常を放っておいて、局所だけアプローチして治せるのか」という問題を提起しています。

原因

歯周病の発生は口腔衛生管理の不足がありますが、原因としてこの他に次の点が挙がります。

①日常の飲食に問題がある胃腸積熱型
②加齢による腎陰不足がもたらす腎虚型
③歯肉の栄養障害を起こす気血不足型

症状と治療法

歯周病治療や口腔衛生管理指導など局部の治療に加えて、全身を治療していくことは、再発予防に努める上できわめて有効です。

歯周病は原因や症状などにより、胃腸積熱型、腎虚型、気血不足型の3つのタイプに分けられます。

(1) 胃腸積熱型

上下の歯や歯肉を巡行している経絡は大腸と胃の経絡です。飲食の不摂生、特に偏食過多は、胃熱を生じさせ化火（熱がより盛んな火に変化する病証）し、上昇して歯肉の発赤や腫脹、歯痛、歯茎からの出血などの症状として現れ、歯周炎の急性発作を引き起こす炎症傾向が強いタイプです。

症状 歯肉の発赤や腫脹、歯痛、歯出血、それに伴う口臭、口渇、冷たい物を好む、便秘などの症状を呈します。

治法 腸《ちょう》胃《い》清熱《せいねつ》（胃腸の熱を冷ます）を図ります。

経穴処方 齦交《ぎんこう》（図1）、合谷《ごうこく》（図2）、承漿《しょうしょう》（図1）、頬車《きょうしゃ》（図3）、女《じょ》膝《しつ》（図4）

• **齦交**：督脈に属し、上唇内の上唇小帯と歯痕の接合部にあり、上唇を上にめくりあげながら刺鍼します。清熱（熱を冷ます働き）作用があります。

• **合谷**：前肢陽明大腸経の原穴で、鎮痛作用と通経活絡（経絡に活力を与え気血の通りをよくする）作用があります。

• **承漿**：オトガイ唇溝正中の陥凹部にあって任脈に属し、歯痕、歯茎の消腫鎮痛作用があります。

• **頬車**：後肢陽明胃経に属し、上下顎角の接合部に刺鍼します。疏風清熱（風邪を疏散して熱を冷ます）を図ります。

• **女膝**：後肢のかかとにあり、押して硬いところ。奇穴で歯周病の名穴になっています。棒灸に点火したものを女膝に近づけ、5～8秒そのままにし、熱がって体動したら離します。これを3～5回繰り返します。

督脈（齦交）、任脈（承漿）
顔面図
図1

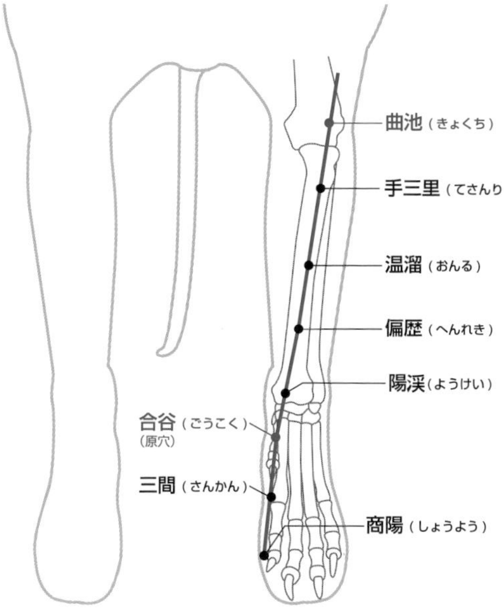

前肢陽明大腸経
左前腕の図
図2

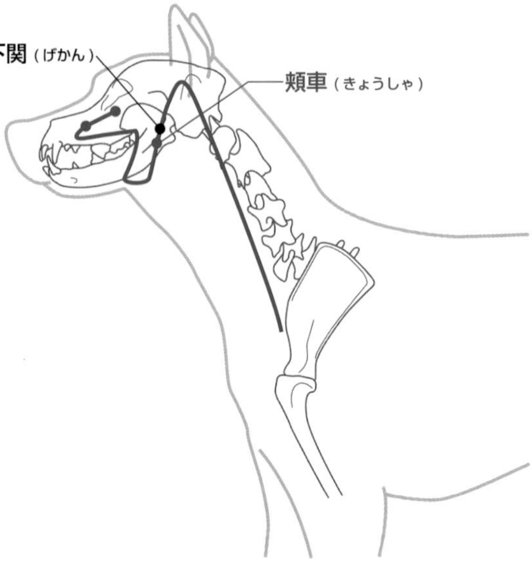

後肢陽明胃経
前半身の左側図
図3

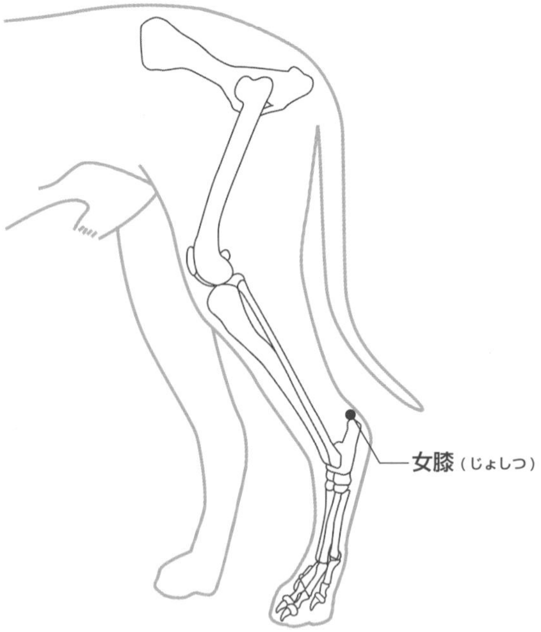

奇穴
左後肢の左側図
図4

（2）腎虚型

「腎は精を蔵し、髄を生じ、骨《こつ》を養い、歯は骨の余りで、骨髄はまた歯を養う」というのが中獣医学の理論です。つまり、腎に貯えられている精は生命力の根源ですが、加齢とともに弱くなり、そのため白髪になったり、歯が抜けたり、冷えたりと若い時にはなかった老化現象が起きます。つまり、老化や久病（長患い）などによって腎精を消耗し、歯槽骨に十分な栄養を与えることができなくなり、歯槽、歯骨の萎縮、歯根暴露、歯の動揺や脱落などの症状が現れます。明らかに老化が原因であることが多く、これが老齢性歯周病タイプです。

症状 歯槽膿漏、歯骨の萎縮、歯根暴露、歯の動揺や脱落、それに伴う足腰の脱力感や痛み、手足のほてり、口内や咽喉の乾燥感、のぼせ、または冷えなど。

治法 補腎行血（ほじんこうけつ）（腎を補い血行を促す）を図ります。

経穴処方 腎兪（じんゆ）（図5）、三陰交（さんいんこう）（図6）、聴宮（ちょうきゅう）（図7）、女膝（図4）

- **腎兪**：後肢太陽膀胱経に属し、益腎気の作用があります。
- **三陰交**：後肢太陰脾経に属し、後肢三陰である後肢太陰脾経、後肢少陰腎経、後肢厥陰肝経が交わるところにあり、調和気血（気と血のバランスを図る）の作用が期待できます。
- **聴宮**：前肢太陽小腸経に属し、下顎関節の後端にあって通経活絡（経絡を流れる気血の運行を促す）の働きがあります。
- **女膝**：後肢のかかとにあり、押して硬いところ。奇穴で歯周病の名穴になっています。棒灸に点火したものを女膝に近づけ、5〜8秒そのままにし、熱がって体動したら離します。これを3〜5回繰り返します。

風門（ふうもん）
肺兪（はいゆ）
心兪（しんゆ）
膈兪（かくゆ）
肝兪（かんゆ）
胆兪（たんゆ）
脾兪（ひゆ）
胃兪（いゆ）
三焦兪（さんしょうゆ）
腎兪（じんゆ）
気海兪（きかいゆ）

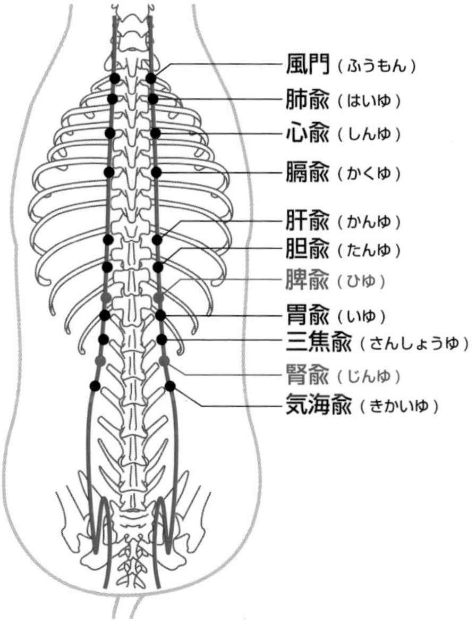

**後肢太陽膀胱経
背面図**
図5

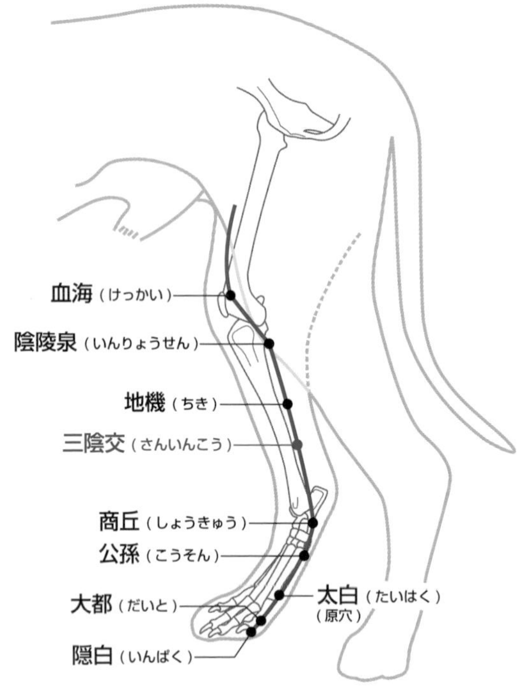

血海（けっかい）
陰陵泉（いんりょうせん）
地機（ちき）
三陰交（さんいんこう）
商丘（しょうきゅう）
公孫（こうそん）
大都（だいと）
太白（たいはく）（原穴）
隠白（いんぱく）

後肢太陰脾経
右後肢の内側図
図6

聴宮（ちょうきゅう）
弓子（きゅうし）

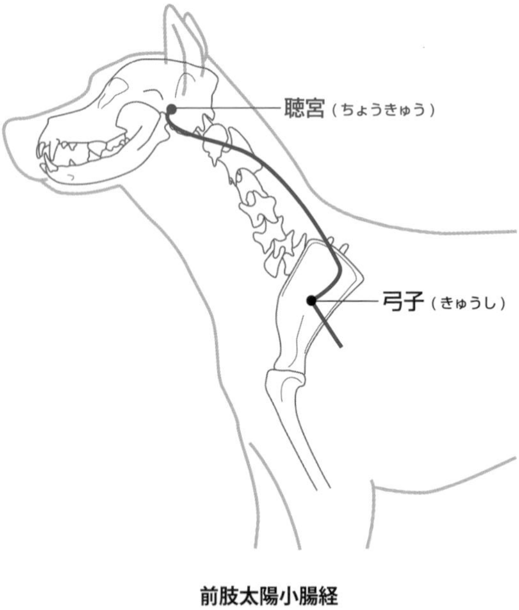

前肢太陽小腸経
前半身の左側図
図7

（3）気血不足型

　中獣医学の理論でいうと、「脾は肌肉を主り、口に開竅します」。つまり脾は胃腸の動きを助け、消化運搬の働き（これを運化という）や肌肉に養分を与える働きがあるとされており、口と密接な関係にあります。脾胃虚弱になると肌肉に十分な栄養を与えることができず、歯肉の栄養障害を引き起こすことになります。このタイプは概して歯肉の炎症は少ないです。

症状 歯齦肉が白色、歯齦萎縮、歯齦出血、歯肉膿瘍、それに伴う疲労倦怠感、元気がない、治療に対する抵抗力が低下し、症状が長引くなどの症状が現れます。

治法 脾《ひ》胃《い》滋《じ》陰《いん》（脾胃を滋養する）を図ります。

経穴処方 足《あし》三《さん》里《り》（図8）、脾《ひ》兪《ゆ》（図5）、頬車（図3）、曲《きょく》池《ち》（図2）、女膝（図4）

• **足三里**：後肢陽明胃経に属し、後肢膝関節の下にあります。健《けん》脾《ひ》和《わ》胃《い》の作用があります。

• **脾兪**：後肢太陽膀胱経に属し、飲食物を肌肉に変える健脾化湿作用があります。

• **曲池**：前肢陽明大腸経に属し、前肢肘関節部にあります。調和気血作用があり、全身への栄養配分を調えます。

• **頬車**：後肢陽明胃経に属し、上下顎角の接合部に刺鍼します。疏風清熱を図ります。

• **女膝**：後肢のかかとにあり、押して硬いところ。奇穴で歯周病の名穴になっています。棒灸に点火したものを女膝に近づけ5～8秒そのままにし、熱がって体動したら離すことを、3～5回程度繰り返します。

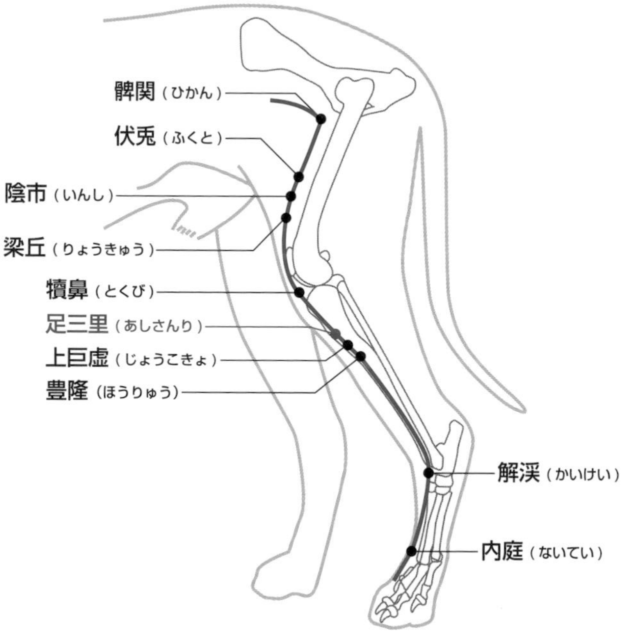

後肢陽明胃経
左後肢の外側図
図8

臨床8 白内障

猫の白内障の発症はきわめて稀なのに対し、犬の白内障は多い。水晶体に栄養、タンパク質代謝、浸透性などの乱れが生じ水晶体が白く濁ったものが白内障です。犬種によって差がみられ、プードル、ビーグル、コッカー・スパニエル、チン、アフガン・ハウンドなどが多く罹患します。

中獣医学の考え方

「目は五臓六腑の精気を受けてよく見ることができる」「肝は目に開《かい》竅《きょう》する[1]」と古典でいっているように、目と内臓の関係は最も密接です。目の不調は五臓六腑の不調が原因で起こることが多く、ここでは特に加齢によるものについて述べます。

高齢になることによって体に起こる現象はとても多く、白髪、皮膚のたるみ、歯が抜ける、腰が曲がる、四肢のふるえ、動作緩慢、健忘、耳が聞こえにくいなど、挙げたらきりがありません。白内障もその一つです。これに対する中獣医学の回答は簡潔にして明快です。一言「腎陰虚衰《じんいんきょすい》」です。腎は五臓の一つ。陰とは生命活動の基本物質です。したがって「腎は精を貯蔵管理する臓器である」といっているのです。

精は精気ともいい、これが充実していると行動が活発ですが、加齢や過労、房事過多などで消耗し、不足すると体が弱って病気にかかりやすくなり、老化が早まります。虚衰とは「不足して衰える」ことです。「腎陰虚衰」とは腎に貯えられている精が不足して体が衰えたことを指すものです。古典のいうところによれば、「精はみな上って目に注がれる」とあり、精と目の関係は濃密です。充実した精が目に注がれていると目はよく見えます。しかし加齢によって精気に不足をきたすと目に注ぐ精気も不足し視力は衰えます。黒い瞳が白く濁るのは精に同化している神[2]も衰えるからです。神は目で物を見た時に考えたり判断する働きをします。一方、目に栄養を与えているのは肝に貯えられている肝血です。これも加齢により不足し、目の筋肉を滋養できなくなります。老化は自然の摂理であり、治療によって治るというものではありません。このような場合の中獣医学の考えは「遅緩衰《ちかんすい》

1) 肝は目に開竅する：肝の臓は目を通じて外界と繋がっている。目は肝血の影響を受けている。肝と目の親和関係を示したもの。
2) 神：精よりも微細な物質で精と同化しているが、思惟・情志活動を支える。眼の中の瞳が輝いて活力があるのは神の作用である。

老《ろう》」です。老化して衰弱していく過程を少しでも遅く緩やかにというものです。

原因

1）先天性

2）後天性

3）ほかに外傷性、糖尿病性、中毒性、内分泌性など

後天性で多いのは老齢性で加齢によるものです。しかし若齢犬や成犬でも遺伝的に素因をもっているものもあります。

症状と治療法

現在、白内障は薬によって進行を防止したり、完治に導くことはできません。手術のみがベストな改善方法です。

症状 水晶体の一部または全部が白濁する。症状が進むほど白濁の程度は進み、視力に障害を及ぼします。

治法 補腎肝血《ほじんかんけつ》（腎と肝血を補う治法）を図ります。

経穴処方 帯脈《たいみゃく》（図1）、中極《ちゅうきょく》（図2）、肝兪《かんゆ》（図3）、球後《きゅうご》（図4）、腎《じん》兪《ゆ》（図3）

•**帯脈**：後肢少陽胆経に属し、補肝腎（肝と腎を補う）作用があります。

•**中極**：任脈上にあって補腎調気（腎を補い、気を調える）を図ります。

•**肝兪**：後肢太陽膀胱経上にあって清頭明目《せいとうめいもく》（頭と目をスッキリさせる）作用があります。

• **球後**：下眼瞼外下方にあり、初期白内障に効果があります。

• **腎兪**：腎精を盛んにする作用があり、遅緩衰老《ちかんすいろう》に必須の経穴です。

球後を除く経穴に対し知熱灸を週に約1回のペースで若年時から始めるのがよいでしょう。

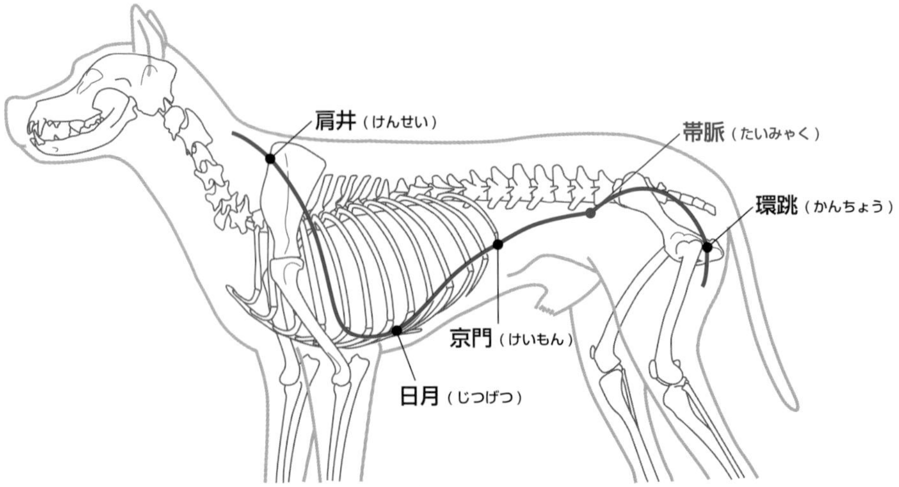

後肢少陽胆経
左側面図
図1

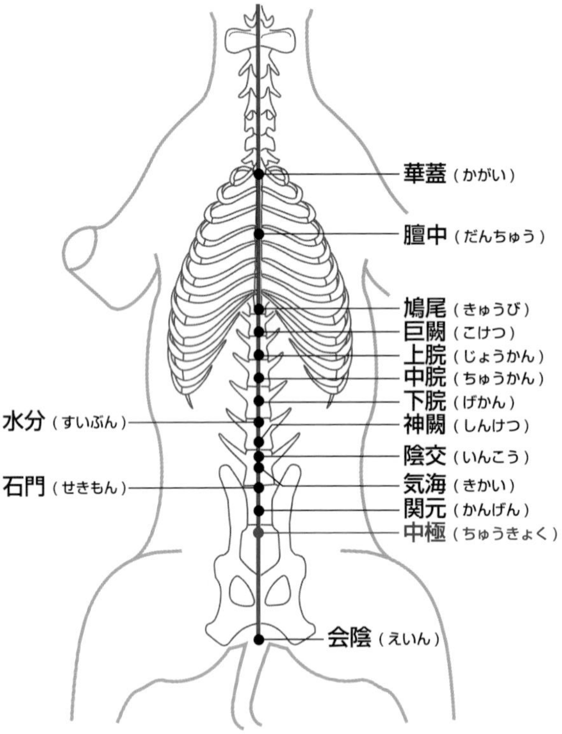

任脈
腹面図
図2

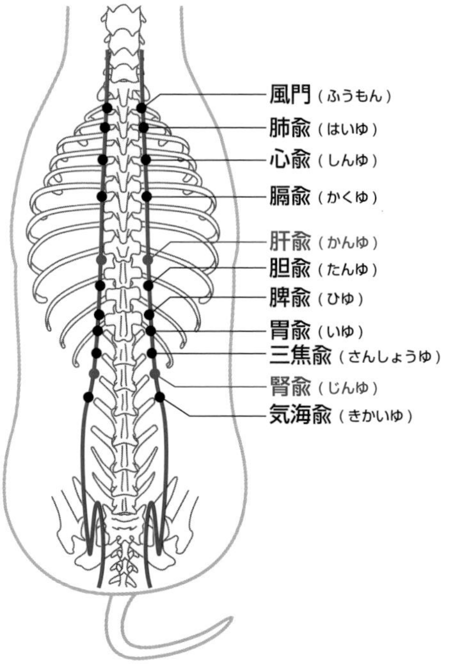

後肢太陽膀胱経
背面図
図3

奇穴（球後）、督脈（齦交）、任脈（承漿）
顔面図
図4

臨床9 逆子

犬猫の出産で意外に多いのが逆子です。犬も猫も交配が終わってから、約2カ月後に出産を迎えます。どちらも63日というのが平均日数です。

妊娠40日を過ぎるころから、胎子は急激に発育します。妊娠していても初めの1カ月ぐらいはそれほど腹部の大きさは目立ちません。1カ月を過ぎる頃から急に大きさが目立ち始め、体重も増え、乳房のふくらみも大きくなります。出産の1週間ほど前から、部屋の中をウロウロして出産場所を探し始めます。出産予定日の1週間～ 10日前にレントゲン撮影を行い、子の数や大きさ、母親の産道の幅、逆子およびその可能性の有無などの確認をしておいたほうが安心して出産に望めます。

出産が近づくと、食事を摂らず、飼い主の後をついて歩いたり頻尿になったり、逆に引きこもったり情緒が不安定になります。およそ分娩10時間前に体温は最低値となり、その後は徐々に上昇します。

通常、1回の出産で4 ～ 8匹生みますが、仔犬も仔猫も、前足を伸ばして鼻先から生まれてくるのが半数です。残りの半数はいわゆる逆子だといわれています。逆子であっても人間のような心配はないという見方もありますが、重大な事故につながるリスクはゼロでなく、分娩中に産道から出れず、応急処置を講じなければ、母子ともに死に至るケースもあります。

犬に比べて猫の逆子の割合は非常に高く、逆子の体勢によっては産道に仔猫が詰まってしまい出てこなくなることもありますし、死亡する場合も意外に多いものです。飼い主が無理に引っ張り出すことは死亡のリスクが非常に高くなりますので、万一の時に備えてホームドクターに連絡を取ることなどを飼い主に告げておくことが必要です。

中獣医学の考え方

逆子を中獣医学では「胎位不正」といいます。人間のように分娩前に逆子であるかどうかの診断がなされることは少なく、分娩時に初めて逆子の対応が迫られるというのが現状です。したがって、これらに対する対応は治法というよりむしろ逆子予防に重点を置くほうがベストと思われます。

原因

胎位不正の原因は母体の腹部弛緩にあるとし、さらに妊娠による気血の消耗、ペットといえども妊娠による精神の抑うつがあり、さらには子宮に血が集まることによってその運行を壅滞《ようたい》（塞ぎ滞ること）し、水湿が停滞（水分の停滞で浮腫、下痢、尿量減少などが起こる）することなどが挙げられています。これによって、理論的には、気血両虚《きけつりょうきょ》（気と血の不足）、気機鬱滞《ききうつたい》（昇・降・出・入という気の作用機序の停滞）、血瘀湿停《けつおしつてい》（湿邪停滞により瘀血になった状態）などの病証に分類されます。

（1）気血両虚型

虚弱体質の素因があり、妊娠により気血の消耗が甚だしく、気虚（元気の不足）が胎児の動きを虚滞《きょたい》（減退する）し、血虚（血による栄養不足）が胎児を滋養せず渋滞させせます。このため胎児の動きが悪くなり胎位不正が起こります。

（2）気機鬱滞型

受胎することによって精神が欝滞し、肝脾気結《かんひきけつ》（脾と肝の活動がにぶる）となったり、寒涼《かんりょう》（体を冷やす邪気）の邪気を感受して気機凝《ききぎ》滞《たい》（昇・降・出・入という気が滞って動かない）を起こすと胎児の正常な動きに影響を与えて胎位不正を引き起こします。

（3）血瘀湿停型

分娩が近くなると血が胞宮（子宮）に集まって壅滞すると、胎児が大きくなり気機不利《ききふり》を起こし水湿が内停します。血と湿の停滞が胎児の動きに影響を及ぼして胎位不正を引き起こします。

症状と治療法

（1）気血両虚型

症状 腹壁弛緩、四肢無力、息切れ

治法 益気補血《えききほけつ》（血を補い元気を増す）を図ります。

経穴処方 至陰《しいん》（図1）、関元《かんげん》（図2）、足三里《あしさんり》（図3）

- **至陰**：膀胱経の井穴（各手足の爪甲根部にある穴、気の注ぐところ。

五行穴の一つ）で、順胎産作用（安産）があり胎位不正の名穴です。半米粒大のもぐさで5～8壮で知熱灸を行います（熱さを感じた瞬間すぐもぐさを取り去る）。

・**関元**：任脈上の下腹部正中線上にあり、通調衝任《つうちょうしょうにん》（任脈、衝脈[1]の調整）、培《ばい》補《ほ》元《げん》気《き》（元気を補う）、回陽《かいよう》（陽気をよみがえさせる）作用をもち、任脈は胞宮《ほうきゅう》（子宮）を巡っています。

・**足三里**：健《けん》脾《ひ》和《わ》胃《い》（脾胃を健やかにする）、扶《ふ》正培元《せいばいげん》（正気を助け元気を養う）作用があります。

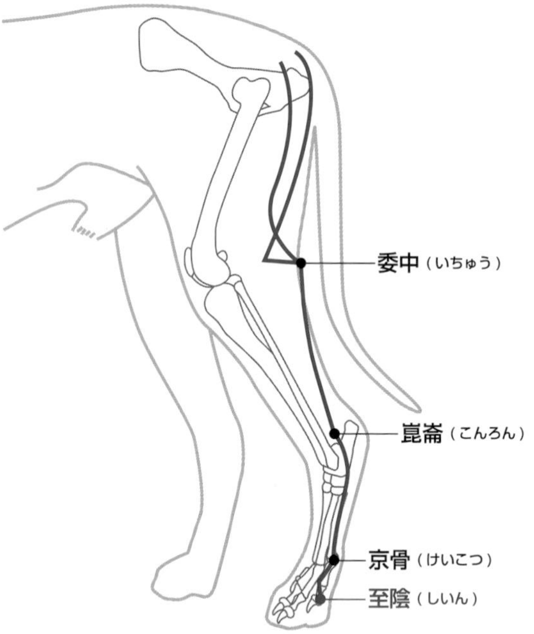

後肢太陽膀胱経
左後肢の外側図
図1

1）衝脈：気血は正経十二経脈を巡るが、気血が満ち溢れると川の流れが増水した時に、その水が溢れないよう側溝に流すのと同じように、奇経に流入する。奇経は八脈あり、奇経八脈（督脈、任脈、衝脈、帯脉、陰維脈、陽維脈、陰蹻脈、陽蹻脈）といわれ、こういった側溝や溢れ出した水が溜まる湖や沼の役割をもつと考えられている。衝脈は奇経八脈の一つ。

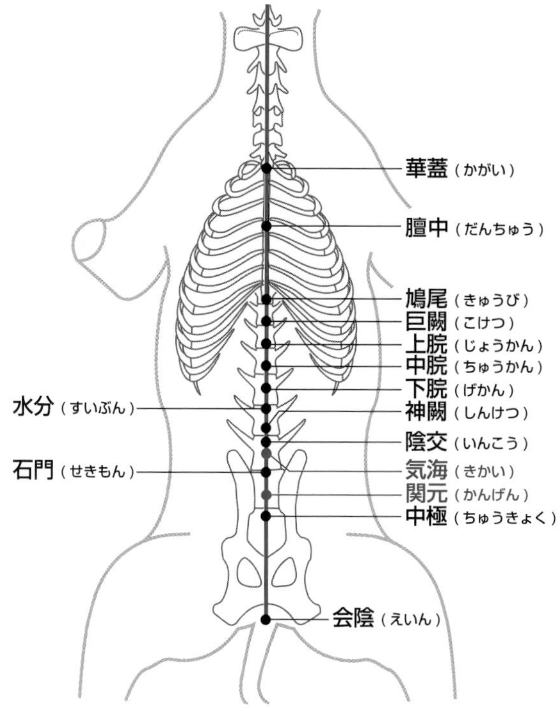

任脈
腹面図
図2

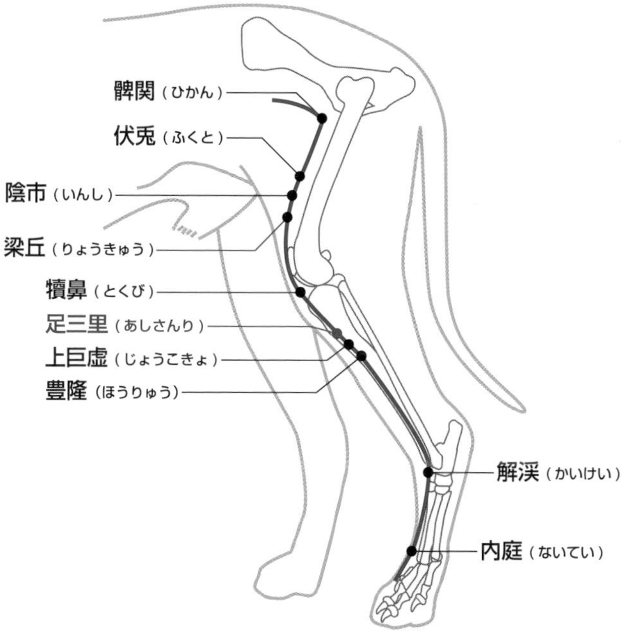

後肢陽明胃経
左後肢の外側図
図3

(2) 気機鬱滞型

症状 情動抑うつ

治法 疏肝調気《そかんちょうき》（肝の機能を高めて気の流れをよくする）を図ります。

経穴処方 至陰《しいん》（図1）、気海《きかい》（図2）、内関《ないかん》（図4）、太衝《たいしょう》（図5）

・**至陰**：後肢太陽膀胱経の井穴で、順胎産作用があり、胎位不正の名穴です。半米粒大のもぐさで5 ～ 8壮で知熱灸を行います。

・**気海**：任脈上の下腹部正中線上にあり、調補下焦気機《ちょうほかしょうきき》（下腹部の機能調整）の作用をもちます。任脈は胞宮を巡っています。

・**内関**：前肢厥陰心包経の前肢正中線上にあり、寧神安神（精神安定）作用があります。

・**大衝**：後肢厥陰肝経の原穴で疏肝理気（気を調え肝血の流れをよくする）の作用があります。

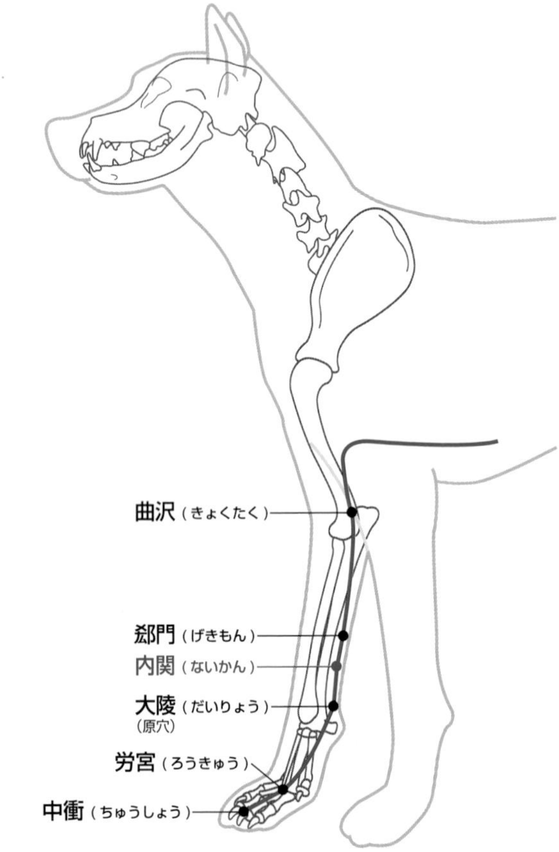

前肢厥陰心包経
右前肢の内側図
図4

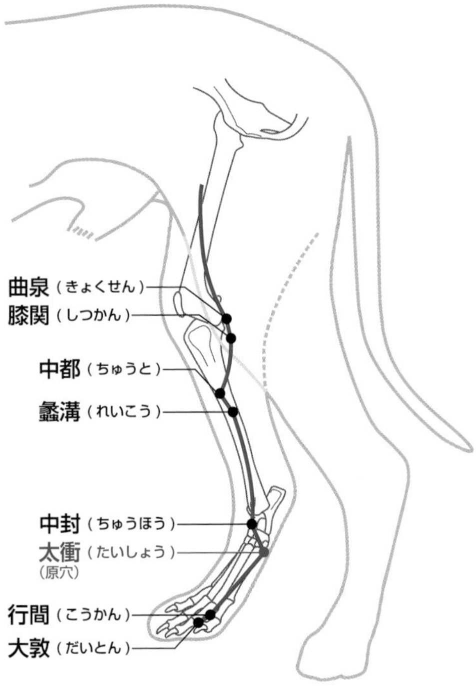

後肢厥陰肝経
右後肢の内側図
図5

（3）血瘀湿停型

症状 腹脹、後肢の浮腫

治法 疏肝調気（気を調えて肝気をよく巡らす）を図ります。

経穴処方 至陰《しいん》（図1）、三陰交《さんいんこう》（図6）、陰陵泉《いんりょうせん》（図6）

• **至陰**：後肢太陽膀胱経の井穴で、順胎産作用があり、胎位不正の名穴です。半米粒大のもぐさで5～8壮で知熱灸を行います。

• **三陰交**：後肢太陰脾経、後肢厥陰肝経、後肢少陰腎経の交わるところで、三経の影響を強く受け、調気調血《ちょうきちょうけつ》（気血を調える）作用があります。

•**陰陵泉**：後肢太陰脾経に属し、健脾化湿《けんぴかしつ》（湿を除き脾を健やかにする）作用が期待できます。

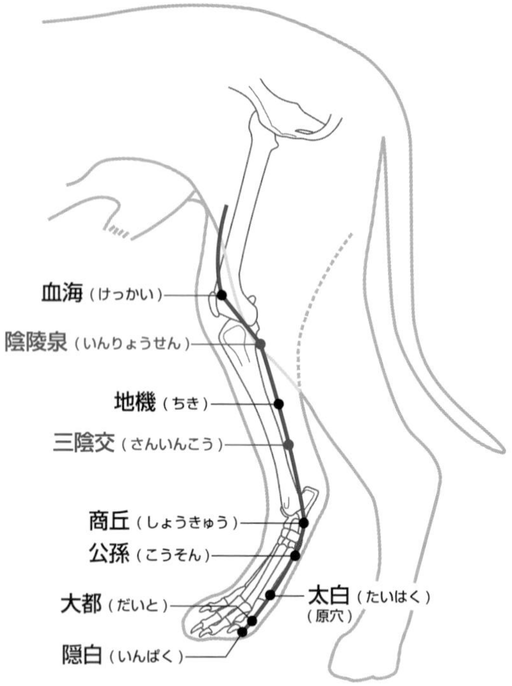

後肢太陰脾経
右後肢の内側図
図6

(4) 知熱灸（至陰へのお灸）

人間の場合、妊娠30週を経過して、胎児が後頭位、骨盤位、横位などであることが検査で確認された場合は、すべて不正胎位と診断されます。不正胎位は自覚症状を伴わないので検査によって初めて発見されるため、中国ではこの段階で鍼灸科へ回されるケースが多いといわれています。治療は至陰《しいん》への施灸のみです。

日本においても臨床医や研究者によって至陰への施灸が盛んに行われ、大きな効果を上げてはいますが、なぜ、至陰へのお灸が骨盤位から頭位への矯正を促すのか、その機序は明らかではありません。また、妊娠ウサギによる基礎研究や麻酔ラット（中枢無傷による研究では、人間と動物では異なる結果が示される）等の研究によって、十分とはいえませんが、少しずつ解明が進んでいます。

犬や猫の場合、至陰へは分娩前2週間ぐらいから毎日1回、米粒大のもぐさで5～8壮で知熱灸を3日を1クールで分娩日直前まで行うことが効果的です。

臨床編 10 顔面麻痺

犬や猫の顔面神経麻痺は脳神経障害の中では一般的な疾患です。

原因として考えられるのは、腫瘍などによる顔面神経への圧迫によるものの他、感染、免疫介在性、外傷、甲状腺機能低下症、脳腫瘍、脳炎などが挙げられます。突発性のものが多く、犬では75%、猫では25%が急性との統計もあります。本症が疑われる所見として、以下のような症状が確認できます。

①唇を動かすことができない
②瞬きをしない
③耳が垂れて動かない
④顔面がシンメトリーでない

まれにみられる症状として
⑤斜頸・眼振
⑥縮瞳、瞬膜突出
⑥眼球の動きの消失
⑦顔面片側の痙攣または拘縮

斜頸・眼振は中耳に障害があり、末梢性前庭疾患を併発した場合に現れ、ホルネル症候群[1)]を併発した場合は縮瞳、瞬膜突出が現れます。

眼振、眼球の動きの消失は中枢（脳）に障害があり、その前庭神経障害の場合に現れます。

顔面片側の痙攣または拘縮は筋萎縮や拘縮による顔面神経の刺激によって生じたものと思われます。

いずれにしても血液検査、頭部レントゲン、CT検査、MRI検査などで確定診断をする必要があります。予後については特発性の顔面麻痺の場合、治療の奏功は期し難いとみられています。

1）ホルネル症候群：瞬膜が飛び出たり、眼球が陥没するなど目の部分に表れて見える病気で、脳幹、胸部脊髄の神経障害、頸部の外傷などによって発症する。犬のホルネル症候群は特発性か目立たない外傷性損傷（リードが首に絡まるなど）によって引き起こされることが多いとされる。

中獣医学の考え方

「口眼喎斜《こうがんかしゃ》」あるいは「面癱《めんたん》」といい、ともに顔面神経麻痺のことを指します。ほかに「口眼歪斜《こうがんわいしゃ》」「口喎僻《こうかへき》」、「口僻《こうへき》」「目不合《めふごう》」「目不《めふ》開《かい》」などともいいます。「咼」は「口がゆがむ」、「僻」は「かたよる」という意味で、片側に現れる病証を表しています。

口眼喎斜は、発症が急激で顔面部筋肉の麻痺が片側に起こります。意識障害や半身不随などを併発することはありません。しかし中には、痛みがあるもの、不随が起こる病気の合併症として口眼喎斜を起こすものもあります。

例えば、顔面の纏腰蛇丹《てんようじゃたん》（帯状疱疹）の合併症として現れる口眼喎斜は顔面部に激烈な痛みを伴います。不随などの合併症としては、中風（外感風邪による病証。卒中ともいう）の場合では、意識障害や半身不随、咬合障害などと一緒に口眼喎斜症が現れます。病因としては、

①風邪外襲《ふうじゃがいしゅう》：突然発生し、頭痛・鼻閉・頸項部のこわばりなどを伴う
②肝風内動《かんふうないどう》：突然発生し、顔面紅潮・肢体のしびれ・眩暈感の増強などを伴う
③肝《かん》気《き》鬱結《うっけつ》:ストレスによって現れ、ため息や胸脇部が脹って苦しく、食欲不振などを伴う
④気《き》血《けつ》両虚《りょうきょ》：筋の弛緩、息切れ、声が出にくい
⑤風痰《ふうたん》阻《そ》絡《らく》：しびれ・口が動きにくい、喘鳴・舌のこわばり

などが挙げられていますが、ここでは最も一般的で症例の多い、風寒証、風熱証について説明します。

原因

脈絡空虚《みゃくらくくうきょ》（経絡内の気血不足）に風寒や風熱の邪が顔面の経脈を侵襲したことにより気《き》血《けつ》阻《そ》滞《たい》（気血の運行が阻害され）を起こし、その結果筋肉の弛緩を生じたものと解します。

症状と治療法

突発性に発症し、顔面の片側が垂れ下がります。口角が健側に引き上がり、歯はむき出しとなり、食べたものは麻痺側の頬と歯の間に貯まります。額は麻痺側が扁平になり、眼瞼が閉じず涙が出ます。舌も麻痺側がだらりと垂れ下がります。味覚の消失も考えられます。

発症の原因によって風寒証と風熱証があります。ともに現れる症状についてはほとんど同じです。ただ見分け方としては、熱があれば風熱証、熱がなければ風寒証とします。

西洋医学で末梢性顔面神経麻痺、末梢性顔面神経炎などと診断され

たものは本証の適応となります。

(1) 風寒証

顔面部が冷えたことが発症の誘因となります。この場合、外感表証は認められないことが多いようです。

治法 経気《けいき》疏通《そつう》（顔面部気血の滝流を図る）を図ります。

経穴処方 合谷《ごうこく》（図1）、太衝《たいしょう》（図2）

・**合谷**：前肢陽明大腸経に属し、首から上の通経活絡作用をもちます。「面口は合谷に収む」（『四総穴歌』朱権著、明代）といわれるように顔面の疾患に合谷は必須の経穴です。

・**太衝**：後肢厥陰肝経に属し、顔面麻痺による口のゆがみの主治をもちます。「太衝瀉《しゃ》せば唇喎《じんか》（口の歪み）するに以て速効あり」（『百証賦』高武著、明代）といわれています。

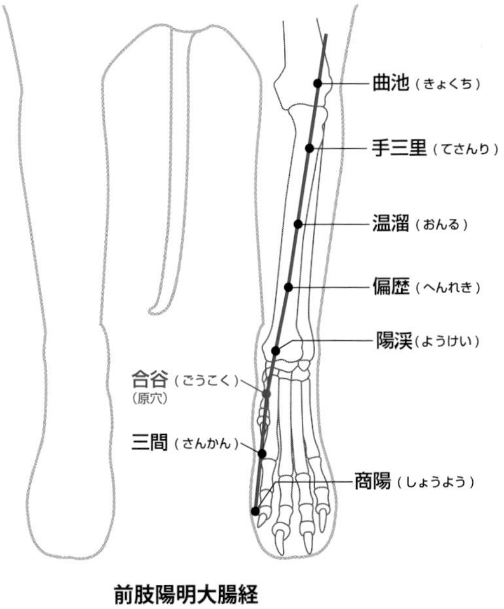

前肢陽明大腸経
左前肢の図
図1

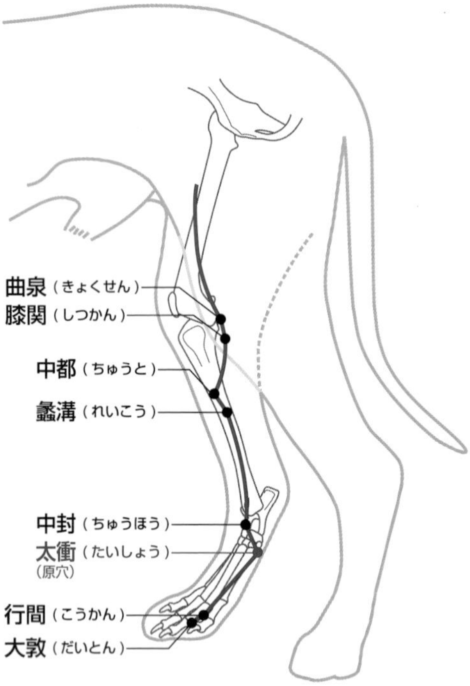

後肢厥陰肝経
右後肢の内側図
図2

（2）風熱証

風熱の邪気を感受することによって発症します。特に感冒による発熱が誘因である場合が多くあります。

治法 風熱解表《ふうねつかいひょう》（体表にある風熱の邪気を解く）を図ります。

経穴処方 合谷《ごうこく》（図1）、腰の百会《ひゃくえ》（図3）

- **合谷**：前肢陽明大腸経に属し、首から上の通経活絡作用をもちます。顔面の疾患に合谷は必須の経穴です。
- **頭の百会および腰の百会**：頭の百会は頭頂部、腰の百会は督脈上の腰椎と仙椎の間にあり（人間の場合は頭頂）、実熱を瀉す作用があります。本書では、百会を中国伝統獣医学の小腸経のツボとして頭の百会と腰の百会に分けて紹介しています。

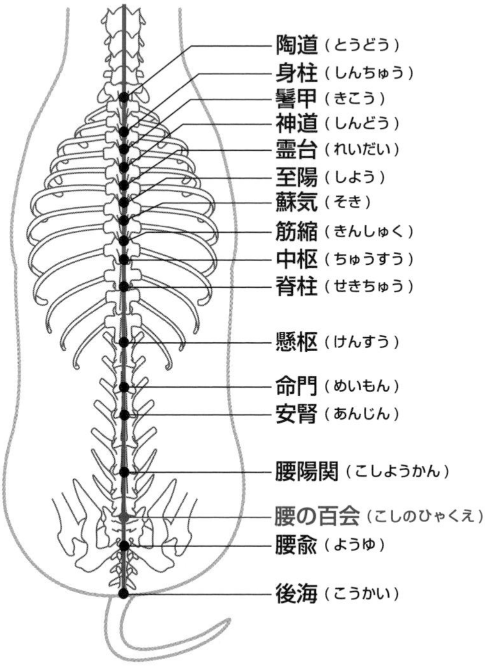

督脈
背面図
図3

そのほか、風寒証、風熱証とも対症穴として次の経穴に対し健側、患側の両方に刺鍼を行います。

頬のつり上がり、垂れ下がり……頬車《きょうしゃ》（図4）、顴髎《けんりょう》（図5）

眉のつり上がり、垂れ下がり、目の歪み……攅竹《さんちく》（図5）、陽白《ようはく》（図5）、翳風《えいふう》（図5）、太陽《たいよう》（図5）

唇の歪み、歯がむき出しているもの、鼻の歪み……地倉《ちそう》（図5）、承《しょう》漿《しょう》（図5）、迎香《げいこう》（図5）

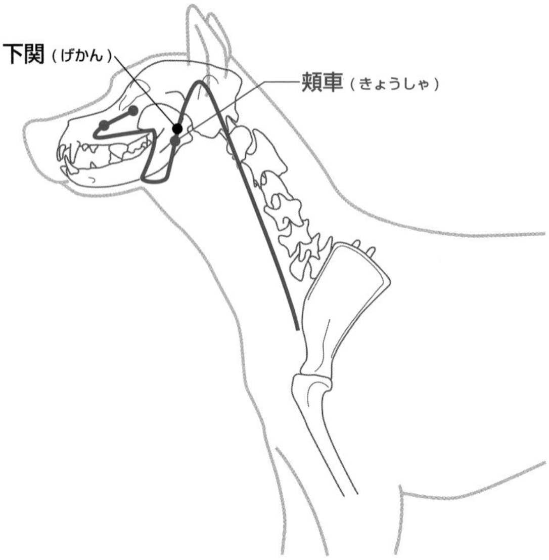

後肢陽明胃経
前半身の左側図
図4

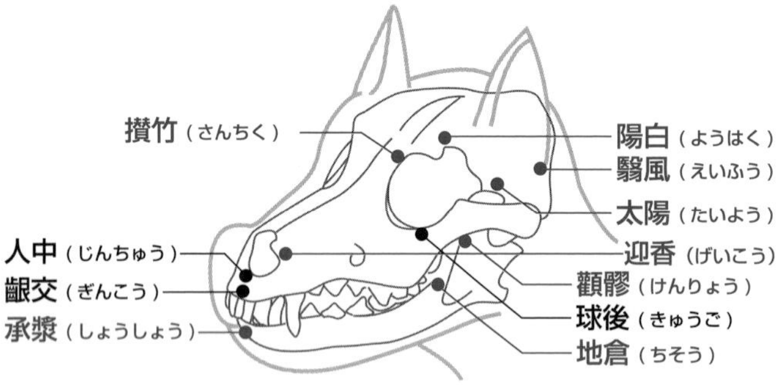

顔面図
図5

(3) 得気

顔面筋部への刺鍼は得気（鍼の響き感覚）を与えるようにします。鍼を回旋させながら刺入していくと、一定の深さで動物が特殊な反応をすることがわかるようになります。

(4) マッサージ

頸部、顔面部、前額部に対し、患部、健側とも母指または示指、三指、四指を揃えて輪を描くように回旋させながらゆっくり行います。

臨床編 11

認知症（犬の場合）

認知症は「知能が後天的に低下した状態」のことを指しますが、医学的には人間の場合、「知能」のほかに「見当識」の障害やさまざまな人格障害を伴った症候群も認知症と認識されます。単に老化に伴って物覚えが悪くなるといった現象や統合失調症などによる判断力の低下は、認知症には含まれません。逆に、頭部の外傷により知能が低下した場合などは、認知症と呼ばれるなど表現方法は複雑です。しかし犬の場合は、一般的には加齢による見当識の障害や徘徊行動などがあると、「認知症」と呼んでいます。獣医学では犬の認知症のことを「認知障害症候群（CDS）」と呼びます。

臨床症状としては次のような行動が挙げられます。

① 特に柴犬などを含む日本犬系統の12歳以上に多くみられる。
②飼い主、自分の名前、習慣行動がわからなくなり、何事にも無反応となる（感情表現の欠如）。
③夜中に意味もなく、単調な大きな声を出して静止できない。
④暗いところに入りたがり、自分で後退できないで鳴く。
⑤よく寝て、よく食べて、下痢もせず痩せてくる。
⑥排泄が決められたところでできなくなる。

認知症の研究は近年ようやく緒に就いたばかりですので、はっきりとした原因はまだわかっていません。しかし、犬や猫にも人のアルツハイマー型と同じような脳の実質的な変化が起こっていることがわかっています。認知症は特定の犬種に多いことから遺伝的な素因があるともいわれており、またある種の栄養や飼育環境なども認知症と関連があるといわれています。

認知症は放っておくとどんどん進行し治癒は困難です。しかし、飼育管理によって発症を予防したり、症状の進行を遅らせることはある程度可能です。認知症を予防したり進行を遅らせるためには適切な刺激を与えることが有効であるといわれています。毎日の散歩や外出は好奇心を刺激させることができ、運動機能の維持に役立ちます。また、退屈をさせない生活というのも認知症の予防にはとても大切なことです。

さらに毎日の食事を体の酸化を防ぐ食事に切り替えたり、EPA（エイコサペンタエン酸）やDHA（ドコサヘキサエン酸）など、オメガ3脂肪酸と呼ばれるサプリメントを与えるのも大切な予防方法の一つであり、さらには症状の軽減に役立つ可能性も期待されます。サプリメントはすぐに効果を期待できるものではありませんが、根気よく続けることが大切です。

中獣医学の考え方

中獣医学では、認知症の病位は脳にあり、心、肝、脾、腎の機能失調と密接な関係があると考えています。その基本病機は髄海不足（脳を満たしている髄の不足。脳内の栄養分の不足）、神機失用《しんきしつよう》（精神作用の失調）です。

病理は虚証と実証があり、虚証は精気虚（生命、精神力の虚衰）と血気虚（気血不足）、実証は気、痰、火などが脳絡に瘀阻《おそ》（脳内の経絡に悪血が阻滞）するものと捉えています。

病因により、心脾両虚《しんひりょうきょ》、腎精不足《じんせいふそく》、痰濁阻竅《たんだくそきょう》、瘀血阻絡《おけつそらく》に分類されます。

原因

（1）心脾両虚《しんひりょうきょ》によるもの

脾は「意」、「思」などの意志を主《つかさど》っており、心は「心は神明を主る」といわれるように感情・思考・意識・判断などの精神的な働きを統括しています。過度の思慮などにより心脾を損傷すると、気血を消耗して脳を養えなくなり認知症になります。

（2）腎精不足《じんせいふそく》によるもの

老化や労倦《ろうけん》（疲労）などにより、腎精が不足して脳内の髄が減ると、脳を十分に栄養できなくなり認知症になります。

（3）痰濁阻竅《たんだくそきょう》によるもの

ストレス過度や食生活の不摂生などにより、脾胃を損傷して脾胃の運化機能が弱くになると痰湿（水分が体内に停滞したために起こる病理物質）が生じます。清気がその痰湿に阻害され、脳竅《のうきょう》（脳腔）に届かなくなると認知症になります。

(4) 瘀血《おけつ》阻絡《そらく》によるもの

頭部外傷や精神的ストレスによる気滞、あるいは老化や過労による気虚などの原因で瘀血（血液の運行が円滑を欠き一定部位に滞留する多種の病変）が生じ、これにより脳の脈絡の気血運行がスムーズにいかず、脳が気血の栄養を十分得られないと認知症になります。

症状と治療法

(1) 心脾両虚《しんひりょうきょ》によるもの

症状 健忘、知能減退、うつ傾向、倦怠、食欲不振、軟便、動悸

治法 益気健脾《えききけんひ》（気を補い脾を健やかにする）、補血健脳《ほけつけんのう》（血を補い脳を健やかにする）を図ります。

経穴処方 頭の百会《ひゃくえ》（図1）、神門《しんもん》（図2）、心兪《しんゆ》（図3）、脾兪《ひゆ》（図3）、足三里《あしさんり》（図4）、三陰交《さんいんこう》（図5）

- **頭の百会**：督脈上で頭頂部にあり、健脳寧神（脳を健全にし、精神の安らぎを図る）作用があります。棒灸による温灸も可能です。
- **神門**：前肢少陰心経の原穴（代表穴）で、寧神安神《ていしんあんしん》（精神安定）を図ることができます。
- **心兪、脾兪**：ともに後肢太陽膀胱経にあり、心、脾の虚衰を補います。棒灸による温灸も可能です。
- **足三里**：後肢陽明胃経は後肢太陰脾経と表裏の関係にあり、この経穴を用いることにより脾の虚衰を補う働きをします。
- **三陰交**：後肢太陰脾経に属し、後肢の内側で脾経、腎経、肝経の交わるところにあって、脾、腎、肝の気を補います。

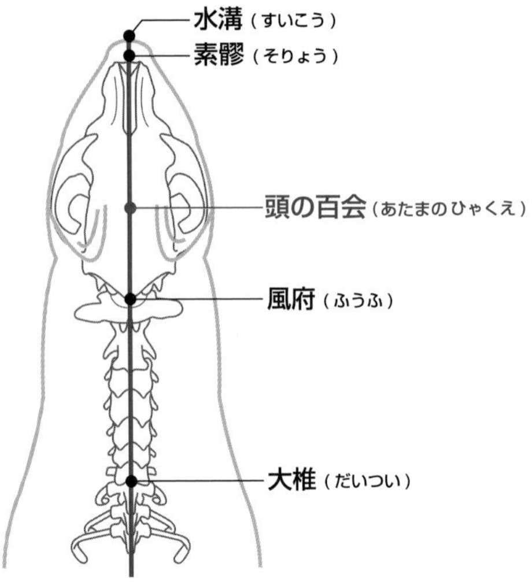

督脈
背面図
図1

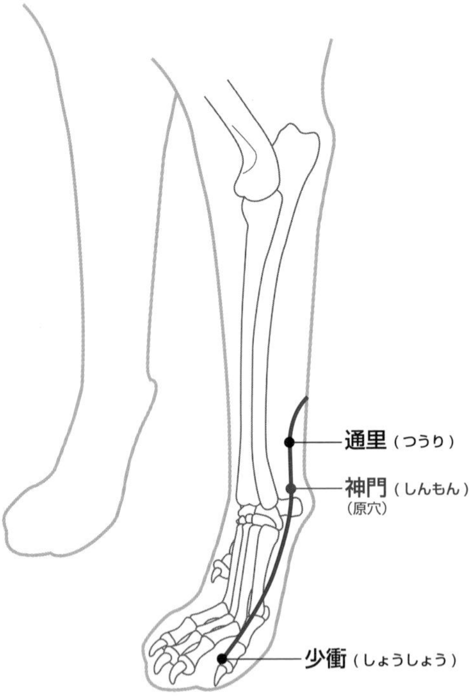

前肢少陰心経
左前腕の外側図
図2

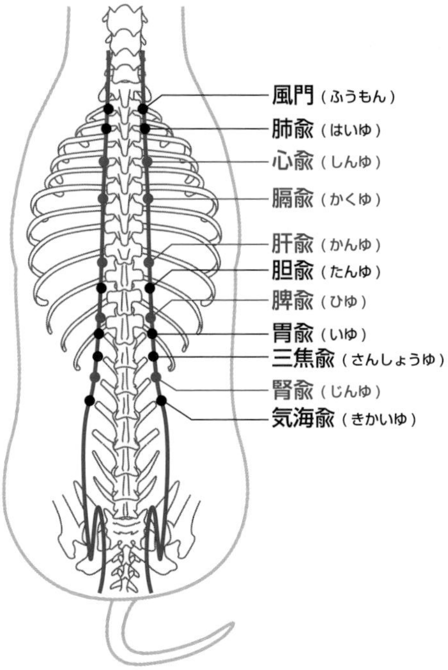

後肢太陽膀胱経
背面図
図3

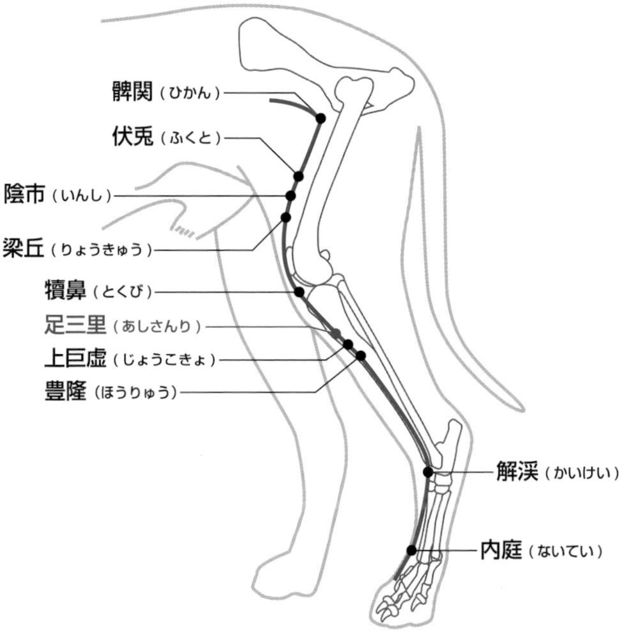

後肢陽明胃経
左後肢の外側図
図4

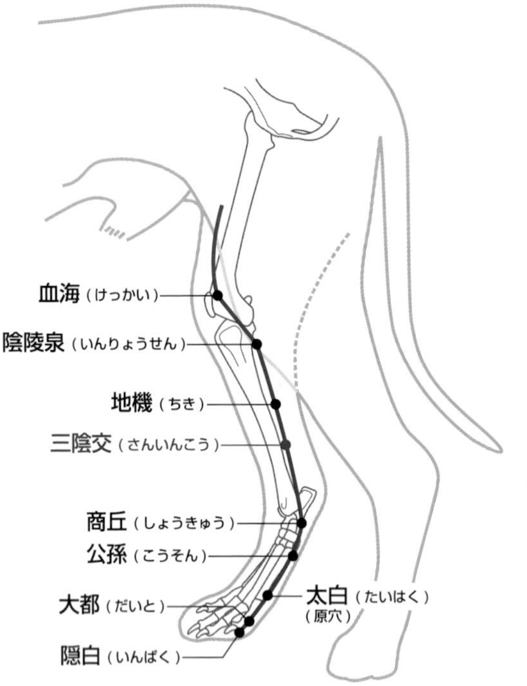

後肢太陰脾経
右後肢の内側図
図5

（2）腎精不足《じんせいふそく》によるもの

症状 知能減退、恍惚表情、うつ傾向、顔色や毛髪に艶がない、歯が弱く抜けやすい、骨折しやすい、後肢の無力

治法 補腎益精《ほじんえきせい》（腎を補い精を益す）、養髄健脳《ようずいけんのう》（脳内の髄を養い脳を健全にする）を図ります。

経穴処方 頭の百会《ひゃくえ》（図1）、神門《しんもん》（図2）、肝兪《かんゆ》（図3）、腎兪《じんゆ》（図3）、関元《かんげん》（図6）

• **頭の百会**：百会と神門の二穴をとることにより健脳安神《けんのうあんしん》を図ることができます。棒灸による温灸が可能です。

• **神門**：前肢少陰心経の原穴で、寧神安神《ていしんあんしん》（精神安定）の作用があります。

• **肝兪**：後肢太陽膀胱経に属し、清頭明目（頭と目をスッキリさせる）作用が期待できます。棒灸による温灸が可能です。

• **腎兪**：後肢太陽膀胱経にあり、益腎気《えきじんき》（腎に貯えられている生命力を益《ま》す）作用があります。

• **関元**：任脈上にあり、温腎壮陽《おんじんそうよう》（腎を補い陽気を壮んにする）作用があります。棒灸による温灸が可能です。

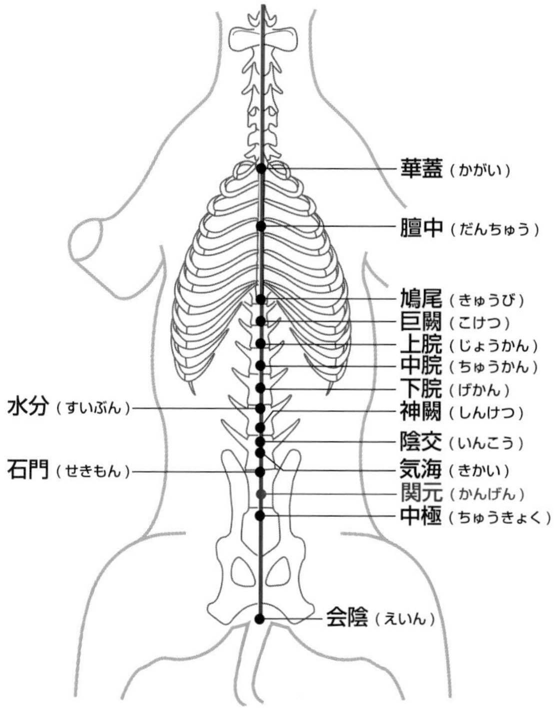

任脈
腹面図
図6

（3）痰濁阻竅《たんだくそきょう》によるもの

症状 知能減退、恍惚表情、異常な泣き声、うつ傾向、よだれ、食欲不振

治法 健脾化痰《けんひかたん》（痰を徐し脾を丈夫にする）、益気開竅《えききかいきょう》（口・両眼・両耳・両鼻孔の顔にある七つの穴である七竅《しちきょう》を開き気を益す）を図ります。

経穴処方 頭の百会《ひゃくえ》（図1）、豊隆《ほうりゅう》（図7）、大陵《だいりょう》（図8）、合谷《ごうこく》（図9）、京骨《けいこつ》（図10）

- **頭の百会**：督脈の頭頂部にあって健脳寧心を図ります。棒灸による温灸も可能です。
- **豊隆**：後肢陽明胃経に属し、寧神志《ていしんし》（精神の安寧）作用があります。
- **大陵**：前肢厥陰心包経に属し、寧神安神《ていしんあんしん》（精神安定）作用を有します。
- **合谷**：前肢陽明大腸経に属し、鎮痛安神作用をもちます。
- **京骨**：後肢太陽膀胱経にあって清頭目《せいとうもく》（目や頭をスッキリさせる）の働きがあります。

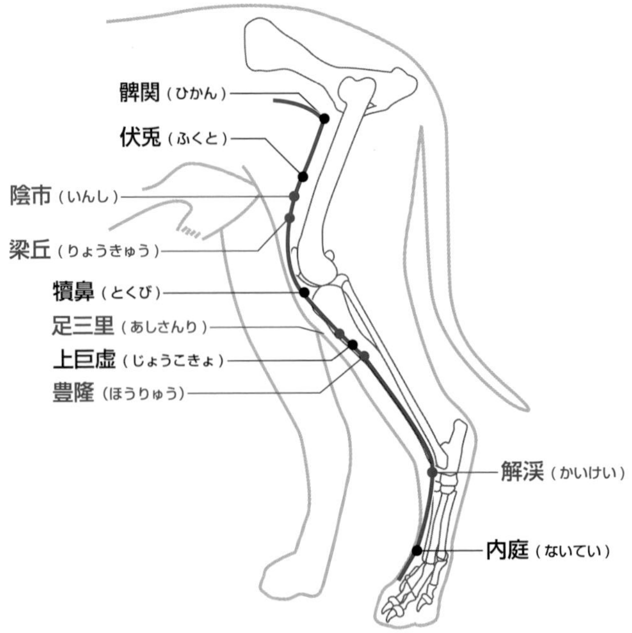

後肢陽明胃経
左後肢の外側図
図7

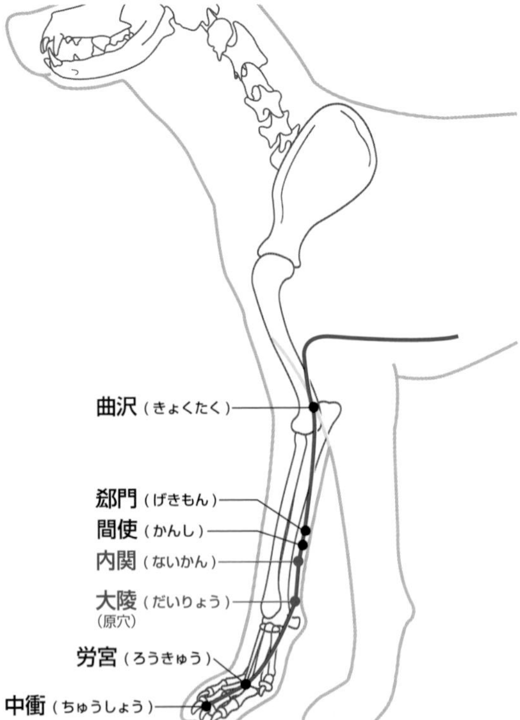

前肢厥陰心包経
右前肢の内側図
図8

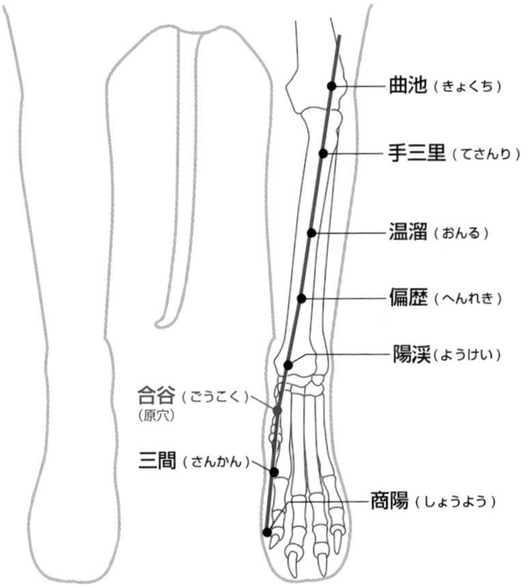

前肢陽明大腸経
左前肢の図
図9

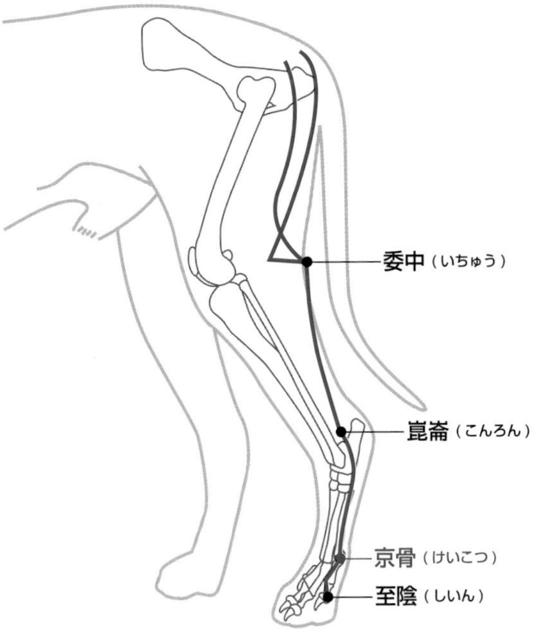

後肢太陽膀胱経
左後肢の外側図
図10

(4) 瘀血阻絡《おけつそらく》によるもの

症状 知能減退、恍惚表情、異常な泣き声、驚きやすい、皮膚の栄養状態が悪い、半身不随、片側肢体が痺れ

治法 活血化（血の活性化）、養脳開竅《ようのうかいきょう》（脳を養い七竅を開く）を図ります。

経穴処方 三陰交《さんいんこう》（図5）、行間《こうかん》（図11）、期門《きもん》（図12）、膈兪《かくゆ》（図3）、内関《ないかん》（図8）など

- **三陰交**：腎経、脾経、肝経の三陰経が交わるところで、調和気血の作用があり、血の改善を図ります。
- **行間、期門**：ともに後肢厥陰肝経に属し、鎮驚作用を有します。期門は棒灸による温灸も可能です。
- **膈兪**：後肢太陽膀胱経に属し、和血理血《わけつりけつ》（血の流れを調える）の作用があります。棒灸による温灸も可能です。
- **内関**：前肢厥陰心包経に属し、寧神安神《ていしんあんしん》作用をもちます。

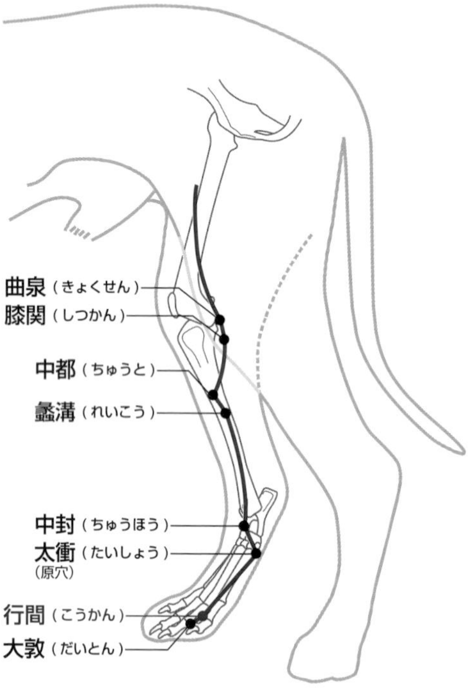

後肢厥陰肝経
右後肢の内側図
図11

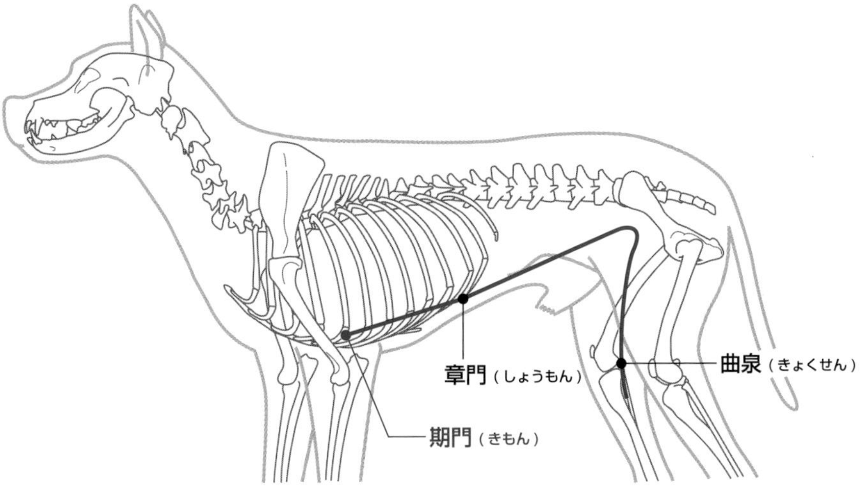

後肢厥陰肝経
左側面図
図12

臨床12 水頭症

水頭症は脳脊髄液の産生・循環・吸収などの異常によって髄液が頭蓋腔内に貯まり、脳室が正常より大きくなる疾患です。本症は先天性と後天性のものがあり、先天性水頭症は中脳水道の奇形や閉塞によるものが多いとされています。後天性水頭症は腫瘍などによる流路の圧迫によるものなどが原因に挙げられています。

脳室内に髄液が貯留するタイプを内水頭症、クモ膜下腔内に髄液が貯留するタイプを外水頭症といいます。このほか脳形成不全や萎縮などによって、腔内に脳脊髄液が貯留した無腔水頭症というものもあります。

脳脊髄液による脳の圧迫が脳機能に影響を与えますが、発症のメカニズムは脳脊髄液の過剰産生や排泄の低下、流路障害などによるとされています。症例としては決して多くはありませんが、後天性の水頭症には進行性のものが多いので注意が必要です。

中獣医学の考え方

中獣医学では脳、脊髄は腎の支配するところとなっています。腎は先天の精（生まれながらにもっている生命力・遺伝要素）、後天の精（生後自らの力で得た生命力）を貯えておくところであり、これらの精には髄を作る機能があります。また、髄は脳に通じており、脳は精髄の集まるところでもあります。

水頭症の多くは先天の精の異常によるものといわれ、この場合の異常はほとんど先天の精の不足が挙げられています。腎精が充足していれば脳髄、骨髄ともに十分滋養されます。また腎は水臓ともいわれ、化気（ものを生成する機能）と水液代謝を担当しています 。水液が平常に体内に散布されるのは腎の気化作用によるもので、腎精が不足すると、腎気は水をさばけなくなるため津液は温められず停滞したり、鬱結したりします。水頭症は脳髄、骨髄に十分滋養が巡らなくなったために、津液が脳内に貯まり脳が大きくなったものと解釈します。

原因

水頭症は、頭蓋腔内の髄海が溢れ出し流出することにより発症するものです。

髄海は精髄ともいわれ、腎に貯蔵されている精が化生（生成されて形を変えた）してできた物質で、骨を養うほか頭蓋腔内にも入り脳を満たし、視る、聞く、話す（発声）、行動、感覚、思索、記憶などの高度な神経活動はすべて脳内の髄海が行います。これを古典の『黄帝内経霊枢』の「海論」では「脳は髄の海なり」といっています。ところが、なんらかの原因により、この髄海が膨張し脳から溢れ出し、その際、頭蓋内を圧迫して中枢機能に影響を与えた状態が水頭症です。

髄海膨張の原因として考えられるのは、怪我などの外的要件、先天的素因などが挙げられます。

症状と治療法

症状 障害を受けた部位、程度、期間などにより症状は異なります。

嗜眠、発作、痴呆、活動の低下、意識障害、不全麻痺、筋硬直、眼球痙攣、視力障害、斜視、知覚麻痺など多彩であり、画一的なものはありません。

発作で多いのはてんかん症状です。これは遺伝性で大半は幼児期に発症します。化気（ものを生成する機能）と水液代謝の異常は痰（津液が分泌液に変化したもので非生理的物質）が形成され、脳内に鬱結し、これに気逆不順《きぎゃくふじゅん》（気が逆にめぐる）が伴って突然痰気が清竅《せいきょう》（目、耳、鼻、口の穴）を蒙閉《もうへい》（塞ぐ）し、神明（精神）を擾乱《じょうらん》（かき乱す）するものと解されます。

治法 醒脳熄風《せいのうそくふう》（脳を覚醒させ、めまい、ふるえなどの内風を鎮静させる）、豁痰開竅《かつたんかいきょう》（痰証の意識障害を治療する）を図ります。

経穴処方 頭の百会《ひゃくえ》（図1）、人中《じんちゅう》（図2）、後渓《こうけい》（図3）、湧泉《ゆうせん》（図4）、鳩尾《きゅうび》（図5）、大椎《だいつい》（図1）、間使《かんし》（図6）、豊隆《ほうりゅう》（図7）

- **頭の百会、人中、大椎**：三穴とも督脈に属し、醒脳熄風の効果が期待できます。百会と大椎は棒灸にて温灸も可能です。
- **後渓**：前肢太陽小腸経に属し、てんかん治療の要穴とされます。
- **湧泉**：後肢少陰腎経に属し、滋水潜陽《じすいせんよう》（不足した水を補い、高ぶった陽気を鎮める）作用があります。
- **鳩尾**：任脈に属し、擾乱した気を降逆し、寧神《ねいしん》（精神を安定）させる作用があります。棒灸にて温灸も可能です。

- **間使**：前肢厥陰心包経に属し、通経活絡（経絡に活力を与え通りをよくする）と寧神安神（精神安定）作用があります。
- **豊隆**：後肢陽明胃経に属し、痰濁を化し（痰を生理的水分に変え）、清神志（熱を冷まし精神を安定させる）作用を有し、麻痺、萎縮、腫脹の主治も併せもっています。

図中ラベル（図1 督脈 背面上図）：
- 水溝（すいこう）
- 素髎（そりょう）
- 頭の百会（あたまのひゃくえ）
- 風府（ふうふ）
- 大椎（だいつい）

督脈 背面上図
図1

図中ラベル（図2 督脈（人中）顔面図）：
- 攢竹（さんちく）
- 陽白（ようはく）
- 翳風（えいふう）
- 太陽（たいよう）
- 人中（じんちゅう）
- 齦交（ぎんこう）
- 承漿（しょうしょう）
- 顴髎（けんりょう）
- 球後（きゅうご）
- 地倉（ちそう）

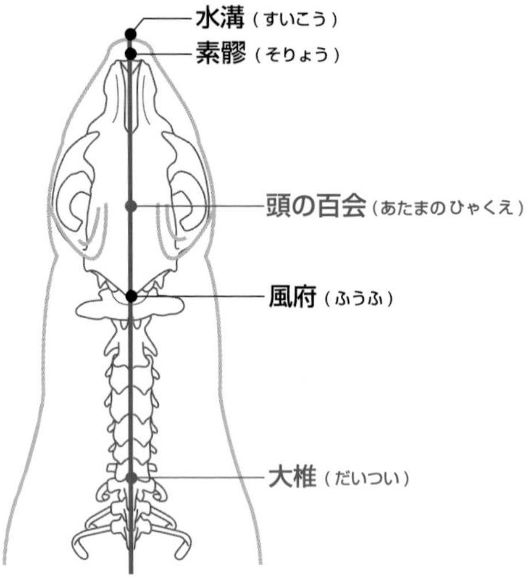

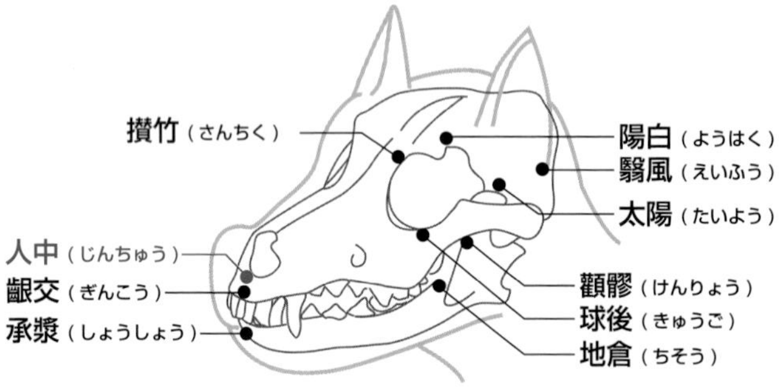

督脈（人中）顔面図
図2

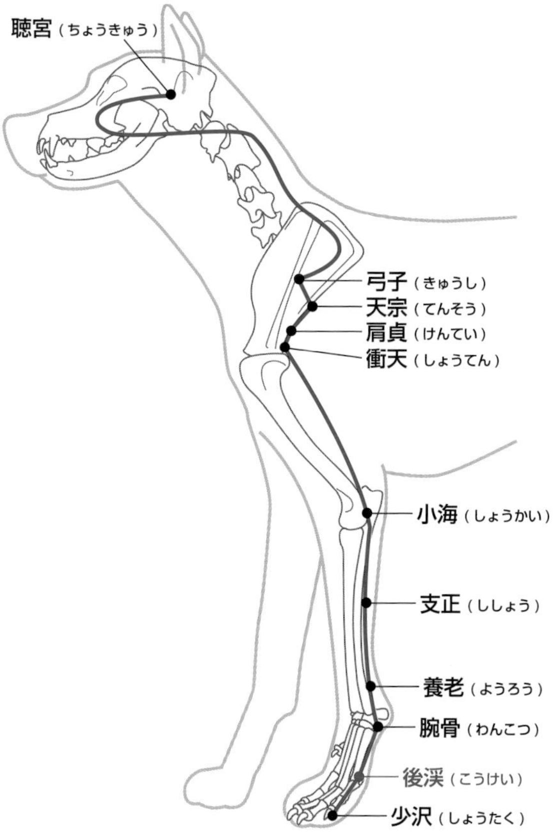

前肢太陽小腸経
左前肢の外側図
図3

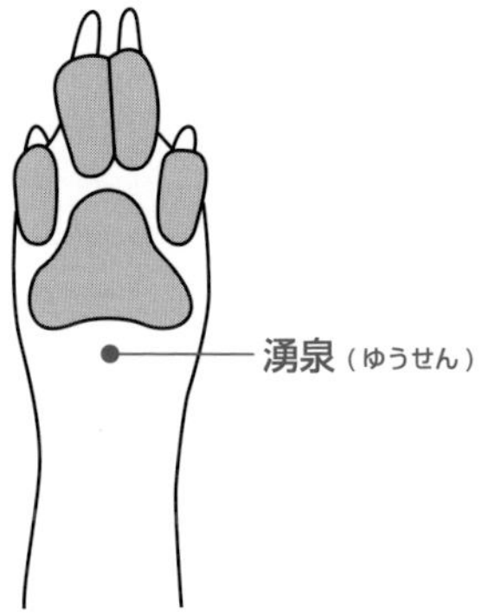

後肢少陰腎経
足底部
図4

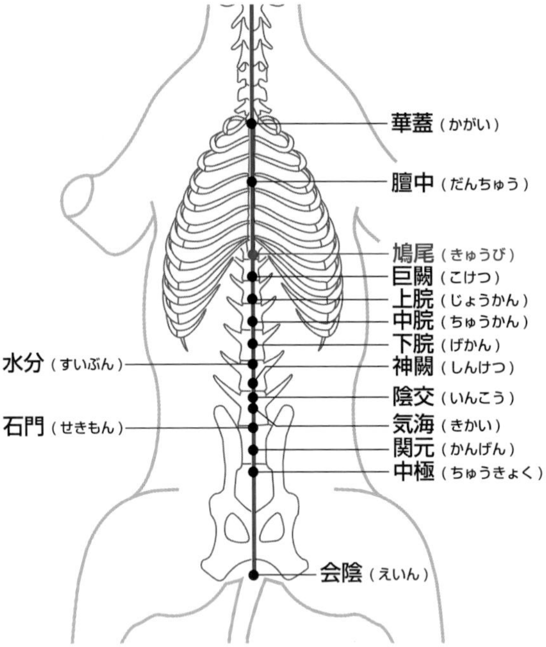

任脈
腹面図
図5

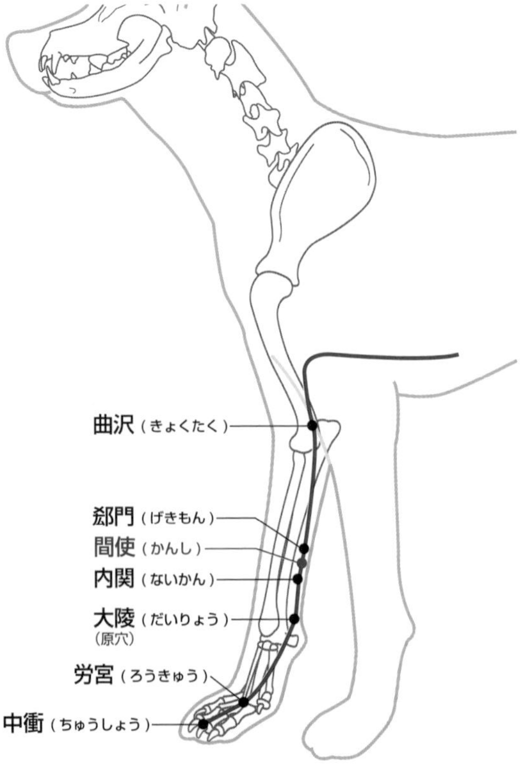

前肢厥陰心包経
右前肢の内側図
図6

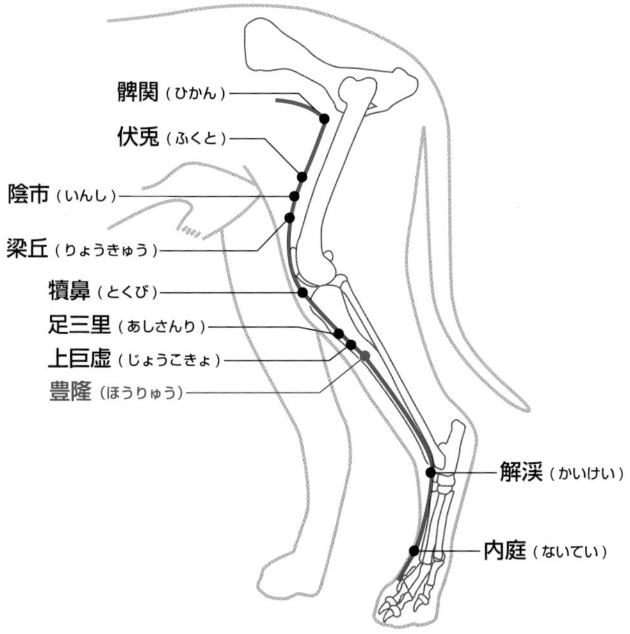

後肢陽明胃経
左後肢の外側図
図7

臨床13 肥満

人間がかかる病気のほとんどは犬や猫の世界にもあります。肥満も肥満症といって今や立派な病気ですが、これはあらゆる病気の予備軍だといわれています。「風邪は万病のもと」といわれますが、「肥満こそが万病のもと」といわれるくらい他病への引き金になっています。例えば肥満になると、平均寿命が短く、呼吸器疾患、皮膚疾患の併発、心臓血管系の疾患、肝疾患、免疫能力の低下、糖尿病、高脂血症、関節疾患などへの移行、併発、症状の悪化につながります。したがって犬や猫についても健康上大きな問題になっており、人間と同様その予防と対策は急務です。

肥満とは必要量以上の脂肪が過剰に蓄積された状態で、適正体重の15%を超えた場合をいいます。適正体重とは健康を維持していく上での適切な体重で、犬、猫別や種類、オス、メスによっても異なります。

犬の肥満の傾向としてメスはオスの1.3倍、去勢したオスは1.58倍、避妊したメスは1.88倍という報告もあります。いっぽう、猫は犬と違い肥満とは結びつきにくいとされていますが、それでも家から外へ出したがらない飼い主によって運動不足になり、それがストレスになって過食となり、結果的に肥満になるケースが増えているようです。猫も避妊手術後のホルモンバランスの乱れから肥満になるものもあります。

肥満の対策は鍼灸のみではなく、日常の食事療法、運動療法が必要なのは西洋医学と同じです。

肥満の原因は過食と運動不足です。エネルギーの摂取量が消費量を上回る構図が肥満なのです。

中獣医学の考え方

鍼灸最古の古典『黄帝内経』には肥満とみられる人のことを「肥貴人」と記載されています。その昔、美味多食、贅沢三昧のできる身分を貴人と呼びました。近年、肥満に悩む犬、猫はさしずめ「肥貴犬」「肥貴猫」でしょうか。

今の時代、「人肥《こ》えたるが故に貴《たっと》からず」「実語教」（江戸期寺子屋の教科書）です。まさに肥満は健康の大敵と目されるようになったからです。これは犬も猫も全く同じなのです。

同じ『黄帝内経』の「霊枢《れいすう》・逆順《ぎゃくじゅん》肥痩《ひそう》」には、「肥人也……其為人也、貪於取与」（肥満それは食事を飽くことなく貪《むさぼ》る）とあり、肥満は食べ過ぎによって起こるものだということが強調されています。また『石室秘録《せきしつひろく》』（陳士鐸著、清代）には「肥人多痰、肥乃気虚也。 虚則気不運行、故痰生也」……（肥満者は痰が多く気虚である。虚により気が滞り、めぐりが悪くなるので痰が生じる）とあり、『医門法律』（喩嘉言《ゆかげん》著、清代）には「肥人湿多」（肥満者には湿が多い）と書かれています。両書に記載の「痰湿《たんしつ》」（体内に滞った水分からできる痰、病因・病証）が肥満の原因であることを示唆しています。ここで重要なのが、「痰湿」の生成代謝と密接に関係しているのが「脾」と「腎」だということです。

脾は、飲食物の消化・吸収・代謝や栄養物質の生成を行います。食物の運化（代謝）を主《つかさど》ることで、食べ物から栄養成分を吸収し、「気」「血」「津液（水）」を生成しています。腎は、体の基本物質「精」を蔵し、成長・発育・老化・生殖・水分代謝を行っています。腎の働きが悪くなると水分の排出がうまくいかず「痰湿」が作り出されてしまいます。脾と腎は互いに助け合ってはじめて正常な機能を営んでいます。もし脾や腎の機能が低下した場合や偏食、過食すると代謝機能が果たされず、病理物質「痰湿」が体内に生じて肥満となるのです。痰湿によってさらに飲食物の正常な運化作用が失われ、栄養物質が体の各部に送られないため、脂肪が体内にたまり、気・血が滞って循環が悪くなり、さまざまな病症が起こるようになります。

原因

肥満の原因は生活環境の偏りが大きいことです。特に素因、労逸、飲食、年齢、情志と関係があります。関係が深い臓腑は脾、胃、腎などで、それらの機能失調による痰湿が原因となります。特に飲食の偏りに現れる病証に虚証・実証の別があり、虚証では脾胃両虚《ひいりょうきょ》、実証では脾胃亢盛《ひいこうせい》があります。

（1）脾胃両虚

脾が虚しているために運化機能の低下があり、水分の停滞が起こります。合わせて腎虚もあるため気化作用（腎の働きの一つ、栄養物質を水分に変化させる働き）が失調し、気虚となるため逆に陰盛（陰・

陽の調和状態が健康である。気は陽に属し、血、津液、精などは陰に属する。気が不足し気虚になると陽は反対に多く勢いを増し、陰盛になる。この場合栄養過多になることを表している）となり、「陰は形を成す」ことから肥満が生じます。

（2）脾胃亢盛

脾の運化、肌肉作用（脾は栄養物質を運び皮膚や筋肉を養う作用）、胃の受納、腐熟作用（胃は飲食物を受け入れ、それを消化する作用）がともに活発なため、多食肥満が起こります。

症状と治療法

（1）脾胃両虚

症状 肥満、特に顔面、腹部が著明、肌肉のたるみ、倦怠、動作緩慢、傾眠、息切れ、便秘。

脾陽不足《ひようふそく》（脾の機能力が不足）により痰湿内盛《たんしつないせい》（胃腸内で非生理物質が産生されその影響が強まること）となるため、肥満を生じ肌肉はぶよぶよとなります。傾眠、息切れなどを起こすのは、脾陽不振《ひようふしん》（脾の運化、温煦〈温める〉機能が振るわない）のためです。陰虚のため水分が気化できず、便秘となります。

治法 健脾益腎《けんひえきじん》、助気化湿《じょきかしつ》を図ります。

経穴処方 脾兪《ひゆ》（図1）、胃兪《いゆ》（図1）、足三里《あしさんり》（図2）、腎兪《じんゆ》（図1）、気海《きかい》（図3）、関元《かんげん》（図3）、三陰交《さんいんこう》（図4）、太渓《たいけい》（図5）、陰陵泉《いんりょうせん》（図4）

・**脾兪、胃兪、足三里**：三穴で健胃運脾と痰湿の除去を図ります。脾兪、胃兪は棒灸による温灸も可能です。

・**腎兪、気海、関元**：脾の運化を助けるとともに、腎補気（腎気を補う）作用に期待します。この三穴は棒灸による温灸も可能です。

・**関元、三陰交、太渓、陰陵泉**：利水化湿を目的とします。

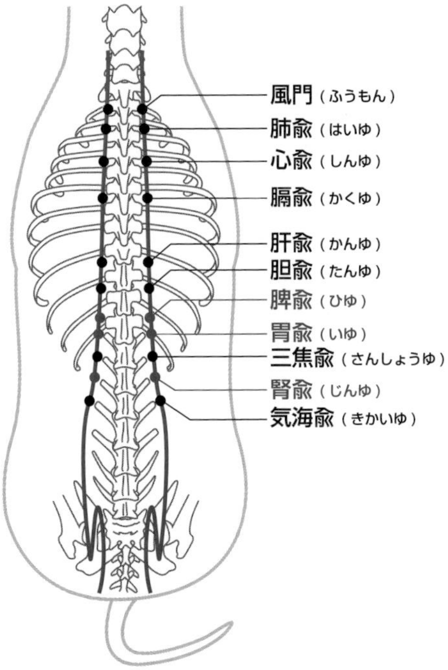

後肢太陽膀胱経
背面図
図1

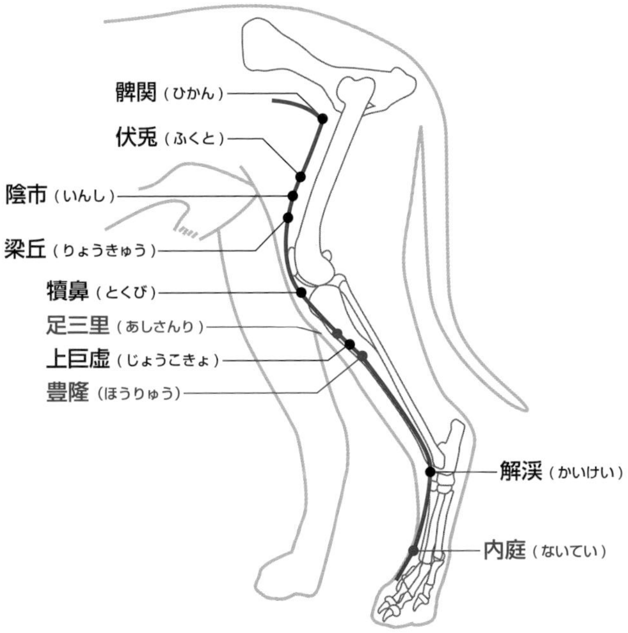

後肢陽明胃経
左後肢の外側図
図2

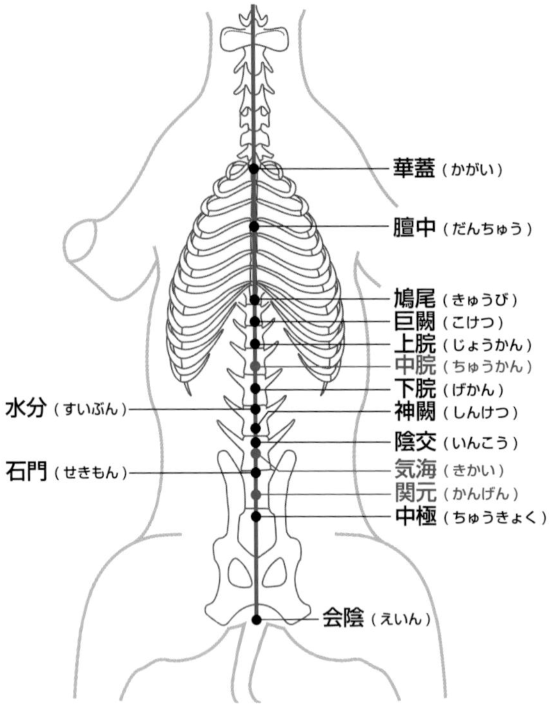

任脈
腹面図
図3

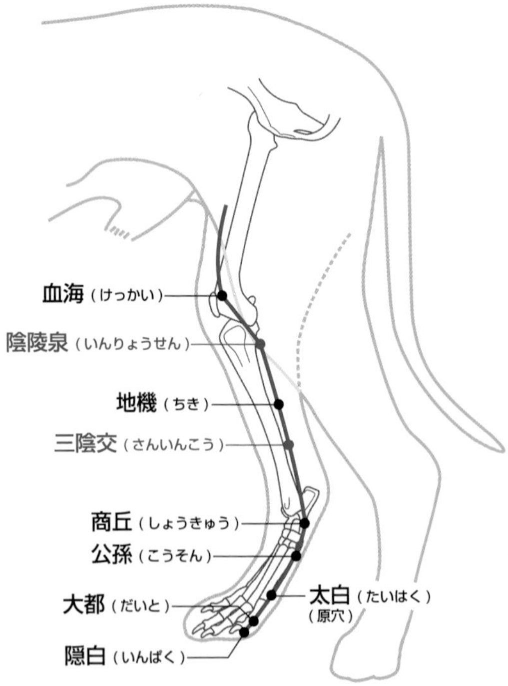

後肢太陰脾経
右後肢の内側図
図4

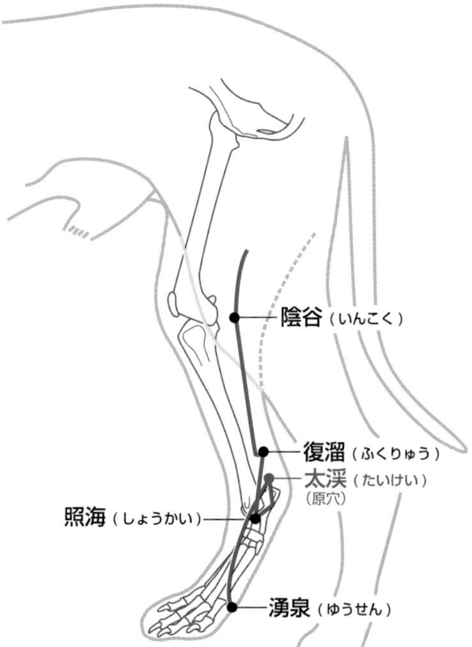

後肢少陰腎経
右後肢の内側図
図5

（2）脾胃亢盛

症状 全身肥満、特に上腹部が著明、触診すると肌肉に張りがある。食欲亢進、腹脹、便秘。

単純な肥満にみられる症状です。脾胃の働きが活発なため、食欲旺盛、偏食により痰湿が起こります。胃と腸の蘊熱《うんねつ》（邪気が深く結ぶように停滞すること）により便秘となり、多食のため腹脹と便秘が起こります。

治法 消胃瀉火《しょういしゃか》（胃腸の過剰な働きを抑制する）を図ります。

経穴処方 合谷《ごうこく》（図6）、内庭《ないてい》（図2）、曲池《きょくち》（図6）、脾兪《ひゆ》（図1）、中脘《ちゅうかん》（図3）、天枢《てんすう》（図7）水道《すいどう》（図7）、豊隆《ほうりゅう》（図2）

- **合谷、内庭、曲池**：胃腸の機能亢進を抑制する作用があります。
- **脾兪、中脘、天枢**：胃腸の積滞を除きます。棒灸による温灸が可能です。
- **水道、豊隆**：痰濁（痰飲や湿邪の非生理物質）の除去を図ります。

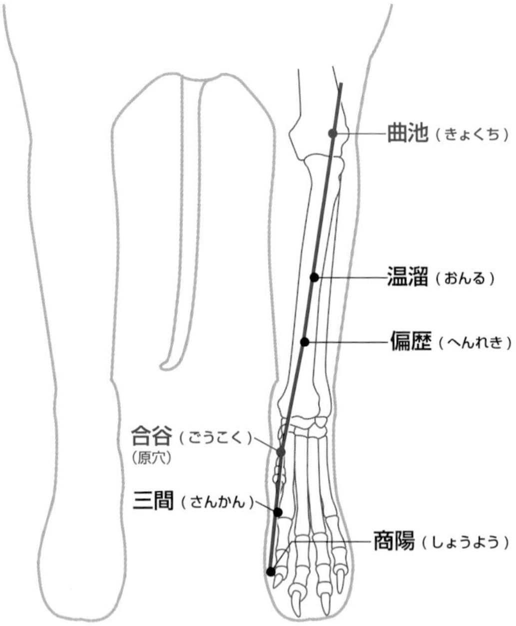

前肢陽明大腸経
左前肢の図
図6

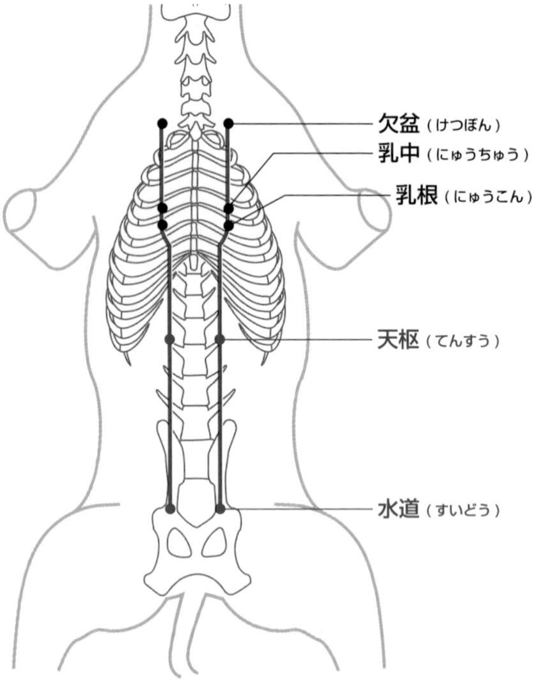

後肢陽明胃経
腹面図
図7

臨床14 腎不全

腎臓は、血液中の老廃物を濾過する役割を担っています。腎不全とは何らかの原因により腎臓の機能が障害を受け、体内の老廃物の排泄や水分・電解質バランスの調節などに異常が生じている状態のことです。病気の経過によって急性腎不全と慢性腎不全に分けられます。

中獣医学の考え方

腎不全は腎の機能失調だけでなく膀胱の機能失調と一体であると考えています。なぜなら、中獣医学では腎と膀胱は表裏の関係にあると認識しており、両者の関係は密接不可分であるとみています。腎の生理は腎、膀胱、これに関係する経絡、骨、髄、脳、二陰（尿道、肛門）、耳、子宮、奇経八脈などからなり、精を貯蔵し、水をコントロールし、納気（腎が呼吸作用に関わっていること）し、骨を統括し、髄を生み、脳を満たし、聴覚と二便（大小便）などの生理機能を行っています。一方、膀胱は尿を貯え排泄する作用があり、その経脈は腎に連絡して表裏関係を構築しています。これらの機能に何かの原因で異常が起こった状態を腎不全と捉えています。

腎は経絡では後肢少陰腎経に属し、膀胱に連絡し、足底、踵、膝、腰、咽喉、舌根などを通り、膀胱は後肢太陽膀胱経に属して腎に連絡し、内眼角、頭頂部、後頭部、脊柱の両傍、肩背部、腰仙部、膝窩、後肢下腿、足背外側などを通ります。したがって、もし腎や膀胱に病変が起こればこれらの部位に症状が現れます。

原因

病変を引き起こす原因は外邪の侵入と内傷（心身過労、不摂生から起こる病気）です。外邪によるものは直接腎を侵すものや他の臓から伝入したものなどがあります。

内傷によるもののほとんどが老齢、久病《きゅうびょう》（長患い）、労倦《ろうけん》（疲労）などで真陰《しんいん》（腎が蔵する先天の精で、出生・成長発育における最も基本的物質）を消耗したものや他の臓の病変が腎に波及したもの、腎自体から発病したものなどがあります。腎不全に該当するものとして、一般的なものに次のようなものが挙げられます。

（1）腎気不固証

多くの場合、若い年齢で腎気がまだ充実していないか、高齢で腎気が衰弱しているか、または久病、労倦などで腎気虧損《きそん》（腎が蔵している生命力の不足）と封蔵失固《ふうぞうしっこ》（腎が貯え、生命力を失う）が引き起こされて生じたものです。

（2）腎不納気証

「肺は気を主《つかさど》り、腎は気の根本である」といいます。肺は呼気を主り、腎は納気（呼吸で空気を体の深くまで納める働き）を主ります。腎気が毀損（壊れて）して摂納（十分呼吸する）の力がなくなると、気はもとに帰ることができなくなり、呼気が多く吸気が少なくなります。主な症状として短気喘息が出てきます。動くと気が消耗するので動作時に喘ぎがひどくなります。

（3）腎陽虚衰証

ほとんどが稟賦《りんふ》不足（先天の気の不足）、天葵《てんき》（生殖能力）の枯衰による腎虧あるいは久病による腎陽損耗《じんようそんもう》によって生じます。命門の火（生命の原動力や熱の本源）は体における陽気の根本です。したがって、五臓六腑は命門の火によって温陽されます。必然的に腎精が不足すれば、営血（血液）も不足しさまざまな虚労症状が出現します。

（4）腎虚水乏証

腎は水分を蔵し、化気（気に変える作用）と水液代謝を主っています。水液が体内に散布されるのは腎の気化作用（腎・膀胱による尿の貯留と排泄の機能）によるものです。もし 腎陽が不足すると気は水をさばけなくなるため、水液は温煦（温める）されず、水気が内停して溢れ出します。水気が腎経の通行部位に停滞すれば倦怠、浮腫などの症状が出ます。

症状と治療法

（1）腎気不固証

症状 腰、後肢に力が入らず立っていられない。聴力減退、ダラダラと排尿が続く。尿量増大。

治法 補腎固摂《ほじんこせつ》（腎を補い精が漏れないようにする）を図ります。

経穴処方 腎兪《じんゆ》（図1）、志室《ししつ》（図1）、気海《きかい》（図2）、関元《かんげん》（図2）

- **腎兪**：後肢太陽膀胱経の背部兪穴で、棒灸による温灸を加えると腎気を補益することができます。
- **志室**：別名精宮といい、蔵精蔵志《ぞうせいぞうし》（精神が宿る）の部位なので、補《ほ》腎固精《じんこせい》（腎を補い精を保持）の効果があります。棒灸による温灸も可能です。
- **気海**：真気（元気）を益し下陥（下がるもの）を挙げる効果があります。
- **関元**：「元気の関所」といわれ、足三里と任脈の会であり、棒灸で温灸を行うと陽気を壮んにして精を固めることができます。

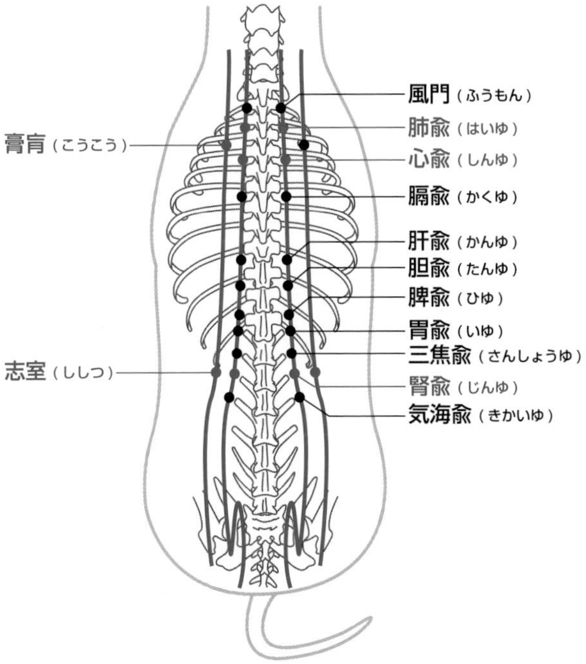

後肢太陽膀胱経
背面図
図1

華蓋（かがい）
膻中（だんちゅう）
鳩尾（きゅうび）
巨闕（こけつ）
上脘（じょうかん）
中脘（ちゅうかん）
下脘（げかん）
水分（すいぶん）
神闕（しんけつ）
陰交（いんこう）
石門（せきもん）
気海（きかい）
関元（かんげん）
中極（ちゅうきょく）
会陰（えいん）

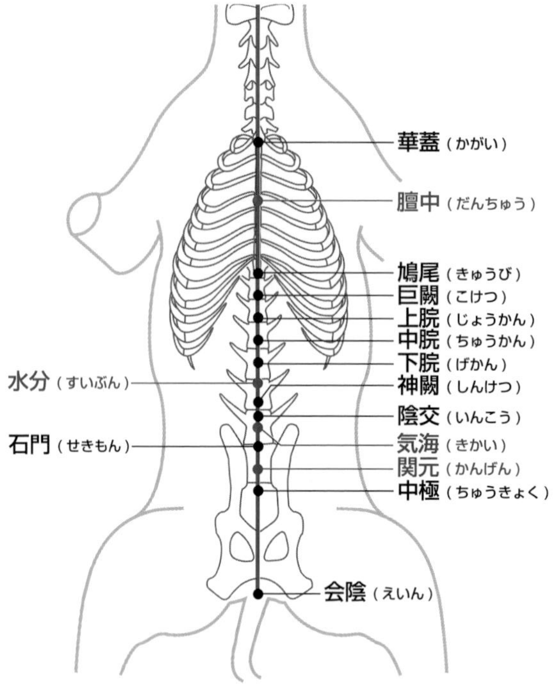

任脈
腹面図
図2

（2）腎不納気証

症状 息切れ、呼吸切迫、喘息、動くと喘ぎがひどくなる、咳嗽、四肢不温、顔面浮腫。

治法 固腎納気（こじんのうき）（腎を補い深く呼吸ができる）を図ります。

経穴処方 腎兪（じんゆ）（図1）、膏肓（こうこう）（図1）、膻中（だんちゅう）（図2）、気海（きかい）（図2）、関元（かんげん）（図2）

- **腎兪**：後肢太陽膀胱経にあり、温陽益気（おんようえきき）（陽気を補い元気を益す）と補腎培元（ほじんばいげん）（腎を補い元気を培う）作用が期待できます。棒灸にて温灸も可能です。
- **膏肓**：後肢太陽膀胱経第2側線上にあり、通宣利肺（つうせんりはい）（肺気を巡らす）の作用があり肺気を補し、脾気を運び、腎気を固める（腎気を保持する）ことができます。
- **膻中**：胸部正中にあって任脈に属し、降気寛胸（こうきかんきょう）（胸を広げ肺気を下まで通す）の働きをします。棒灸による温灸も可能です。
- **気海**：下腹部正中にあって益腎固精（えきじんこせい）（腎を補い精が漏れないようにする）の作用を担っています。
- **関元**：任脈上の下腹部正中にあって、人間の場合でいうと丹田の部位に相当します。丹田というのは元気を宿すところを指します。培補（ばいほ）

元気《げんき》（元気を補う）の作用があります。棒灸にて温灸も可能です。

（3）腎陽虚衰証

症状 体の冷え、音声が低く力がない、疲労、倦怠、完穀下痢《かんこくげり》（不消化便）、小便清長《しょうべんせいちょう》（尿の排泄がダラダラと長い）、乏尿浮腫《ぼうにょうふしゅ》（尿の出が悪くむくむ）。

治法 温腎壮陽《おんじんそうよう》（腎を補い陽気を壮んにする）を図ります。

経穴処方 命門《めいもん》（図3）、気海《きかい》（図2）、関元《かんげん》（図2）、腎兪《じんゆ》（図1）、天枢《てんすう》（図4）、足三里《あしさんり》（図5）

・**命門**：両腎兪の間にあって、生命の門という意味を持つ重要な経穴。固精壮陽（精を漏らさないように陽気を壮んにする）の作用があります。棒灸による温灸も可能です。

・**気海、関元**：両穴とも下腹部正中にあり、補養益陰《ほようえきいん》（陰を補う）の作用があります。

・**腎兪**：腰部正中線両傍にあり、腰、膝の無力、浮腫などの主治をもちます。棒灸による温灸も可能です。

・**足三里、天枢**：両穴をいっしょに取穴する補虚散寒《ほきょさんかん》（虚を補い寒を散ずる）の作用があり、完穀下痢を改善します。二穴とも棒灸による温灸も可能です。

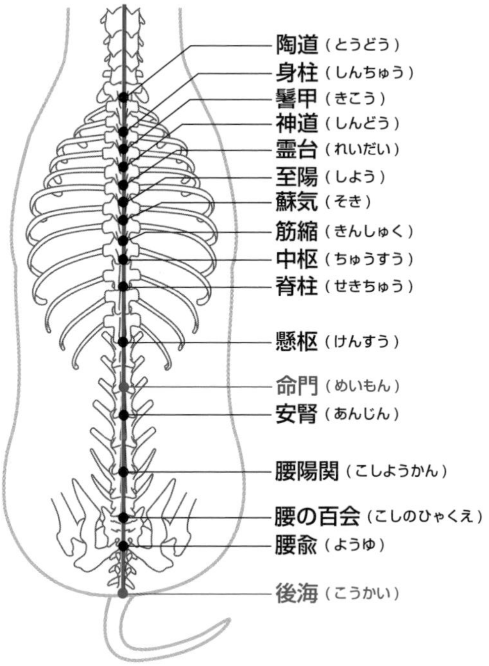

督脈
背面図
図3

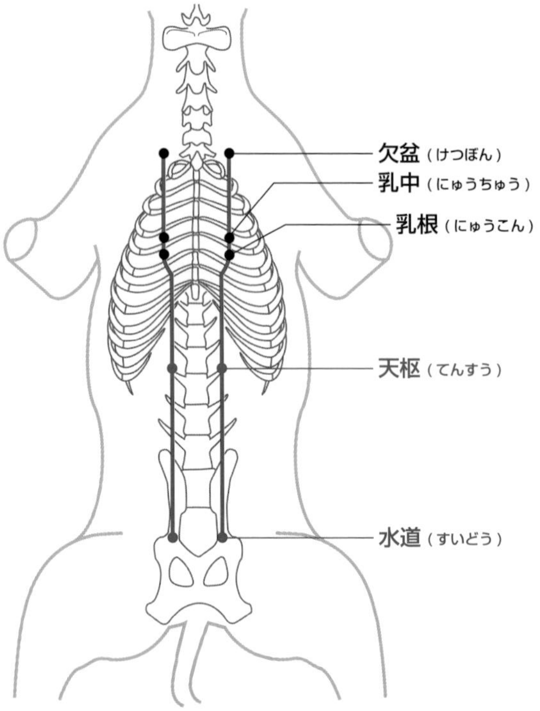

後肢陽明胃経
腹面図
図4

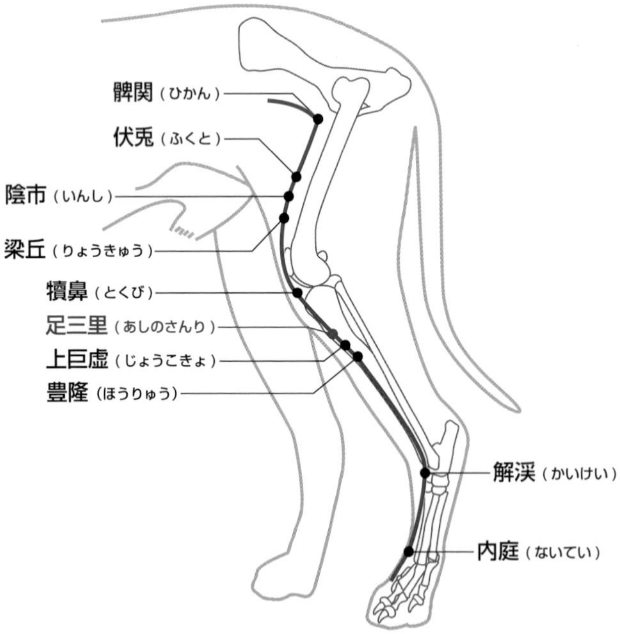

後肢陽明胃経
左後肢の外側面図
図5

(4) 腎虚水乏証

症状 腰が腫れてだるい。排尿困難、尿閉塞、全身浮腫で体が重い、倦怠、尿量減少、喘息、横になって喘ぐ。

治法 温腎利水《おんじんりすい》(腎を補い利尿を促す)を図ります。

経穴処方 膀胱兪《ぼうこうゆ》(図6)、腎兪《じんゆ》(図1)、水道《すいどう》(図4)、水分《すいぶん》(図2)、陰陵泉《いんりょうせん》(図7)、心兪《しんゆ》(図1)、肺兪《はいゆ》(図1)

• **膀胱兪**:後肢太陽膀胱経の背兪穴で、膀胱を通じさせ小便を利する調膀胱(膀胱の調整)作用があります。

• **腎兪**:後肢太陽膀胱経の背兪穴で、腎陽を温め気化を促す作用があります。棒灸による温灸が可能です。

• **水分**:下腹部正中にあって任脈に属し、利水湿《りすいしつ》(水分代謝)の作用をもちます。棒灸による温灸が可能です。

•**水道**:後肢陽明胃経で下腹部にあり、通利三焦《つうりさんしょう》(腎、膀胱の機能促進)を期待します。棒灸による温灸が可能です。

• **陰陵泉**:後肢太陰脾経に属し、後肢にあって浮腫、排尿困難を治します。棒灸による温灸が可能です。

• **心兪**:水気の勢いが心をしのぐと心陽が阻止され、短気と心悸亢進が起こります。心兪はそれを改善します。棒灸による温灸が可能です。

• **肺兪**:水気が肺を犯すと肺の宣降《せんこう》(肺の空気を吸い込む機能)が失われ、咳嗽が出ます。この場合、肺兪をとって症状の緩和を図ります。棒灸による温灸が可能です。

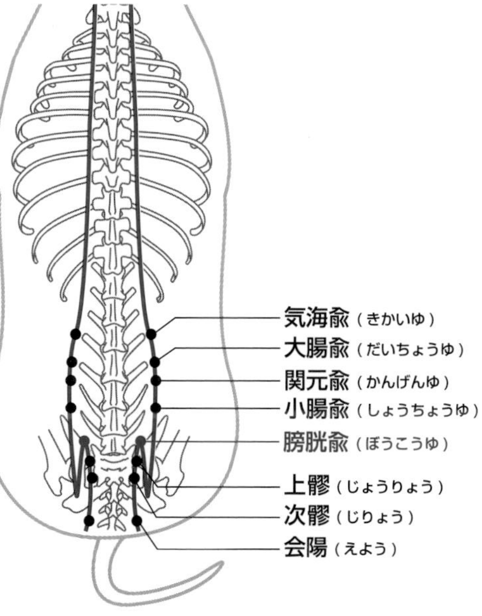

後肢太陽膀胱経
背面図
図6

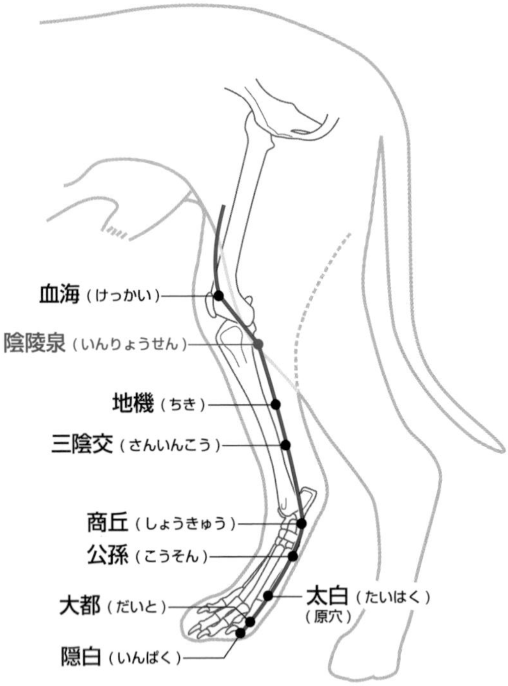

後肢太陰脾経
右後肢の内側図
図7

第7章

鍼灸をもっと勉強したい人のために

石野　孝

鍼灸《しんきゅう》とはハリやキュウを医療として行うものであり、その発祥は古代中国です。鍼灸は中国の伝統医学の体系的な理論にもとづいた治療法の一つといえます。

世界にはさまざまな伝統医学がありますが、中医学はイスラムのユナニ医学、インドのアーユル・ベータ医学とともに世界三大伝統医学といわれています。伝統医学に対する明確な定義はありませんが、各地の文化に根ざした古い歴史をもつ医学です。

中医学には漢方薬、鍼灸、推拿《すいな》、気功、食養などがあります。例えば鍼灸などは中国医学の基礎理論の上に、鍼灸固有の理論や経絡・経穴理論があります。ここではすべてに共通する基礎理論は中医学と記し、漢方薬や鍼灸の固有の理論についてはそれぞれ漢方薬、鍼灸と記述しました。なお、漢方薬という表現は中医学にはなく、日本的表現です。

鍼灸の歴史

医学は「人類誕生とともにある」などといわれますが、鍼灸の歴史は古く、鍼灸が医学として体系づけられたのは、春秋戦国時代（紀元前475年頃〜）から秦・漢の頃といわれています。

それまで長い年月をかけて多くの医家が鍼灸について激しい議論を展開したものと思われます。自らの経験や体験あるいは研究、論文、評論などによって体系化が図られ、それらを集大成したものが、『黄帝内経』です。「黄帝」という伝説上の医神の名を冠して『黄帝内経』と名付けました。『黄帝内経』は「素問」と「霊枢」から成り、「素問」は主人公の黄帝と数人の家臣との平素の問答というシナリオの設定になっており、中医学や鍼灸の理論、生理、病理、養生などが記載されています。「霊枢」のほうは主に鍼灸の理論、経絡、経穴、鍼灸の手技などの記述が主となっています。『黄帝内経』は中国古典医学の巨著として永遠のバイブルですが、その中に一貫して流れているのは天人合一の思想です。

「天人合一」とは、人間と万物はともに「天地の気」を受けて生まれ、人と万物自然は調和と均衡、統一の中にあり、「天」と「人」の調和こそが最高の理想とする考え方です。人類のさまざまな行為や活動は自然に順応し、自然の法則に合致しなければならないと説いています。「素問」の黄帝と家臣の問答はユーモアに富んでいます。ある時、黄帝は家臣の岐伯に問うて、「人間は年老いてくると子供を産むことができなくなるが、子種を使い果たしたためであろうか。それとも年のせいであろうか」。岐伯はうやうやしく答えて自然と人間の摂理を説きます。「女性は七歳になりますと、腎気がようやく巡り、二七（十四歳）になりますと天癸《てんき》（生殖能力）が盛んになり、子供を生むことができるようになります。三七（二十一歳）になりますと腎気が全身を均等に巡るようになり、四七（二十八歳）になりますと髪の毛も豊かになり、体は女性として最も充実した状態になります。五七（三十五歳）になりますと、陽明の経脈がだんだん衰え、顔に皺ができ始め、髪の毛が抜けるようになります。六七（四十二歳）になりますと、三陽経脈がともどもに衰え、十分に顔面を栄養することができなくなり、顔には皺がふえ、頭には白髪が生えるようになります。七七（四十九歳）になりますと、任脈がうつろになり、衝脈が衰えて血《けつ》が少なくなると、やがて月経も終わりとなり、子供を生む能力がなくなります。……」と自然の理のとおり、年老いてくると子供を生む能力がなくなることを説明します。男についても同様に説きます。黄帝はこの説明では納得しなかったようで、「しかし、年老いても子供を生むことがあるが、これはどうしてであろうか」と突っ込みを入れてきます。

岐伯答えて曰く「それは、天がその人に与えたものですが、いくら老人に子供を作る能力があるといいましても、男性では八八（六十四歳）、女性では七七（四十九歳）を過ぎることはありません。これを超えますと生殖能力の源である腎精が欠乏するからであります」。このような日常会話のストーリー性は天地自然に、畏敬の念を抱き、生老病死は自然の流れであり、人間は自然の原理に従って生かされるものであることが全編を通じて随所に出てきます。これは当時の自然哲学の基礎理論が中医学の底流に深く浸透していたからです。これは「陰陽五行説」という当時の自然哲学の考えが大きく影響しています。

「陰陽五行説」は中国の春秋戦国時代に起こった哲学理論で、「陰陽論」と「五行説」という2つの考え方を基本理論としています。

陰陽学説

陰陽学説は「世の中のすべての事象や事物は陰と陽の2つに分類でき、それぞれの対立と依存、消長（一方が多くなれば他方が減少する）と転化（相手によって変化する）によってバランスが保たれて存在する」と説いています。これは古代中国の「中庸《ちゅうよう》」という考え方から影響を受けているようで、「中庸」とは、「過不足なく偏りのない」という意味で古代社会の守るべき規範の一つでした。

このような考え方が医学にどのようにかかわっているのでしょうか。この考え方を受けて、なにごとも陰・陽の「調和」が保たれていることを一義とします。したがって「調和」が保たれていない、つまり陰陽のバランスが失われた状態というのは、陰・陽いずれかに過不足がある状態で、「陰陽調和」を図るには不足しているものは補い、余っているものを取り去ってバランスを回復させます。こういった考え方が「陰陽調和」の法則です。この考え方を医学に当てはめると、「病気」というのは陰陽のバランスが崩れた状態を指します。したがって治療は、崩れた状態をもとに戻してバランスのとれた状態にすることです。陰・陽といういいかたは日常よく使います。「陰気な男」とか「陽気な女」などから、陰はどういうものか陽はどういうものか漠然とイメージできます。

陰陽の分類は、男は陽、女は陰、天は陽、地は陰、明るいは陽、暗いは陰、動は陽、静は陰、気は陽、血は陰で、発揚傾向のものはすべて陽、沈降傾向のあるものはすべて陰であると考えます（表1）。

表１　陰陽の分類

陽	天	日	昼	火	熱	動	気	明	外
陰	地	月	夜	水	寒	静	血	暗	内

陰陽を体に当てはめるとおよそ次のようになります（表2）。

表2　体における陰陽分類

	陽	陰
部位	上部	下部
部位	背	腹
臓と腑	六腑	五臓
臓と臓	心・肺	肝・脾・腎
物質	気	血・水

陰陽学説を育んだ世界観は「自然の中に人間（動物）があり」「人間（動物）の中にも自然がある」といった人間（動物）を含めた自然界、あるいは人間（動物）と自然界との密接な関係を指しています。したがって「人間（動物）の体も自然界も同じ法則に従っている」と考えます。もちろん動物も同じです。

中医学の診察では、患者の舌を診ます。これを舌診といい、重要な診察項目です。例えば、舌苔は水辺の苔と同じ生え方をします。苔が生えるには適度な水と光が必要です。池の水が少なくなると苔は乾燥しますし、太陽の光が強すぎると苔は黄色くなります。舌も苔も同じです。陰陽での分類は、水は陰で光が陽。舌苔が乾燥している時は体のなかの水分が不足していると診ます。つまり陰の不足です。舌苔が黄色いのは陽の過剰です。つまり熱があると診ます。陰陽のバランスが保たれている時には薄いピンク色の舌本の上にうっすらと白い舌苔が生えている状態で、これが正常です。

このような考えは自然から学びとります。自然に合わせて生きる。人間も動物も自然界の法則にしたがって生きていることを強調します。

五行学説

五行学説とは、世の中のすべての物や事象は木、火、土、金、水の5つの基本物質から成り、互いに影響し合い、バランスを保ちながら循環するという基本的原則に立つ考え方です。

この基本物質である木、火、土、金、水を五行と呼び、この五行の分類を体にも当てはめ、臓腑、組織、器官、経絡などが五行に配当されています（表3）。五行学説のなかで最も大事な点は、木、火、土、金、水の相互の関係です。その関係には相生と相克という2つの基本的作用があります。

相生とは5つの要素が「～は～を生む」「～から～が生まれる」という母子関係を示すもので、物事の促進作用を示めしています。相克とは5つの要素が「～は～に克つ」「～は～に負ける」という相克関係をいい、物事の抑制作用を示しています。これは五臓という体の部分が相互に影響し合い、全体の機能を主《つかさど》りながらバランスを保っていると考えます。先人たちは五行学説を応用して、体を一つの複雑系システムとして考えていたものと思います。これらの考え方は中医学の理論を構成する中核をなすものです。

表3　自然界と人体の五行分類

五行		木	火	土	金	水
自然界	五季	春	夏	長夏	秋	冬
	五能	生	長	化	収	蔵
	五気[1]	風	暑	湿	燥	寒
	五色	青	赤	黄	白	黒
	五味	酸	苦	甘	辛	鹹
	五方	東	南	中央	西	北
	時間	平旦	日中	日西	日入	夜半
	五音	角	徴	宮	商	羽
人体	五臓	肝	心	脾	肺	腎
	五腑	胆	小腸	胃	大腸	膀胱
	五官[2]	目	舌	口	鼻	耳
	五主	筋	血脈	肌肉	皮毛	骨髄
	五志[3]	怒	喜	思	憂	恐
	五声	呼	笑	歌	哭	呻
	五変	握	憂	噦《えつ》	欬《がい》	慄

1）五気：“五悪”ともいわれ、季節の気候の特徴をいう。
2）五官：“五根”ともいわれる。
3）五志：“五情”ともいわれ、情動変化をいう。

鍼灸の起源

鍼灸は金属製の鍼を皮膚に刺したり、もぐさで皮膚を焼いたりと、“刺す焼く医療”です。なぜ中国だけにこういった療法が起こったのでしょうか。

人類は火を使いはじめることによって生活を飛躍的に発展させました。日常生活の中で火を使ううちに、火の熱が体の機能を改善することに気がつき、そして長い年月試行錯誤をするうちに灸療法が生まれたということです。

鍼療法はどうでしょう。古代の医療は病むところへ手を当てる「手当て」に始まるといわれています。やがて人類は手よりももっと違う器具を使ったほうがより効果的であることを知るようになります。そして器具を特定の部位に強く押し付けたり叩いたりしているうちに痛みが止まったり、軽くなったりすることに気がつきました。これが経穴や経穴と経穴を結ぶルートの発見につながったようです。そして経絡の認識へとつながっていきました。

手当てのかいもなく死亡した、という枕詞に「薬石効なく……」と付けます。この場合の石は鍼の原型である砭石《へんせき》のことだといわれます。古代中国のいろいろな文献に砭石という石製の医療器具の名前があります。できもの、腫れ物の切開などにメスとして使われていたことが文献からも確認できます。一連の物として骨針、竹針などもありました。

歴史学者によると骨製や石製の針は布を縫い合わせる道具として新石器時代のどこの地域の文化にもあったということです。したがって中国で鍼治療が医術として発生した以上、他の地域でも同じように発生してもよかったはずです。さらにもぐさの原料となるヨモギにいたっては世界中に分布していたといわれます。古代中国はもとよりエジプトやローマ、ギリシャなどでは魔除けや悪鬼除けにヨモギを身につけたり、戸口に飾ったりする風習が広まっていたそうです。ヨモギを婦人病に効くとみなしていた点でも彼らは同じであったようです。このことから、ヨモギに関する共通の文化が成立していたとみています。こうしてみると灸療法を生み出すための一般的条件は古代中国に限られたものではなかったはずです。地中海東部地域の諸民族間に鍼、または灸療法が定着するだけの歴史的時間は、新石器時代からはもちろん、殷代からでもたっぷりあったはずだと歴史学者はみています。ところが古代ギリシャ・ローマの文献は、諸民族の薬や医療についていろいろ記載をしているのに、鍼や灸についてはまったく触れていません。このまったく特異な治療法がなぜ中国だけに限って発生したのでしょうか。中国医学史はこの部分の解明が欠落しています。

新しく鍼灸を学ぶ場合、「このような特異な医学がなぜ中国だけに起こったのか」という疑問がつきまといます。いつの日か歴史家や学者が総力を挙げて解明してくれる日が来るかもしれません。もしかするとその発生過程には人間行動学、動物行動学の常識を変える事実が発見されるかもしれないと私は期待しています。

気血とは

鍼灸における生理学の理論は循環です。循環するのは気血です。血液が血管の中を流れるように鍼灸医学では、気血が経絡の中を流れることになっています。気は活動エネルギーであって目には見えません。気血がいっしょに流れているといっても、目に見えるのは血だけです。現実には血が単独で循環しているとしか見えません。先人たちは体を生かしているもっとも基本的な物質は気という活動エネルギーと血という栄養分であると考えました。

気＝活動エネルギー　血＝栄養分

したがって気血というのはこの医学の生理学の基本物質となっています。

「気」は、次のように考えられます。

1）気は物質であり、エネルギーを有するものである。

2）①体の外から侵入する気と②体の中で発生する気がある。

①は大気中の酸素のようなもの。②は食べ物が消化されてできる代謝エネルギーのようなもの。

3）気は臓器や器官の活動エネルギーの源泉になっている。

気は臓器や器官にもあり、心を動かしているのは心気、肝を動かしているのは肝気、脈を動かしているのは脈気といいます。

「血」とは、「血液」のことです。中医学では「血《けつ》」、西洋医学では「血液《けつえき》」と呼び、呼び名が違います。

血は気という活動エネルギーの助けを得て全身くまなく張り巡らされた経絡の中を循環します。

血管と経絡はまったく別物です。血管は実在のルート、経絡は架空のルートです。架空のルートが全身網の目のように張り巡らされていますが、系統立った主なものは14本あります。これを十四経といっています。これが臓腑、組織、器官すべてに関与していることになっています。経穴は原則経絡上にありますが、実体はありません。これも経絡同様架空の産物ですが、鍼灸では実体がないからといってこれを無視していたら、この医学は成り立ちません。

陰陽を気血に当てはめると、血は陰で気は陽です。気血がバランスよく巡ることは「陰陽調和」といって健康な状態です。ところが気や血の流れが停滞したり、過不足を起こしたりすることは「陰陽失調」の状態でこれは病理です。気血の停滞を「気滞」、「血滞」、気血の不足を「気虚」、「血虚」といいます。バランスよく循環することが生理的状態です。

例えば痛みは病理です。「不通即痛」（通じざれば即ち痛む）と古典にあります。痛むのは気血の流れが滞るからだといいます。例えば打撲でその部位が痛む場合、押して圧痛点のある部位に鍼を打つと圧痛も打撲の痛みも軽くなります。お灸にいたっては鍼より即効性がある場合もあります。とはいっても現代人にとってはなかなか受け入れがたいことですが、これにはちょっとしたコツがあります。知熱灸といいますが、米粒大のもぐさを圧痛点と打撲の部位に置き線香で火を点じ、患者が「アツイ」という瞬間にもぐさを取ります。これを一カ所に三壮を目安に行います。これを2～3回繰り返します。痛みも見事に消えます。皮膚面は小さな発赤、軽い充血がみられることがありますが、痕はまったく残りません。

いずれにしても鍼灸は昔から日本でも中国でも鎮静に大きな役割を果たしてきました。痛みを抑えるための鍼治療が針麻酔に発展して1972年アメリカのニクソン大統領が訪中した際に紹介され、世界中の話題になりました。

西洋医学では、痛みを伴う難病といわれるものに対しては、神経ブロックで対処することが多く、感覚通路を遮断することによって痛みを感じさせなくします。一方、鍼灸は「不通即痛」（通じざれば即ち痛む）の通り、痛みは気血が通じないことにより起こるものと解釈し、鍼灸をすることによって気血を通じさせ（循環）痛みを止めようとします。したがって鍼灸にはブロックという発想はありません。ただ通じさせることが痛みを止めることなのです。両者はまったく正反対です。そもそも痛みは気血を循環させたり、神経をブロックしたら止まるものなのでしょうか。両者の考えはなかなか相容れません。

経絡と経穴

（1）経絡とは

経絡は臓腑、組織、器官などを互いに連絡している通路です。身体の隅々まで張り巡らされており、臓腑と体表、五官（目・舌・口・鼻・耳）、五体（筋・脈・肌肉・皮膚・骨）などと深く関わり、全体を統一しています。そして経絡の中を気・血・津液が循環しています。気は体を動かすエネルギー、血は飲食物からつくられた栄養物質、津液は血の一部の水分で、全身を潤しています。この三者が一体となって体の隅々まで循環します。

経絡は経脈と絡脈に分かれます。経脈とは十二経脈と奇経八脈をいい、絡脈とは十五絡脈、孫絡、浮絡を指します。

十二経脈とは、体を上下に流れる縦の通路で手に六本、足に六本あり経脈中の中心をなすものです。奇経八脈とは、体の正中線の前面と後面を走るものと、臍部の高さで一週するもの、経脈の傍を巡るものなど計八脈あります。十二経脈と体の前後の正中線を走る二本の奇経（督脈と任脈）を加えて十四経絡と呼んでいます。絡脈は十五絡脈といって経脈から出るものが十五本あり、表裏の経脈をつないでいます。さらに絡脈からは浮絡と孫絡が出て、末端や皮膚など全身各部に張り巡らされています。ほかに、十二経別、十二経筋、十二皮部などもあり、要するにこれらが全身網の目のように網羅していることになっています。

経絡図

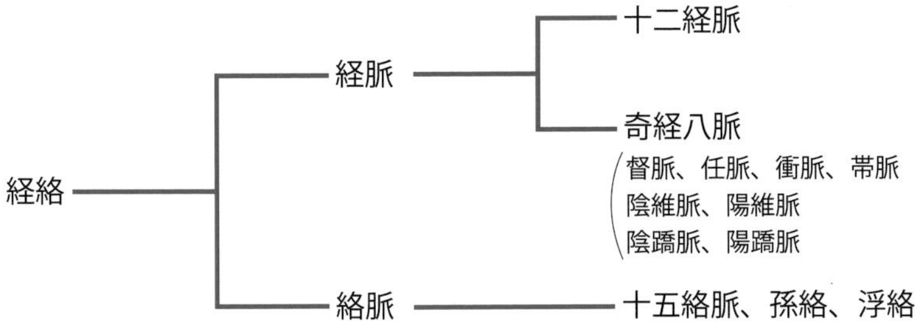

※経脈には十二経脈に関連する十二経別、十二経筋、十二皮部も含まれる。
※絡脈に孫絡、浮絡がある。

十二経脈の循環

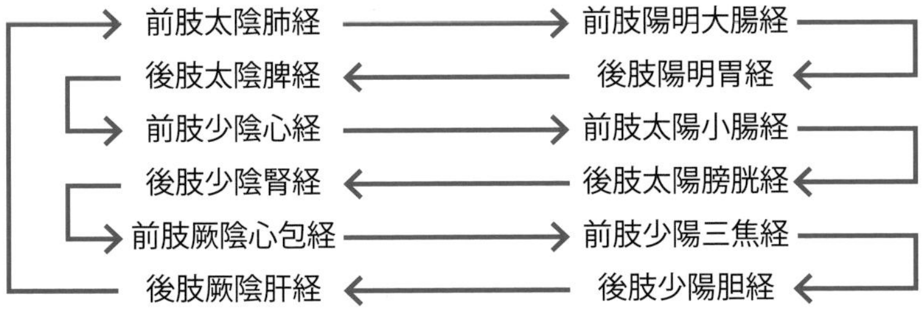

※人間の経脈では前肢を「手」、後肢を「足」と表記します。例：手太陰肺経

（2）経絡の働き

経絡には次の3つの作用があります。

生理面：①臓腑を互いに結び、臓腑と五官、臓腑と五体を結ぶ。
②気血などの栄養物質を全身に送る。
③外邪から体を守る。

病理面：①外邪や体内で発生した病理産物が伝わる通路である。
②疾病の際、病状が反映されると同時に経絡を通じて五官などに特有の病状が現れる。

治療面：①鍼灸その他の刺激を外部から加えることで、疾病を治療することができる。
②四診の一つ、切経を行うことによって、疾病の状態を知ることができる。

（3）十二経脈

十二経脈は経絡系統の中心となるもので、経別、奇経、絡脈などはすべて十二経脈を基礎としており、それが相互に連絡し合ってその作用を発揮しています。以下の5つがその特徴といえます。

①各経脈の分布部位には、一定の法則がある。

②各経脈はすべて体内では臓腑に属し、体表では肢節に絡す（まとう。絡《から》まる）。

③各経脈はそれぞれが1つの内臓に属し、臓と腑は表裏の関係で連絡し合っている。
④それぞれに特有の病症がある。
⑤体表に経穴が分布している。

十二経脈に、奇経八脈中の任脈と督脈を加えて「十四経脈」といいます。これら十四本の経脈はすべて固有の経穴をもっていますが、奇経八脈のうち残り六本は固有の経穴をもっていません。すなわち、「十四経脈」というのは固有の穴位をもつ経脈を指していったものです（P230経絡図　図1 ～図14）。

（4）奇経八脈

奇経八脈は督脈、任脈、衝脈、帯脈、陰維脈、陽維脈、陰蹻脈、陽蹻脈の八本からなっており、十二経脈のように臓腑との結びつきがなく、表裏の関係を持たず、十二経脈のいずれかと交差して走行しています。

奇経八脈の働きは、十二経脈と連絡し合い、それらを統率して気血を調節する役割を果たしているのです。例えば、十二経脈の中に気血が充満しているときには、余分な気血は奇経八脈に貯えられます。月経や運動など生理活動で必要になったり、疾病によって不足すると十二経脈に気血を供給する役割をもちます。

任脈と督脈は奇経八脈の中でも体に与える影響は大きく、督脈は全身の陽を、任脈は全身の陰をそれぞれ支配していることになっています。また任脈と衝脈は女性の月経に、妊娠後は帯脈が関係しています。

鍼灸の科学化

鍼灸の先人たちは経絡や経穴をどのように体系づけていったのでしょうか。まったく正体がわからないこれらのものをどのように認識していったのでしょうか。経絡にしても経穴にしても実に整然と配列されています。目に見えない経絡をどのようにして認識するかについては鍼の響きに根拠を求める説があります。

経穴に鍼を刺すとある特殊な感覚が起こります。離れた部位に水が流れるような、軽くしびれるような、脹ってくるような不思議な感覚です。中国ではこの感覚を酸《さん》、麻《ま》、脹《ちょう》、重《じゅう》と表現し、これを「得気」といっています。日本では「鍼の響き」「鍼響」などといいますが、この響きに敏感な人に鍼を打ち「鍼響」の感じる方向をたどっていったらある経絡の走行と一致したという人もいます。その他にも経穴部は電気抵抗が減弱しているなど、とにかく経絡経穴を客観的に認識して鍼灸の科学化の一歩にすべくさまざまな努力が試みられています。その一つに1950年代日本人の手による「知熱感度測定法」があります。

「からだの異状は経絡の異常となって現れる」という鍼灸理論に基づいたものです。経絡の異常を数値で捉えることはできないか。ここで考えついたのが井穴《せいけつ》の利用です。井穴とは、手足の末端の付け根にある、それぞれの経絡に属する計12個の経穴のことですが、経絡はこの手足の末端爪の付け根から、臓腑、組織、器官を関与しながら次の手足の末端へという循環を繰り返します。井穴とは鍼灸医学書では「経気が出るところ」と示されており、いわゆる「生命力が湧きいずるところ」という意味があります。臨床的には意識障害やショックなどの治療穴として用いられています。

井穴は手足の末端にまとまっているので実験が行いやすく、実験はきわめて素朴な方法で行われました。各経絡の左右の井穴に熱源を近づけ、どのくらいの時間で熱さを感じるか、その左右差の大きいものを異常としました。熱源には素朴ですが、線香を用いました。線香を1秒間に2回の割合で井穴に近づけ「アツイ」と感じた回数を記録していきました。そして左右差の大きいものを異常とし、この方法で異常と判断した経穴へ鍼灸を施したところ患者の症状が大きく改善しました。この実験が経絡を客観的に認識することができた最初の実験です。「知熱感度測定法」は海外でも高い評価を受けましたが、熱源が線香というのは不評だったとみえて、井穴の電気的なインピーダンスまたは電流値の測定法にその後変わっていきました。

この井穴の実験同様、現在ではさらにいろいろな鍼灸の科学化の研究が行われており、また代替医療としての導入も活発で、医療の一部としての重要性が一段と増してきています。多くの経絡や経穴に科学の手が差し伸べられることによって、鍼灸はさらに魅力あるものになっていくでしょう。

① 前《ぜん》肢《し》太《た》陰《いん》肺《はい》経《けい》

※経絡・経穴図に示された経穴は臨床上、よく使用される経穴を示しています。

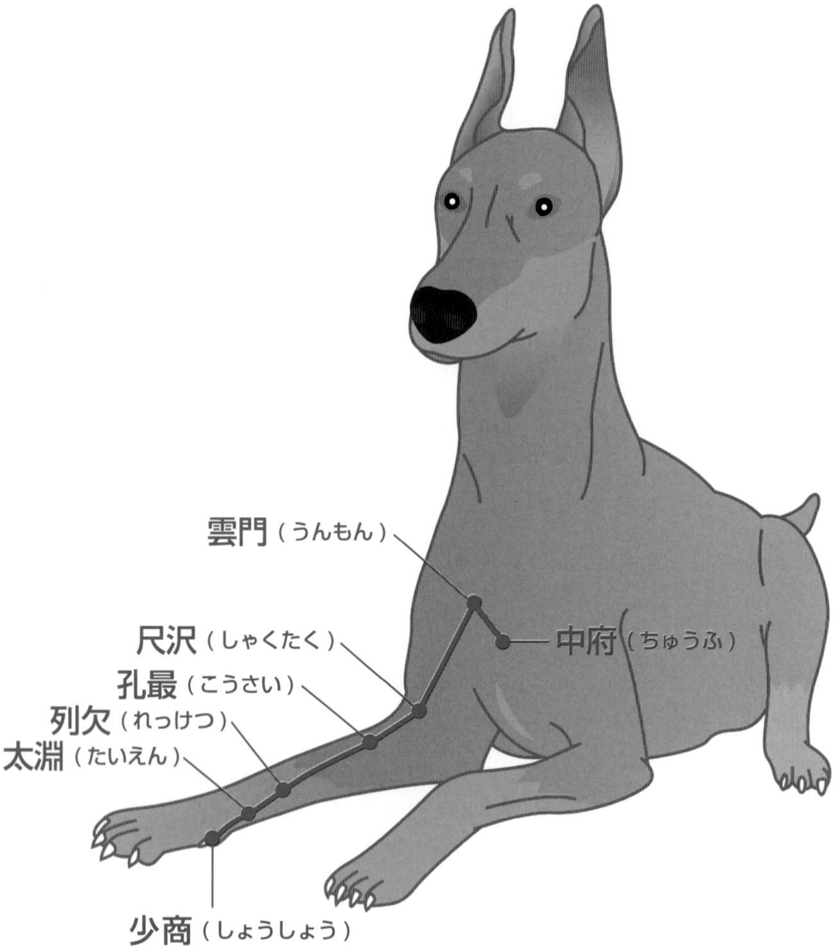

流注：胃（中焦）の上部から起こり、下がって大腸をまとい、上行しては胃に帰属する。ついで気管、喉頭を巡り、左右に分かれて腋の下から前肢の内面前側を通って母指の末端に終わる。

経穴：11穴

中府、雲門、天府、侠白、尺沢、孔最、列欠、経渠、太淵、魚際、少商

❷ 前《ぜん》肢《し》陽《よう》明《めい》大《だい》腸《ちょう》経《けい》

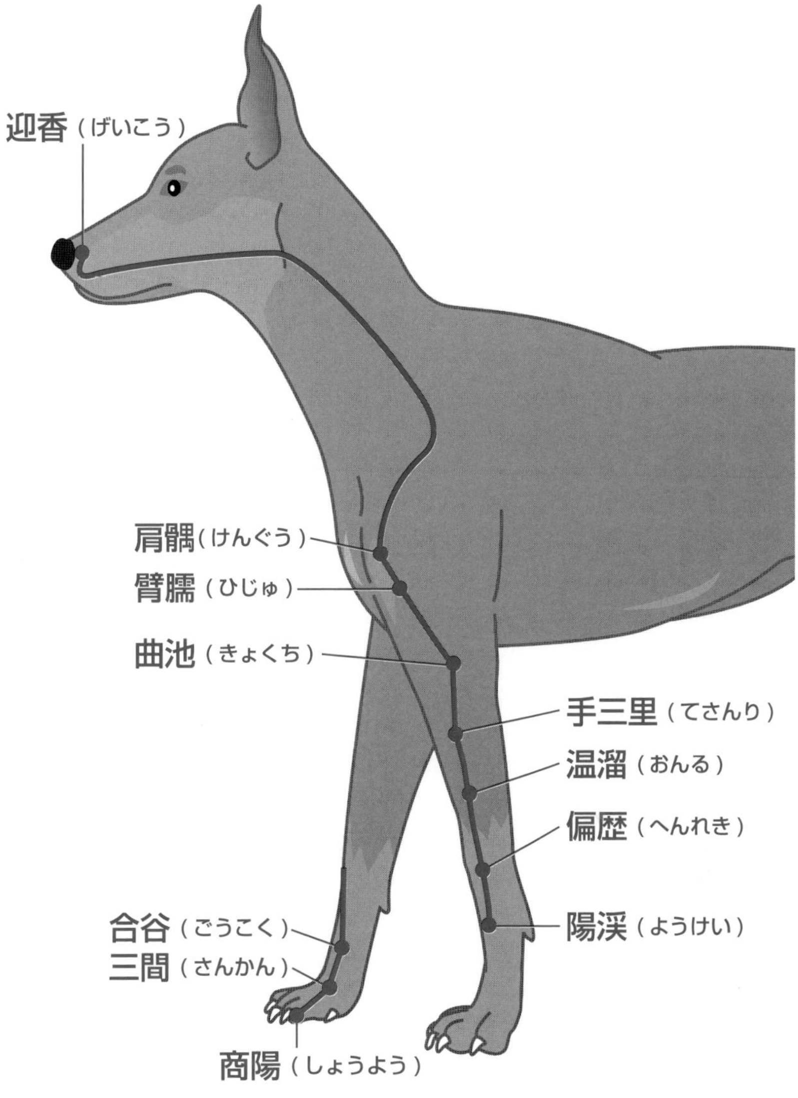

流注：肺経の分かれた経が示指の末端にきており、ここから起こり、前肢の外面前側を通って肩から首の後ろまで行き、肩関節に入り、一つは分かれて頬から下歯の中へ入り、再び出て鼻孔のそばまで達し、一つは胸に入って肺をまとい、横隔膜を下がって大腸に帰属する。

経穴：20穴

商陽、二間、三間、合谷、陽渓、偏歴、温溜、下廉、上廉、手三里、曲池、肘髎、手五里、臂臑、肩髃、巨骨、天鼎、扶突、禾髎、迎香

❸ 後肢陽明胃経
（こうしようめいいけい）

図中ラベル：
- 承泣（しょうきゅう）
- 四白（しはく）
- 頰車
- 下関（げかん）
- 髀関（ひかん）
- 伏兎（ふくと）
- 陰市（いんし）
- 豊隆（ほうりゅう）
- 乳根（にゅうこん）
- 乳中（にゅうちゅう）
- 梁丘（りょうきゅう）
- 犢鼻（とくび）
- 解渓（かいけい）
- 衝陽（しょうよう）
- 上巨虚（じょうこきょ）
- 足三里（あしさんり）
- 厲兌（れいだ）
- 内庭（ないてい）

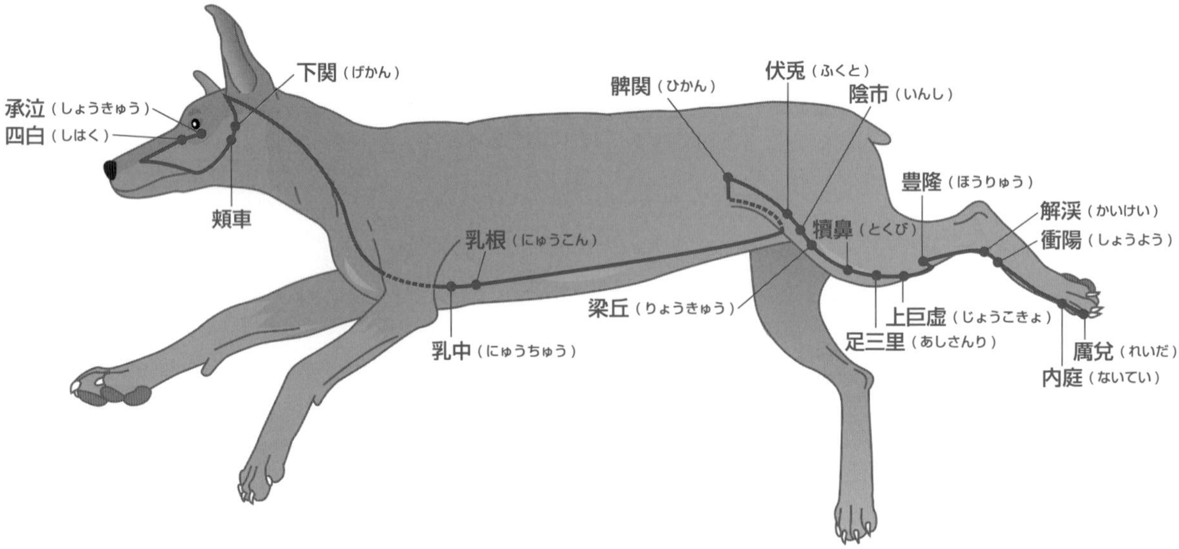

流注：大腸経の分かれを受けて鼻根から起こって上歯の中へ入り、唇を巡り、下顎の後ろへ達し、一つの分かれは前額部へ進み、一つは頸動脈に沿い喉頭部を巡って肩関節に入り、横隔膜を下がって胃に帰属し、脾をまとう。さらにもう一つは乳の線の内側を臍をはさんで下がり、後肢の外面前側を通って後肢の第二指に終わる。

経穴：45穴

承泣、四白、巨髎、地倉、大迎、頰車、下関、頭維、人迎、水突、気舎、欠盆、気戸、庫房、屋翳、膺窓、乳中、乳根、不容、承満、梁門、関門、太乙、滑肉門、天枢、外陵、大巨、水道、帰来、気衝、髀関、伏兎、陰市、梁丘、犢鼻、足三里、上巨虚、条口、下巨虚、豊隆、解渓、衝陽、陥谷、内庭、厲兌

❹ 後《こう》肢《し》太《たい》陰《いん》脾《ひ》経《けい》

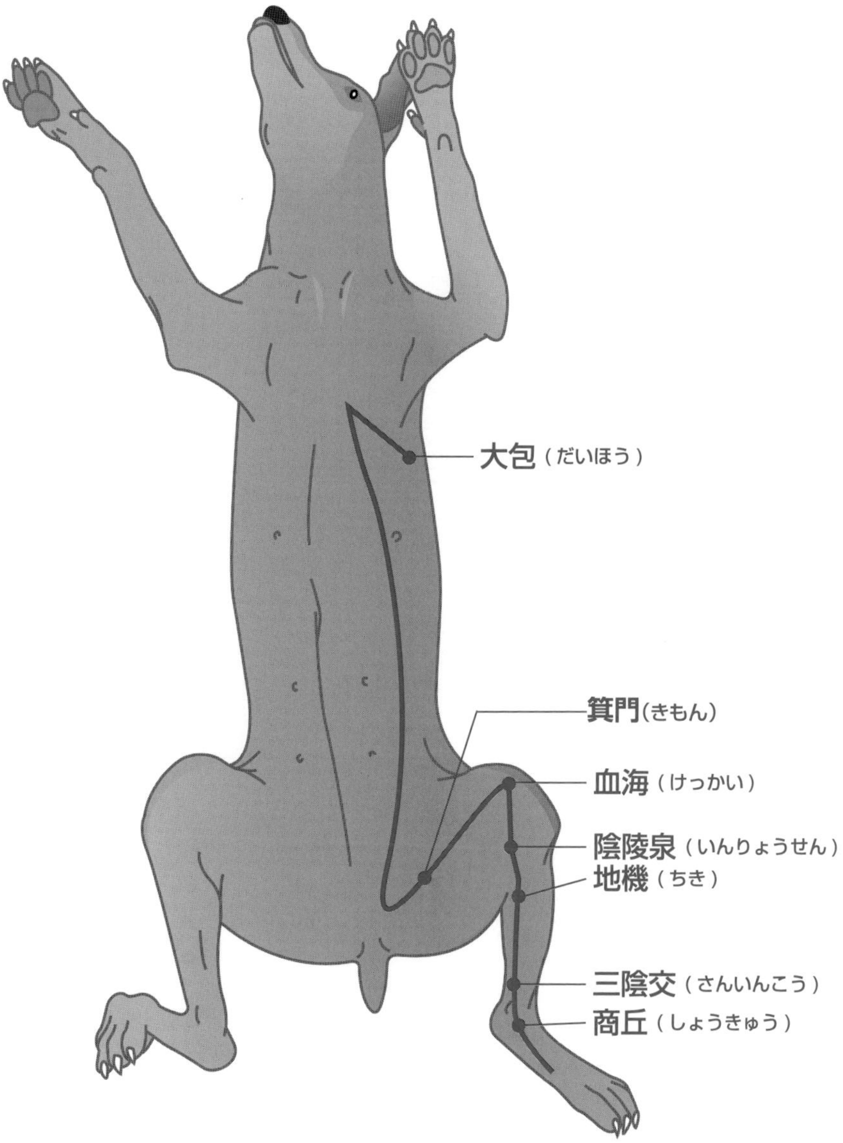

流注：胃経の分かれを受けて後肢の母指末端から起こり、後肢の内面前側を上がって、腹部に入り脾に帰属し、胃をまとったうえ、さらに横隔膜を上がって咽喉、舌まで行く。一つは胃より分かれて心臓部まで行く。

経穴：21穴

隠白、大都、太白、公孫、商丘、三陰交、漏谷、地機、陰陵泉、血海、箕門、衝門、府舎、腹結、大横、腹哀、食竇、天渓、胸郷、周栄、大包

⑤ 前《ぜん》肢《し》少《しょう》陰《いん》心《しん》経《けい》

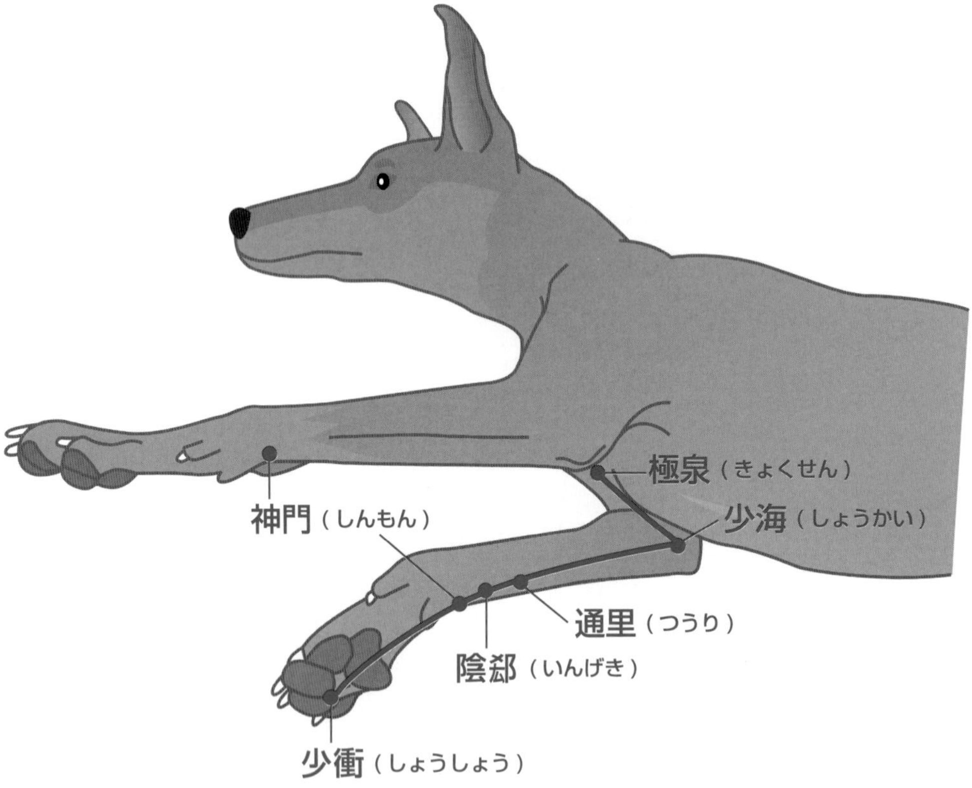

流注：脾経の分かれを受けて心臓部に起こり、大動脈のあたりに帰属して、ついで腹部を下がって小腸をまとう。一つの分かれは大動脈のあたりから上行して咽喉を通り、眼球の深部に達する。またもう一つは肺に上がって、腋の下に出て、前肢の内面後側をまわって小指の末端（薬指寄り）に終わる。

経穴：9穴

極泉、青霊、少海、霊道、通里、陰郄、神門、少府、少衝

⑥ 前《ぜん》肢《し》太《たい》陽《よう》小腸《しょうちょう》経《けい》

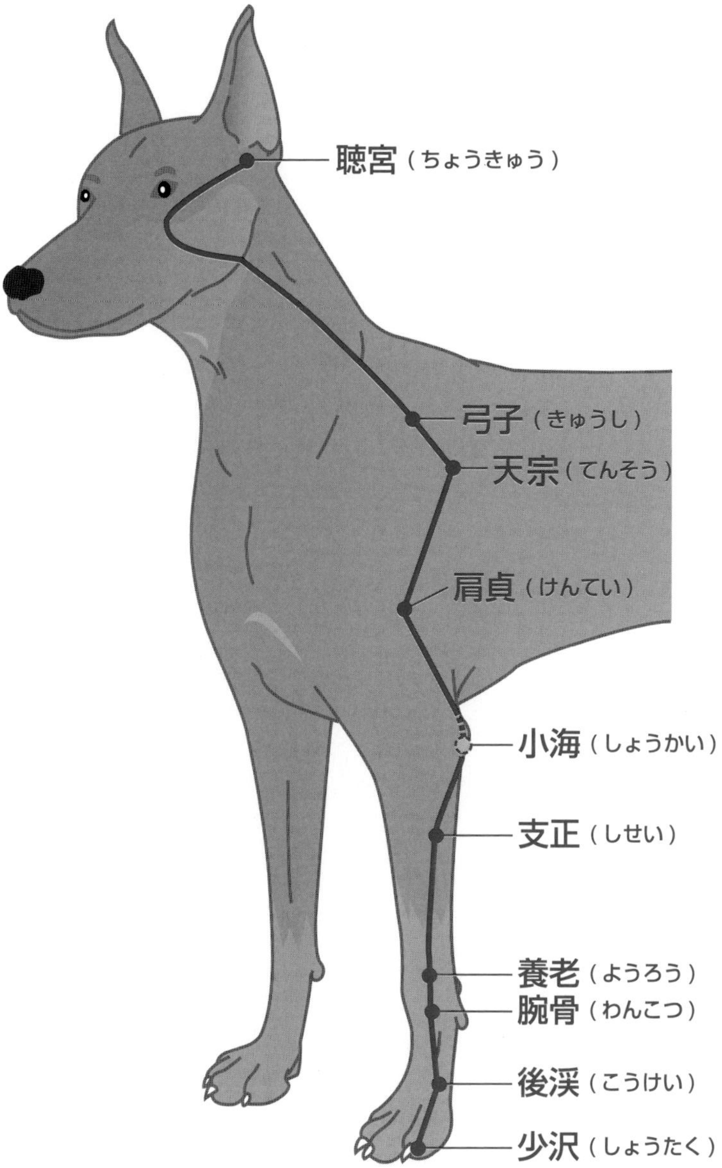

※本書では、弓子を中国伝統獣医学の小腸経のツボとして紹介しています。

流注：心経の分かれを受けて小指の末端（外側）から起こり、前肢の外面後側を通って肩に出て、一つはそこから前に下がって肩関節から胸部に入り、心をまとい、咽頭にもまわり、また横隔膜を下がって胃に向かい小腸に帰属する。もう一つは肩関節から頬に上がり、目じりから耳の中へ進み、また頬から別に目の下、目頭のほうへも行く。

経穴：20穴

少沢、前谷、後渓、腕骨、陽谷、養老、支正、小海、肩貞、臑兪、天宗、秉風、曲垣、肩外兪、肩中兪、弓子、天窓、天容、顴髎、聴宮

⑦ 後《こう》肢《し》太《たい》陽《よう》膀《ぼう》胱《こう》経《けい》

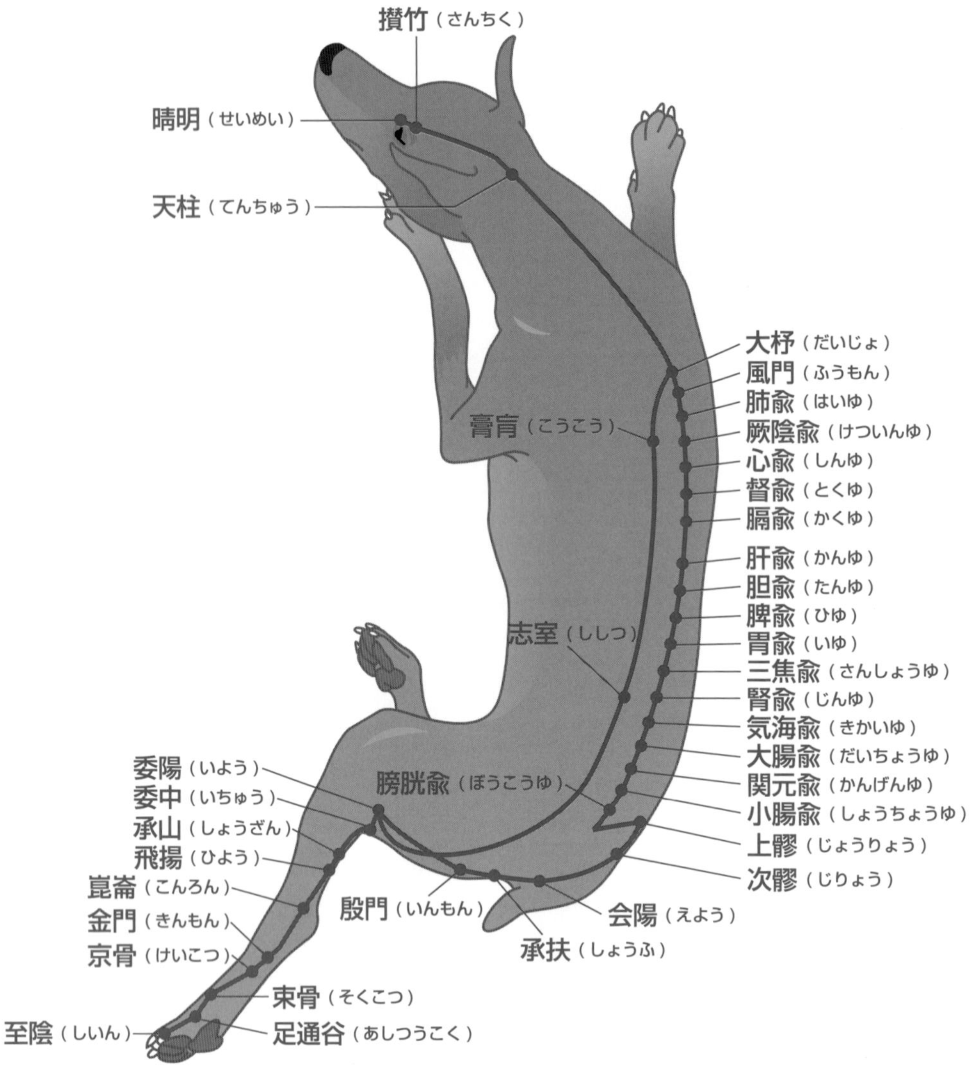

流注：小腸経の分かれを受けて目から始まり上行して頭部、項部を巡って、背骨を挟んで下がり、腰部の筋肉中を巡って腎をまとい膀胱に帰属するが、それとは別に背中のもっとも外側寄りを通ったものと、腰から殿部に抜けたものとを合流させて後肢の背面中央を下がって後肢の小指の外側端に終わる。

経穴：67穴

睛明、攢竹、眉衝、曲差、五処、承光、通天、絡却、玉沈、天柱、大杼、風門、肺兪、厥陰兪、心兪、督兪、膈兪、肝兪、胆兪、脾兪、胃兪、三焦兪、腎兪、気海兪、大腸兪、関元兪、小腸兪、膀胱兪、中膂兪、白環兪、上髎、次髎、中髎、下髎、会陽、附分、魄戸、膏肓、神堂、譩譆、膈関、魂門、陽綱、意舎、胃倉、肓門、志室、胞肓、秩辺、承扶、殷門、浮郄、委陽、委中、合陽、承筋、承山、飛揚、跗陽、崑崙、僕参、申脈、金門、京骨、束骨、足通谷、至陰

❽ 後《こう》肢《し》少《しょう》陰《いん》腎《じん》経《けい》

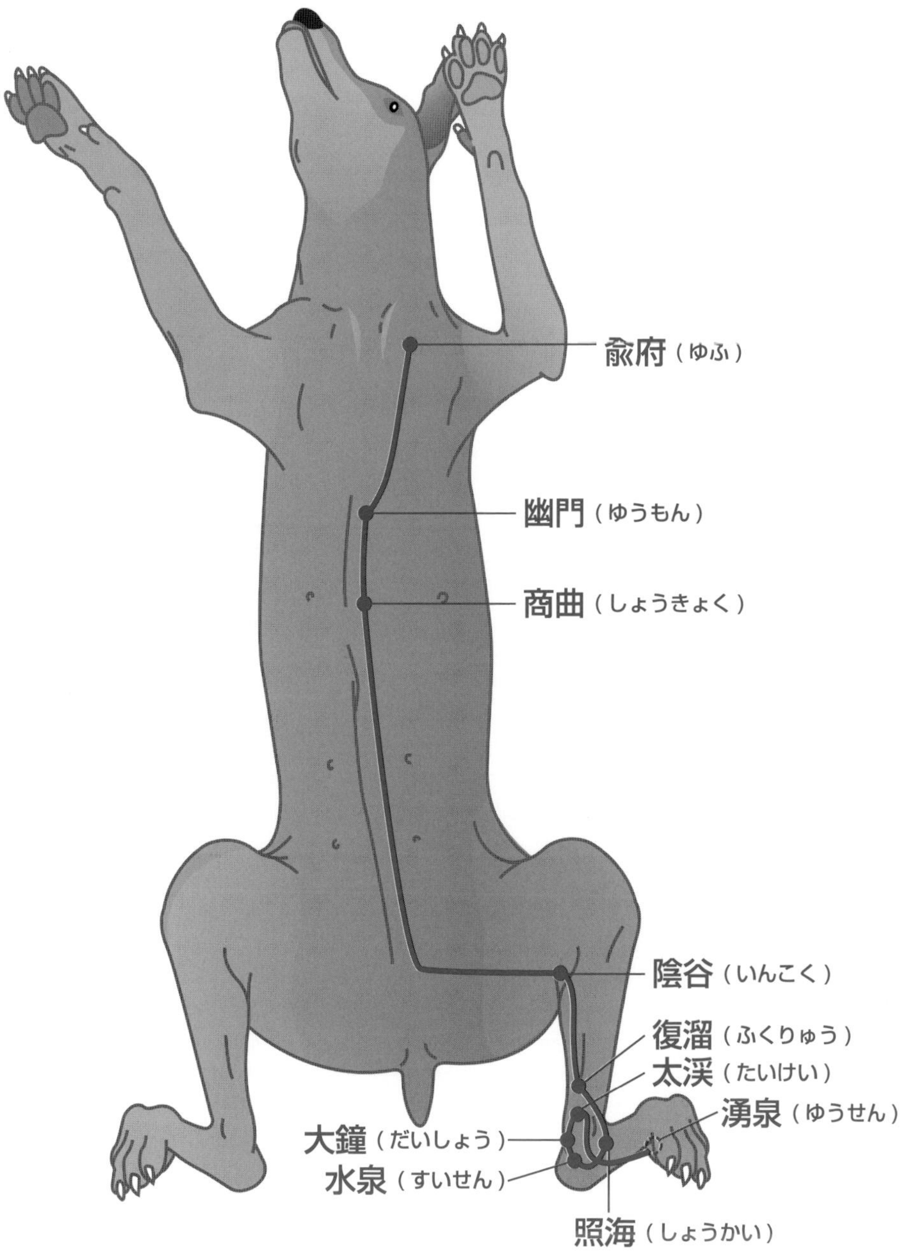

流注：膀胱経の分かれを受けて後肢の小指の下から起こり、後肢の裏を通ったうえ、後肢の内側面を上がり、背中を貫いて腎に帰属し膀胱をまとう。一つは腎から上がって肝、横隔膜を貫いて肺に入り、気管、喉頭、舌根へ行き、また一つは肺から出て心をまとい、胸の中に注ぐ。

経穴：27穴

湧泉、然谷、太渓、大鐘、水泉、照海、復溜、交信、築賓、陰谷、横骨、大赫、気穴、四満、中注、肓兪、商曲、石関、陰都、腹通谷、幽門、歩廊、神封、霊墟、神蔵、彧中、兪府

⑨ 前《ぜん》肢《し》厥《けつ》陰《いん》心《しん》包《ぽう》経《けい》

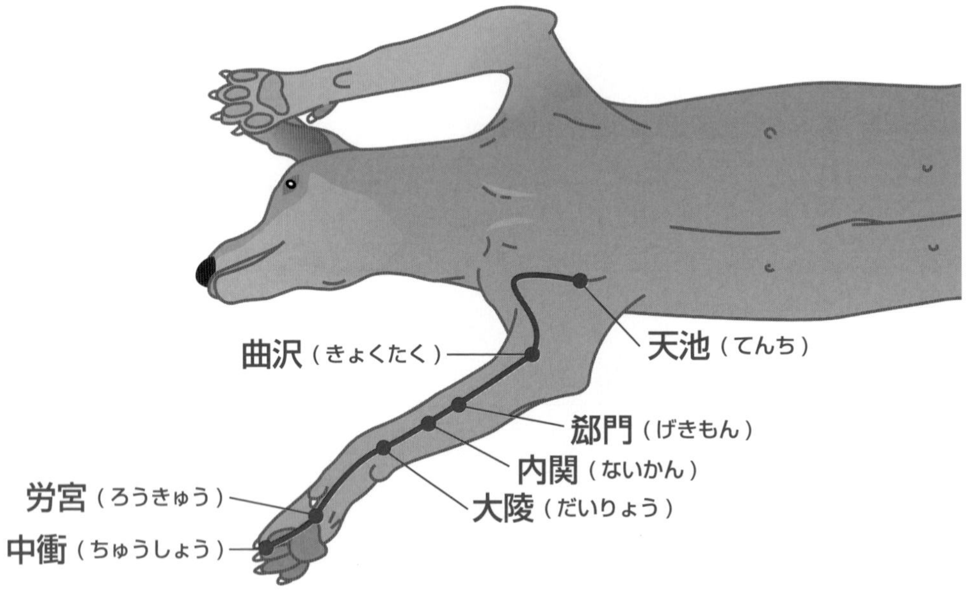

流注：腎経の分かれを受けて胸の中に起こり、心包に帰属し横隔膜を下がって腹中に入り、三焦を次々にまとう。しかし、その分かれは胸中から側胸部に出て、前枝の内面中央を通り中指の末端に終わる。

経穴：9穴

天地、天泉、曲沢、郄門、間使、内関、大陵、労宮、中衝

⑩ 前肢少陽三焦経(ぜんししょうようさんしょうけい)

- 耳門(じもん)
- 糸竹空(しちくくう)
- 翳風(えいふう)
- 肩髎(けんりょう)
- 臑会(じゅえ)
- 天井(てんせい)
- 四瀆(しとく)
- 三陽絡(さんようらく)
- 会宗(えそう)
- 支溝(しこう)
- 外関(がいかん)
- 陽池(ようち)
- 中渚(ちゅうしょ)
- 液門(えきもん)
- 関衝(かんしょう)

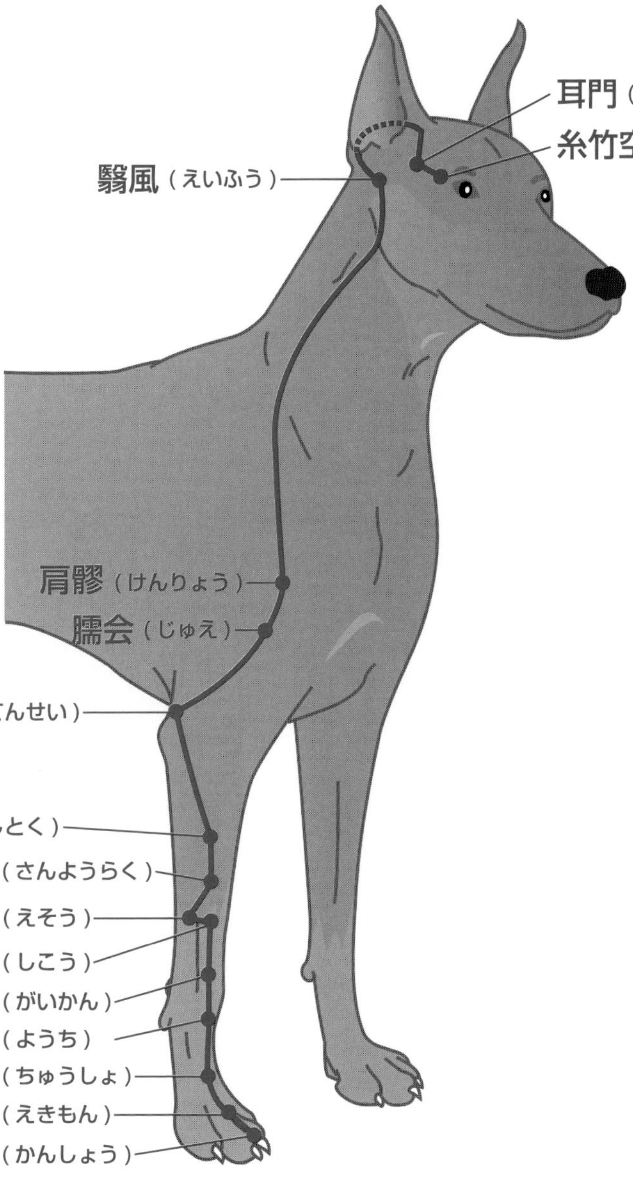

流注：心包経の分かれが、薬指の末端にきてここから起こり、前肢の外面中央を上がって肩に出、前に回って鎖骨上窩に入り、乳の間に散布して心包をまとい、下がって三焦に帰属する。その分かれは、乳の間から鎖骨上窩に出て項部に上がり、耳の後ろに達し、一つは耳の中へ入り、耳の前に出て頬を経由して目じりの辺りに終わる。

経穴：23穴

関衝、液門、中渚、陽池、外関、支溝、会宗、三陽絡、四瀆、天井、清冷淵、消濼、臑会、肩髎、天髎、天牖、翳風、瘈脈、顱息、角孫、耳門、和髎、糸竹空

⑪ 後肢少陽胆経(こうししょうようたんけい)

瞳子髎(どうしりょう)
風池(ふうち)
肩井(けんせい)
上関(じょうかん)
京門(けいもん)
環跳(かんちょう)
日月(じつげつ)
風市(ふうし)
膝陽関(ひざようかん)
陽陵泉(ようりょうせん)
外丘(がいきゅう)
光明(こうめい)
陽輔(ようほ)
懸鐘(けんしょう)
丘墟(きゅうきょ)
侠渓(きょうけい)
足竅陰(あしきょういん)

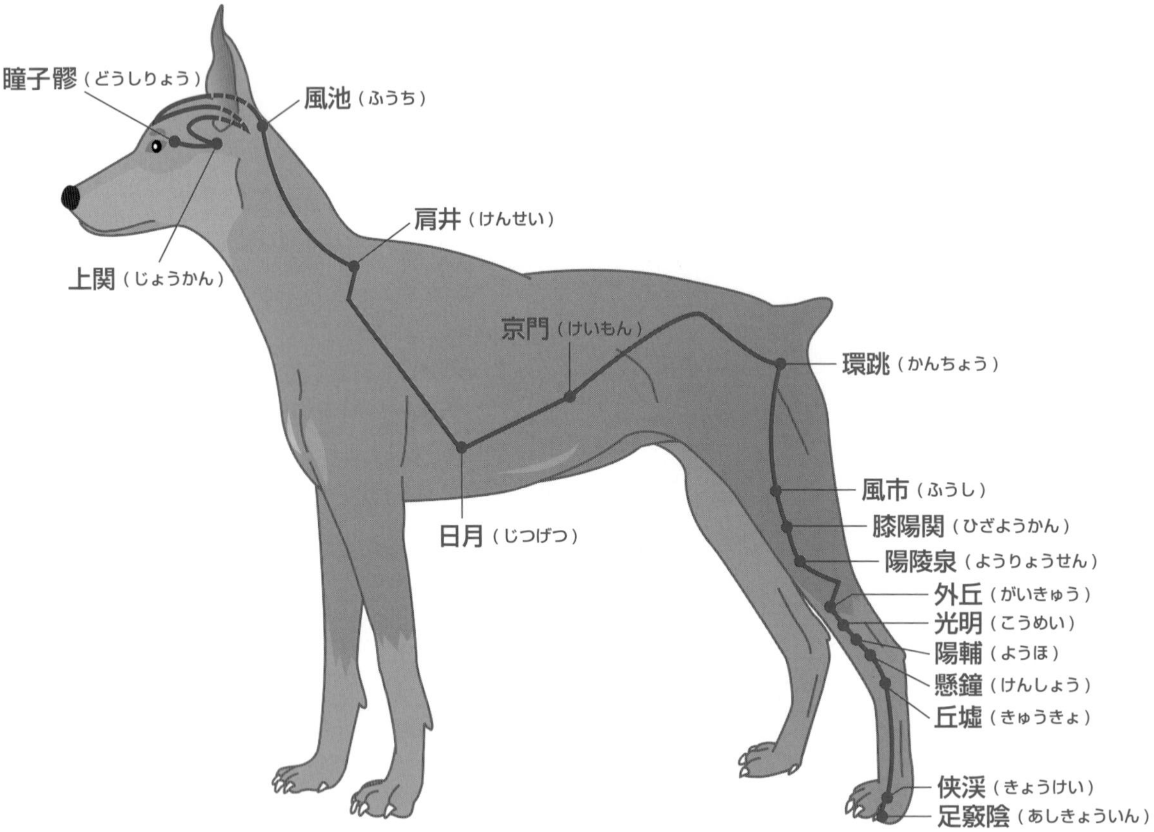

流注：三焦経の分かれを受けて、目じりから起こり、側頭部を巡って一つは分かれて耳に入り前に出るが、一つは頸部から肩に下がり、肩関節に入りここで合流して胸に入って横隔膜を貫いて肝をまとい、胆に帰属し、別に肩から側胸部、季肋部を巡って下がってきたものと股関節の辺りでいっしょになり、後肢の外側中央を下がって後肢の第4指の末端（小指寄り）に終わる。

経穴：44穴
瞳子髎、聴会、上関、頷厭、懸顱、懸釐、曲鬢、率谷、天衝、浮白、頭竅陰、完骨、本神、陽白、頭臨泣、目窓、正営、承霊、脳空、風池、肩井、淵腋、輒筋、日月、京門、帯脈、五枢、維道、居髎、環跳、風市、中瀆、膝陽関、陽陵泉、陽交、外丘、光明、陽輔、懸鐘、丘墟、足臨泣、地五会、侠渓、足竅陰

⑫ 後《こう》肢《し》厥《けつ》陰《いん》肝《かん》経《けい》

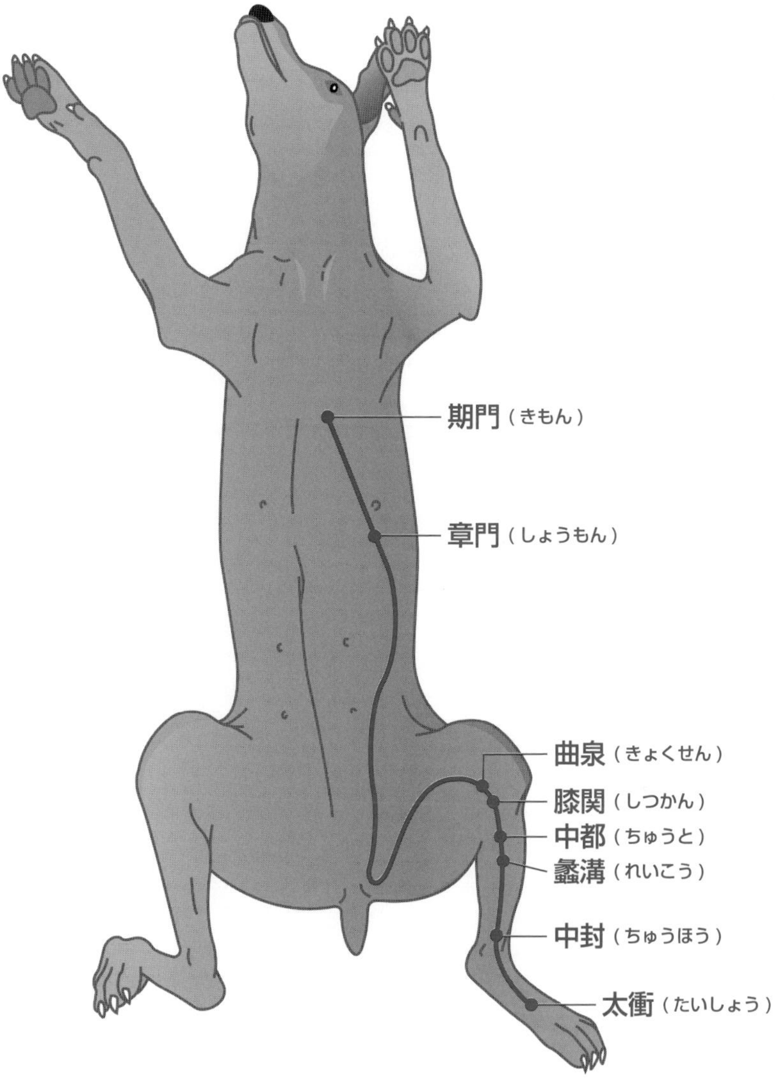

流注：胆経の分かれが後肢の母指の根元にきて、ここから起こり、後肢の内面中央を上がって、陰部に入り、下腹部を通り肝に帰属して胆をまとい、側胸部に散布して気管、喉頭の後ろを通って眼球に達し、頭頂に出る。眼球から分かれたものは頬、唇を巡る。もう一つの分かれは、肝から上がって肺に入り、さらに下がって胃のあたりまで達する（ここが肺経の起点）。

経穴：14穴

大敦、行間、太衝、中封、蠡溝、中都、膝関、曲泉、陰包、足五里、陰廉、急脈、章門、期門

※通常、犬猫の後肢第一趾は狼爪であり、退化して存在しない場合がほとんどである。従って大敦、行間、太衝は確定できない場合が多い。

⑬ 督脈（とくみゃく）

- 素髎（そりょう）
- 水溝（すいこう）
- 齦交（ぎんこう）（前歯齦）
- 頭の百会（ひゃくえ）
- 風府（ふうふ）
- 大椎（だいつい）
- 陶道（とうどう）
- 身柱（しんちゅう）
- 神道（しんどう）
- 霊台（れいだい）
- 至陽（しよう）
- 筋縮（きんしゅく）
- 中枢（ちゅうすう）
- 脊中（せきちゅう）
- 懸枢（けんすう）
- 命門（めいもん）
- 腰陽関（こしようかん）
- 腰の百会（ひゃくえ）
- 腰兪（ようゆ）
- 長強（ちょうきょう）

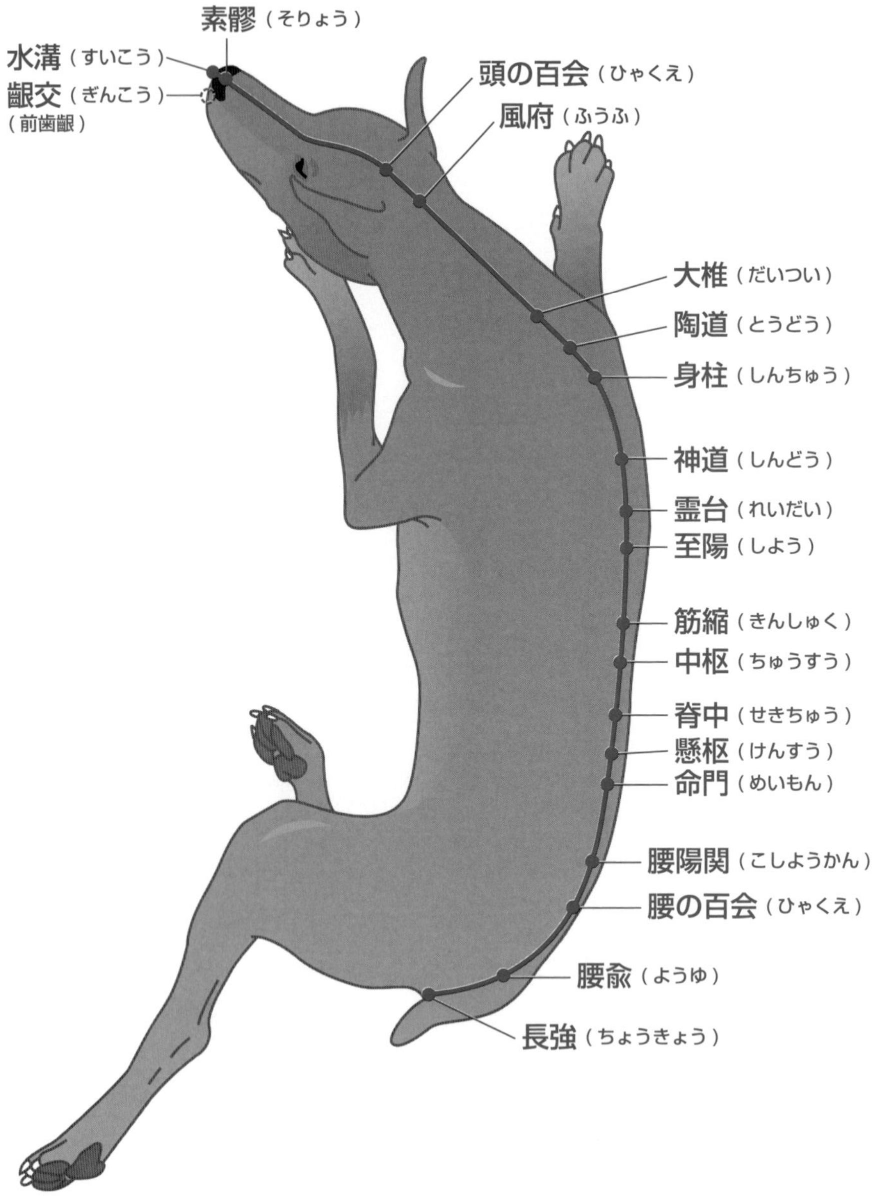

流注：会陰部から起こって背部正中線を上がり、肩項部で左右に分かれ膀胱経と交わる。再び正中線上に合し、上行して、項部から頭頂の正中線を通って前へ出て、上歯部に終わる。

経穴：29穴

長強、腰兪、腰の百会、腰陽関、命門、懸枢、脊中、中枢、筋縮、至陽、霊台、神道、身柱、陶道、大椎、瘂門、風府、脳戸、強間、後頂、頭の百会、前頂、顖会、上星、神庭、素髎、水溝、兌端、齦交

⑭ 任脈(にんみゃく)

承漿（しょうしょう）
華蓋（かがい）
膻中（だんちゅう）
鳩尾（きゅうび）
巨闕（こけつ）
上脘（じょうかん）
中脘（ちゅうかん）
下脘（げかん）
水分（すいぶん）
神闕（しんけつ）
陰交（いんこう）
気海（きかい）
石門（せきもん）
関元（かんげん）
中極（ちゅうきょく）
会陰（えいん）

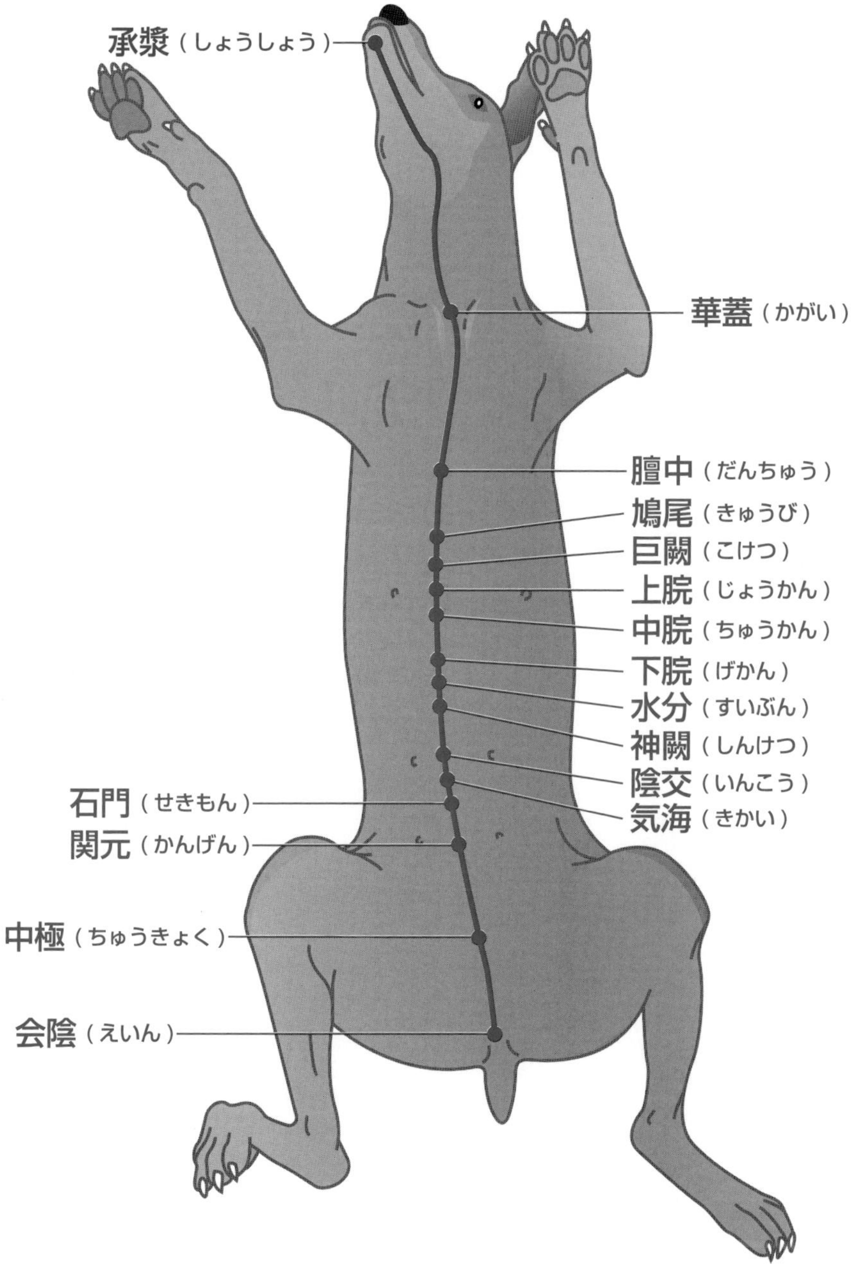

流注：会陰部に起こって外陰部をまとい、陰部の際を上がり腹部正中線上を臍を通って咽頭まで上がり、顎から顔面に出て、唇を巡り、二つに分かれて両眼の中央下部に終わる。

経穴：24穴

会陰、曲骨、中極、関元、石門、気海、陰交、神闕、水分、下脘、建里、中脘、上脘、巨闕、鳩尾、中庭、膻中、玉堂、紫宮、華蓋、璇璣、天突、廉泉、承漿

参考文献

◆第1章　鍼の基礎知識と刺鍼のしかた・第3章　刺鍼の練習をしよう　　小林初穂

1）社団法人東洋療法学校協会編,教科書執筆小委員会著. はりきゅう理論.医道の日本社. 2002

2）社団法人東洋療法学校協会編,教科書執筆小委員会著. はりきゅう実技（基礎編）.医道の日本社. 1992

3）Huisheng Xie, Vanessa Preast著. Traditional Chinese Veterinary Medicine, Volume 1:Fundamental Principles. Jing Tang. 2005

4）Huisheng Xie,Vanessa Preast著. Xie's Veterinary Acupuncture. Blackwell Publishing.2007

5）獣医東洋医学会研究会.第4回小動物臨床鍼灸学コーステキスト. 獣医東洋医学会. 2006

6）尾崎昭弘著.図解鍼灸臨床手技マニュアル.医歯薬出版. 2003

7）森和ほか著. 経穴マップ イラストで学ぶ十四経穴・奇穴・耳穴・頭鍼. 医歯薬出版. 2004

8）鄭 魁山著. 鍼灸学(手技篇). 東洋学術出版社. 1991

9）李世珍著. 臨床経穴学. 東洋学術出版社. 1995

10）白川徳仁ほか著. 李世珍の針.東洋学術出版社. 2005

11）北川毅著. 健康で美しくなる美容鍼灸. BABジャパン. 2008

12）山田 光胤,代田文彦著. 図説東洋医学（基礎編）. 学習研究社.1979

13）川名律子監修. 新編よくわかるツボ健康百科. 主婦と生活社. 2002

◆第2章　お灸の基礎知識と施灸のしかた　　澤村めぐみ

1）日本伝統獣医学会編.小動物臨床鍼灸学. 2012

2）李世珍著. 臨床経穴学.東洋学術出版社. 2002

3）李世珍ほか著. 中医鍼灸臨床発揮. 東洋学術出版社. 2002

4）中村辰三著. お灸入門. 医歯薬出版株式会社. 2009

5）社団法人東洋療法学校協会編. 教科書執筆小委員会著. 東洋医学概論. 医道の日本社.2006

6）社団法人東洋療法学校協会編.教科書執筆小委員会著.新版経絡経穴概論.医道の日本社. 2009

7）社団法人東洋療法学校協会編.教科書執筆小委員会著. はりきゅう理論.医道の日本社. 2002

8）社団法人東洋療法学校協会編.教科書執筆小委員会著. 東洋医学概論.医道の日本社. 2006

9）形井秀一 ほか著. ツボ単.NTS. 2011

◆第4章　鍼灸治療の流れと施術を行う際の注意点　　春木英子

1）Shen Xieほか著. Veterinary Acupuncture Training Program. Chi Institute of Chinese Medicine. 2006

2）Huisheng Xie ,Vanessa Preast著. Veterinary Medicine Volume1. Traditional Chinese. 2002

3）バーバラ・フジェール著.山根義久監修. ペットの自然療法事典. 産調出版. 2008

4）Cheryl Schwartz著. Natural Healing for Dogs and CatsA ～ Z. Hay House,Inc. 2002

5）社団法人東洋療法学校協会編.教科書執筆小委員会著.はりきゅう理論.医道の日本社.　2002

6）社団法人東洋療法学校協会編,教科書執筆小委員会著.はりきゅう実技（基礎編）. 医道の日本社. 1992

7）内山恵子著.中医診断学ノート.東洋学術出版社. 1988

◆第５章　マッサージをしてあげよう！　相澤まな

1）石野孝著. ペットマッサージアカデミックコース,アドバンスコーステキスト. 社団法人日本ペットマッサージ協会. 2011
2）趙正山編著,間中喜雄訳. 推拿療法. 中国あん摩術. 医道の日本社. 1971
3）徐堅編著.最新保健療法 整膚.中国友谊出版公司. 1994
4）沈国权,严隽陶編著.推拿手技図解.上海科学技術出版社. 2004

◆第6章　疾患別鍼灸治療・第7章　鍼灸をもっと勉強したい人のために　石野　孝

1）日中共同編. 中医学の基礎.東洋学術出版. 1995
2）日中共同編. 針灸学（経穴篇）. 東洋学術出版社. 1997
3）日中共同編. 針灸学（臨床篇）. 東洋学術出版社. 1993
4）日中共同編. 針灸学（基礎篇）. 東洋学術出版社. 1991
5）宋鷺泳主編,柴崎瑛子. 中医病因病機学. 東洋学術出版社. 1998
6）邱茂良,孔昭遐,邱仙霊編著. 浅川要,加藤恒夫訳. 中医針灸学の治法と処方. 東洋学術出版社. 2001
7）劉燕池,宋天彬,張瑞馥,董連栄著. 浅川要訳. 詳解中医基礎理論. 東洋学術出版社. 1997
8）内山恵子.中医診断学ノート.東洋学術出版社. 1988
9）傅維康,呉鴻洲,川井正久編. 川井正久,河合重孝,山本恒久訳. 中国医学の歴史. 東洋学術出版社. 1997
10）高金亮監修. 中医基本用語辞典翻訳委員会訳. 中医基本用語辞典. 東洋学術出版社. 2006
11）劉影著.未病を治そう. 講談社現代新書. 2000
12）中川米造著.医学を見る眼. NHK ブックス. 1970
13）三浦於莵著.東洋医学を知っていますか. 新潮選書. 1996
14）長浜善夫著.東洋医学概論.創元社. 1961
15）山田慶兒著.中国医学はいかにつくられたか. 岩波新書. 1999
16）張明澄著.中国医学の話. PHP 研究所. 1984
17）西山秀雄著.漢方医学の基礎と診療. 創元社. 1969
18）高橋晄正著.漢方の認識.NHKブックス. 1966
19）南京中医学院. 中医学概論邦訳委員会訳編. 中国漢方医学概論. 1965
20）新村勝資,土屋憲明著. 古典に学ぶ鍼灸入門. 医道の日本社. 1997
21）酒谷薫著. なぜ中国医学は難病に効くのか. PHP研究所. 2002
22）徐恒沢,倪以恬,劉躍光,呉中朝著. 伊達啓太郎訳. 針灸弁証論治の進め方. 東洋学術出版社. 2001
23）小方宗次編. 最新くわしい犬の病気大図典. 誠文堂新光社. 2009
24）小方宗次編. 最新くわしい猫の病気大図典. 誠文堂新光社. 2009
25）小野憲一郎,今井壮一,多川政弘,安川明男,若尾義人,土井邦雄編. イラストでみる猫の病気. 講談社. 1998
26）小野憲一郎,今井壮一,多川政弘,安川明男,若尾義人,土井邦雄編. イラストでみる犬の病気. 講談社. 1996

あとがき

天人合一の思想を抱えた鍼灸の古典『黄帝内経』は、当然ながら漢文で古色蒼然。いかにも人を寄せつけない感がある。ところが黄帝と家臣の問答はおもしろい。もちろん翻訳者の技量の冴えによるものだが、2000年前の神様も現代の我々も考えていることは同じとわかれば古典への親近感も湧いてくる。

「人間のなかにも自然がある」という自然観が舌診で舌を診る方法に活かされているとは、自然に畏敬の念を抱かせるのに十分である。鍼灸がなぜ古代中国にしか興らなかったか。これはどうでもいい問題だと一蹴されそうである。これが伝統医学というものだといえばそれまでであるが、古代中国と同じような条件を備えた国が多数あったはずなのに、「なぜ中国だけに」という疑問はこれから鍼灸を学ぼうとする者にとっては気になることである。

東アフリカのある地域のチンパンジーに割石行動をとる集団と蟻塚に小枝を差し込んで、それにくっついてきた蟻を食べる集団があるという。両者はそれほど離れた距離ではないのに、まったく違う道具を使う文化を持っている。地域ごとにそれぞれ違った文化を持っているらしいが、その文化の交流も伝播も起こらない。蟻塚集団に育ったサルたちは一生、割石集団の文化を知らないで終わるそうだ。この辺に鍼灸発生のヒントがあるような気がしてならない。

神経学説を持たない医学が、神経学説を持つ医学とまったく正反対な理論によって痛みをとる。どちらの方法でも痛みは止まる。

脳の存在が薄い医学が脳の役割を内臓臓器に分担させている。どうしてこのような奇想天外な発想ができるのか。科学の力が加わり井穴を経絡のバランス測定点にしたり、さらには交感神経、副交感神経のバランスの乱れが井穴に現れ、関連するツボに鍼灸を施すことによって改善されることを知るようになった。かつての奇想天外が科学の裏付けを得て、奇想天外でなくなってしまった。マジックのタネが割れてしまったような感じである。

中医学の理論は考えるだけでもおもしろい。鍼灸の技術は1本のハリ、1壮のモグサが西洋医学を補ってなお余りあるものといえよう。

石野　孝

著者略歴

● 石野　孝（いしの　たかし）

1962年　神奈川県出身
1987年　麻布大学大学院獣医学研究科修了
1992年　中国・内モンゴル農牧学院（現・内モンゴル農業大学）
　　　　動物医学系修了
1993年～現在　かまくらげんき動物病院院長
2000年　中国伝統獣医学国際培訓研究センター名誉顧問
2002年　（社）日本ペットマッサージ協会理事長
2009年　中国・南京農業大学准教授

著　書　書籍－小動物臨床鍼灸学（日本伝統獣医学会）、愛犬の寿命を５才のばす本（祥伝社）、ツボマッサージでわんこ元気（幻冬舎）、はじめての猫　飼い方・育て方（学研）、その他
映像－小動物臨床鍼灸学Ⅰ・Ⅱ（インターズー）、わんこのメディカルマッサージ（スタービット）、わんこのメディカルリンパマッサージ（スタービット）、その他

● 小林　初穂（こばやし　はつほ）

1973年　石川県出身
1999年　麻布大学獣医学部獣医学科卒業
1999年　神奈川県内の動物病院勤務
2007年　Chi-Institute（FL,USA）獣医鍼灸コース修了（認定獣医鍼灸師）
2008年　日本伝統獣医学会主催第４回小動物臨床鍼灸学コース修了
2007年～現在　東京都内の動物病院にて鍼灸・漢方の二次診療を行っている
2010年　Chi-Institute（FL,USA）獣医漢方コース修了（2013年 認定取得）
2011年　（社）日本ペットマッサージ協会理事

● 澤村　めぐみ（さわむら　めぐみ）

千葉県出身
1997年　日本獣医畜産大学（現・日本獣医生命科学大学）卒業
　　　　同年から沢村獣医科病院勤務
2005年　日本伝統獣医学会主催第３回小動物臨床鍼灸学コース修了
　　　　動物への鍼灸治療を開始
2009年　鍼灸師免許取得
2011年　日本伝統獣医学会鍼灸コース講師
　　　　（社）日本ペットマッサージ協会理事
1971年～ 義父が沢村獣医科病院開業、現在、夫が院長

著　書　小動物臨床鍼灸学（日本伝統獣医学会）
雑誌への掲載―鍼灸師・マッサージ師になるには（ぺりかん社）、レトリバーファンspecial（誠文堂 新光社）、愛犬の友（愛犬の友社）

●春木　英子（はるき　えいこ）

1972年　東京都出身
1997年　日本大学農獣医学部獣医学科卒業
　　　　（現・日本大学生命資源科学部獣医学科）
1997年　動物病院勤務
2002年～現在　大阪コミュニケーションアート専門学校
　　　　動物看護師専攻などで専任講師として勤務
2006年　Chi-Institute（FL,USA）獣医鍼灸コース修了（認定獣医鍼灸師）
2007年～現在　Earth Holistic Animal Care開業（往診専門）
2008年　日本伝統獣医学会主催第4回小動物臨床鍼灸学コース修了
2011年　（社）日本ペットマッサージ協会理事

●相澤　まな（あいざわ　まな）

1974年　神奈川県出身
1999年　麻布大学獣医学部獣医学科卒業
2005年　日本伝統獣医学会主催第3回小動物臨床鍼灸学コース修了
2006年　Chi-Institute（FL,USA）獣医鍼灸コース修了（認定獣医鍼灸師）
2008年～現在　かまくらげんき動物病院副院長
2012年　中国伝統獣医学国際培訓研究センター客員研究員、他に南京農業大学人文学院准教授、（社）日本ペットマッサージ協会理事

著　書　小動物臨床鍼灸学（日本伝統獣医学会）、うちの猫の長生き大辞典（学研）

ペットのための
鍼灸マッサージマニュアル

2012年 6 月10日　初版第1刷
2022年 4 月15日　初版第5刷
著　者　石野孝　小林初穂　澤村めぐみ　春木英子　相澤まな
発行者　戸部慎一郎
発行所　株式会社　医道の日本社
〒237-0068　神奈川県横須賀市追浜本町1-105
電話　046-865-2161
FAX　046-865-2707

印刷：図書印刷株式会社
制作協力：有限会社ケイズプロダクション
写真：田尻光久
イラスト：松井正晴
ISBN978-4-7529-1129-6 C3047